高等院校数字化人才培养创新教材·人工智能通识课系列

人工智能通识教程

梁 杨　　　　　　主　编
陈威扬　孔　文　谢光明　副主编
黄　蕊　呙心柔　李　微
林彦桦　周鹏湘　吕云翔　等参编

机械工业出版社

本书系统性地探讨了人工智能的核心技术、应用场景及未来挑战。全书共 13 章，从人工智能的基础概念与发展历程出发，深入解析机器学习、深度学习、强化学习等关键技术，并涵盖群体智能、生成式人工智能、大语言模型等前沿领域。本书结合丰富的应用案例，如医学诊断、自动驾驶、智能客服等，展现出 AI 技术的实用价值。同时，聚焦伦理、安全、就业等社会议题，展望人工智能的未来趋势与潜在影响。

本书内容全面系统，涵盖核心技术、多个应用领域；案例丰富，结合实际；同时兼具专业性与前瞻性。

本书既可以作为本科院校、职业院校低年级的人工智能通识课教材，也可以作为企业培训的参考用书。

本书配有授课电子课件，需要的教师可登录 www.cmpedu.com 免费注册，审核通过后下载，或联系编辑索取（微信：13146070618，电话：010-88379739）。

图书在版编目（CIP）数据

人工智能通识教程 / 梁杨主编．-- 北京：机械工业出版社，2025.7．--（高等院校数字化人才培养创新教材）．-- ISBN 978-7-111-78688-7

Ⅰ.TP18

中国国家版本馆 CIP 数据核字第 20253YA324 号

机械工业出版社（北京市百万庄大街 22 号　邮政编码 100037）
策划编辑：郝建伟　　　　　　　责任编辑：郝建伟　罗　倩
责任校对：甘慧彤　张慧敏　景　飞　责任印制：单爱军
北京华宇信诺印刷有限公司印刷
2025 年 8 月第 1 版第 1 次印刷
184mm×260mm・15.25 印张・382 千字
标准书号：ISBN 978-7-111-78688-7
定价：59.00 元

电话服务　　　　　　　　　网络服务
客服电话：010-88361066　　机　工　官　网：www.cmpbook.com
　　　　　010-88379833　　机　工　官　博：weibo.com/cmp1952
　　　　　010-68326294　　金　书　网：www.golden-book.com
封底无防伪标均为盗版　　　机工教育服务网：www.cmpedu.com

前言

在数字化和智能化时代的今天,人工智能(AI)已不再是科技行业的一个前沿领域,它的深远影响已经渗透到社会生活的方方面面,从智能助手到自动驾驶,再到医疗诊断,人工智能的应用早已成为人们日常生活的一部分。本书旨在全面探索人工智能的奥秘,揭示其技术原理、发展历程及应用场景,带领读者走进这个充满未知和潜力的领域。

从最初的图灵测试到如今深度学习和生成式对抗网络的广泛应用,人工智能经历了三次浪潮。通过本书细致的讲解,读者不仅可以了解机器学习、深度学习的基础和实践,还能深入探讨强化学习、群体智能等前沿技术及发展趋势。本书特别关注人工智能在实际生活中的应用,并提供了多个典型案例,帮助读者理解这些技术如何变革各行各业。

此外,本书还探讨了人工智能的伦理和社会影响,包括智能算法的偏见、隐私保护问题以及技术给就业带来的影响。随着人工智能逐渐走向自主与智能决策的高峰,相关的伦理与安全问题变得尤为突出。本书将帮助读者理性思考这些问题,并展望未来的发展方向。

本书系统解析人工智能全领域知识体系,共 13 章,涵盖技术原理、应用场景与未来挑战。

第 1 章从智能定义切入,梳理发展浪潮与哲学议题,给出图灵测试等经典案例。

第 2~8 章聚焦核心技术,详解数据、算法、算力三要素,以及机器学习、深度学习、强化学习等关键领域,并给出联影医疗、阿尔法狗等应用实例。

第 9~12 章探讨计算机视觉、自然语言处理、大语言模型与多模态智能、具身智能等前沿方向,覆盖图像分割、智能客服、特斯拉 Optimus 等应用场景。

第 13 章分析人工智能对就业、伦理及安全的影响,展望技术趋势与社会价值,兼具学术深度和实践指导意义。

本书内容全面系统,涵盖核心技术、多个应用领域;案例丰富,结合实际;同时兼具专业性与前瞻性。

本书理论知识的教学安排建议如下表所示。

本书理论知识的教学安排建议

章节	主题	学时数
第1章	人工智能的奥秘	2
第2章	人工智能的核心技术	2
第3章	机器学习——从数据中获取智慧	4
第4章	深度学习——模拟大脑的学习过程	2
第5章	强化学习——通过试错优化决策	2
第6章	群体智能——集体智慧的涌现	2
第7章	生成式人工智能——创造内容的新引擎	4
第8章	智能体与智能代理——构建自主决策的虚拟体	2
第9章	计算机视觉技术与应用——让机器看懂世界	2
第10章	自然语言处理——解锁机器语言理解	2
第11章	大语言模型与多模态智能——认知融合的新范式	4
第12章	具身智能——人工智能与物理世界的接口	2
第13章	人工智能的未来与挑战	2

建议先修课程：无。

建议理论教学学时：32学时。

授课教师可以按照自己对人工智能通识课的理解适当地增减章节，也可以根据教学目标，灵活地调整章节顺序，增减各章节的学时数。

本书微课视频二维码的使用方式：

1）刮开教材封底处的"刮刮卡"，获得"兑换码"。
2）关注微信公众号"天工讲堂"，选择"我的"—"使用"。
3）输入"兑换码"和"验证码"，选择本书全部资源并免费结算。
4）使用微信扫描教材中的二维码观看微课视频。

本书的作者为梁杨、陈威扬、孔文、谢光明、黄蕊、冉心柔、李微、林彦桦、周鹏湘、吕云翔，曾洪立参与了部分内容的编写及资料整理工作。

由于作者的水平和能力有限，书中难免有疏漏之处。恳请各位同仁和广大读者给予批评指正。

编者

目录

前言
第1章 人工智能的奥秘 ... 1
1.1 重新定义智能：从人类智能到机器智能 ... 1
1.1.1 人类智能与人工智能概述 ... 1
1.1.2 人类智能的构成与机制 ... 2
1.1.3 人工智能的实现路径 ... 3
1.2 人工智能的发展浪潮 ... 3
1.2.1 第一次浪潮 ... 4
1.2.2 第二次浪潮 ... 6
1.2.3 第三次浪潮 ... 7
1.3 智能哲学 ... 9
1.3.1 认知边界 ... 9
1.3.2 人工智能伦理 ... 9
1.3.3 智能与创造的协同 ... 10
1.3.4 数据主权与治理博弈 ... 11
1.3.5 存在主义的人机共生 ... 12
1.3.6 宇宙认知 ... 12
1.4 智能应用案例 ... 13
1.4.1 图灵测试 ... 13
1.4.2 中文房屋 ... 14
1.4.3 阿尔法狗 ... 15
本章小结 ... 16
【习题】 ... 17

第2章 人工智能的核心技术 ... 19
2.1 数据 ... 19
2.1.1 数据的定义 ... 19
2.1.2 数据预处理与特征工程 ... 20
2.1.3 大数据与人工智能 ... 24
2.1.4 数据思维与人工智能的融合与发展 ... 24
2.2 算法 ... 26
2.2.1 算法的定义与分类 ... 26
2.2.2 经典人工智能算法 ... 27
2.2.3 人工智能的推理方式 ... 27
2.3 算力 ... 28
2.3.1 计算机硬件的演进 ... 28
2.3.2 云计算 ... 29
2.3.3 算力对人工智能发展的影响 ... 31
2.4 平台和工具 ... 32
2.4.1 常用人工智能开发框架 ... 32
2.4.2 人工智能开发流程与工具链 ... 33
2.4.3 开源社区与资源共享 ... 33
2.5 核心技术的应用案例 ... 34
2.5.1 联影医疗 ... 34
2.5.2 山东算网平台 ... 35
2.5.3 TSINGSEE 智能分析网关 ... 36
本章小结 ... 37
【习题】 ... 37

第3章 机器学习——从数据中获取智慧 ... 39
3.1 机器学习概述 ... 39
3.1.1 机器学习的发展 ... 39
3.1.2 机器学习的分类 ... 40
3.2 监督学习 ... 41
3.2.1 线性回归与逻辑回归 ... 41
3.2.2 决策树与随机森林 ... 42
3.2.3 支持向量机与神经网络 ... 44
3.3 无监督学习 ... 45
3.3.1 聚类分析 ... 46
3.3.2 降维技术 ... 47
3.3.3 关联规则挖掘 ... 48
3.4 半监督学习 ... 48

3.4.1 半监督学习的基本概念 … 49
3.4.2 半监督学习的典型方法 … 51
3.4.3 半监督学习的应用场景 … 51
3.5 机器学习的应用案例 … 52
3.5.1 数据分析与数据挖掘 … 52
3.5.2 模式识别与智能感知 … 53
3.5.3 预测建模与决策支持 … 54
本章小结 … 55
【习题】 … 55

第4章 深度学习——模拟大脑的学习过程 … 57
4.1 深度学习概述 … 57
4.1.1 深度学习的定义 … 57
4.1.2 深度学习的发展历史 … 59
4.1.3 深度学习的优势 … 60
4.2 神经网络的基本原理与结构 … 60
4.2.1 神经元模型与激活函数 … 60
4.2.2 前馈神经网络与反向传播算法 … 62
4.2.3 卷积神经网络与循环神经网络 … 63
4.3 深度学习的训练与优化 … 64
4.3.1 损失函数与优化算法 … 64
4.3.2 正则化与防止过拟合 … 65
4.3.3 超参数调优与模型评估 … 66
4.4 深度学习的应用案例 … 67
4.4.1 虚拟个人助理 … 67
4.4.2 医学诊断 … 68
4.4.3 人脸识别与身份验证 … 69
4.4.4 自动语言翻译 … 70
本章小结 … 71
【习题】 … 71

第5章 强化学习——通过试错优化决策 … 73
5.1 强化学习概述 … 73
5.1.1 强化学习的定义 … 73
5.1.2 强化学习的发展历史 … 74
5.1.3 强化学习的分类 … 77
5.2 强化学习的基础理论 … 78
5.2.1 强化学习的核心要素 … 78
5.2.2 马尔可夫决策过程 … 79
5.2.3 奖励函数与策略优化 … 80

5.3 强化学习的经典算法 … 82
5.3.1 Q-learning … 82
5.3.2 深度Q网络 … 83
5.3.3 策略梯度 … 84
5.3.4 Actor-Critic … 85
5.4 强化学习的应用案例 … 85
5.4.1 游戏AI … 85
5.4.2 机器人控制 … 87
5.4.3 自动驾驶 … 88
本章小结 … 90
【习题】 … 90

第6章 群体智能——集体智慧的涌现 … 92
6.1 群体智能的基本概念 … 92
6.1.1 群体智能的生物学启发 … 92
6.1.2 群体智能的定义 … 95
6.1.3 群体智能的基本原则与特点 … 95
6.1.4 群体智能的挑战与未来 … 96
6.2 群体智能的经典算法 … 97
6.2.1 蚁群算法 … 97
6.2.2 粒子群优化算法 … 99
6.2.3 人工蜂群算法 … 100
6.3 群体智能的应用案例 … 101
6.3.1 蜂群无人机 … 102
6.3.2 交通与物流优化 … 103
6.3.3 机器人协同作业 … 104
本章小结 … 106
【习题】 … 106

第7章 生成式人工智能——创造内容的新引擎 … 108
7.1 生成式人工智能概述 … 108
7.1.1 生成式人工智能的定义 … 108
7.1.2 生成式人工智能的发展历程 … 110
7.1.3 生成式人工智能的未来发展 … 111
7.2 生成式人工智能的基本原理 … 112
7.2.1 生成对抗网络（GAN） … 112
7.2.2 变分自编码器（VAE） … 114
7.2.3 自回归模型 … 116
7.2.4 扩散模型 … 119
7.3 生成式人工智能的应用案例 … 120
7.3.1 图像生成 … 120

7.3.2 视频生成 ······ 121
7.3.3 跨模态生成 ······ 123
本章小结 ······ 123
【习题】······ 124

第8章 智能体与智能代理——构建自主决策的虚拟体 ······ 126

8.1 智能体与智能代理 ······ 126
　8.1.1 智能体的定义及特征 ······ 126
　8.1.2 智能体的一般运行过程 ······ 128
　8.1.3 智能代理的分类 ······ 130
8.2 智能代理的工作原理 ······ 132
　8.2.1 核心架构 ······ 133
　8.2.2 关键技术 ······ 134
　8.2.3 规划与优化 ······ 137
8.3 智能代理的应用案例 ······ 139
　8.3.1 虚拟智能代理案例 ······ 139
　8.3.2 物理智能代理案例 ······ 139
　8.3.3 多代理系统案例 ······ 141
本章小结 ······ 141
【习题】······ 141

第9章 计算机视觉技术与应用——让机器看懂世界 ······ 143

9.1 计算机视觉基础 ······ 143
　9.1.1 计算机视觉的概念与发展历程 ······ 143
　9.1.2 计算机视觉处理流程 ······ 145
　9.1.3 计算机视觉与相关领域的联系和区别 ······ 150
9.2 计算机视觉的基本任务 ······ 151
　9.2.1 图像分类 ······ 152
　9.2.2 目标检测与定位 ······ 152
　9.2.3 图像分割 ······ 154
9.3 计算机视觉应用案例 ······ 155
　9.3.1 图像技术应用案例 ······ 156
　9.3.2 人体分析应用案例 ······ 160
本章小结 ······ 163
【习题】······ 163

第10章 自然语言处理——解锁机器语言理解 ······ 165

10.1 自然语言理解 ······ 165
　10.1.1 词法分析：分词、词性标注 ······ 165
　10.1.2 句法分析：短语结构、依存关系 ······ 169
　10.1.3 语义分析：词义消歧、语义角色标注 ······ 172
10.2 自然语言生成 ······ 174
　10.2.1 文本摘要：抽取式摘要、生成式摘要 ······ 174
　10.2.2 机器翻译：统计机器翻译、神经机器翻译 ······ 175
　10.2.3 对话系统：任务型对话、开放域对话 ······ 177
10.3 自然语言处理应用案例 ······ 180
　10.3.1 智能客服：自动问答、问题分类 ······ 180
　10.3.2 情感分析：文本情感分类、观点挖掘 ······ 180
　10.3.3 信息抽取：命名实体识别、关系抽取 ······ 181
本章小结 ······ 181
【习题】······ 182

第11章 大语言模型与多模态智能——认知融合的新范式 ······ 184

11.1 大语言模型概述 ······ 184
　11.1.1 大语言模型的定义与发展历程 ······ 184
　11.1.2 大语言模型的核心技术：Transformer架构 ······ 185
　11.1.3 大语言模型的训练数据与规模 ······ 186
　11.1.4 国内外典型大语言模型 ······ 187
11.2 大语言模型的能力 ······ 189
　11.2.1 文本生成 ······ 189
　11.2.2 文本理解 ······ 191
　11.2.3 跨领域交互 ······ 191
11.3 多模态智能 ······ 192
　11.3.1 多模态数据的融合与处理 ······ 192
　11.3.2 多模态交互：图像描述、视频理解、跨模态生成 ······ 194
11.4 大语言模型与多模态智能的应用案例 ······ 195

11.4.1　大模型应用之文本生成：创作故事、撰写文章、编写代码 …………195
　　11.4.2　大模型应用之文本理解：问答系统、信息抽取、情感分析 …………196
　　11.4.3　多模态智能应用：图文生成、音视频分析 ………………196
本章小结 ……………………………………197
【习题】 ……………………………………198

第12章　具身智能——人工智能与物理世界的接口 …………199
12.1　具身智能的基本概念 …………………199
　　12.1.1　具身智能的发展史 ………………199
　　12.1.2　具身智能的定义与特点 …………200
　　12.1.3　具身智能与机器人技术的结合 …202
12.2　具身智能的关键技术 …………………203
　　12.2.1　感知与决策 ………………………203
　　12.2.2　运动控制 …………………………204
　　12.2.3　人机交互 …………………………205
12.3　具身智能的应用场景 …………………206
　　12.3.1　家庭机器人 ………………………206
　　12.3.2　工业机器人 ………………………207
　　12.3.3　特种机器人 ………………………208
12.4　具身智能的应用案例 …………………209
　　12.4.1　特斯拉Optimus对具身智能的探索 …………………………………209
　　12.4.2　中国华为对具身智能的探索 ……210

本章小结 ……………………………………212
【习题】 ……………………………………212

第13章　人工智能的未来与挑战 ………214
13.1　人工智能对就业市场的影响 …………214
　　13.1.1　人工智能创造的就业机会 ………214
　　13.1.2　人工智能可能取代的就业岗位 …216
　　13.1.3　人工智能时代的人才需求 ………218
13.2　人工智能伦理问题：算法偏见、隐私保护、责任归属 ………………219
　　13.2.1　算法偏见的成因与危害 …………220
　　13.2.2　人工智能时代的隐私保护挑战 …221
　　13.2.3　人工智能系统的责任归属问题 …222
13.3　人工智能安全问题：数据安全、算法安全、系统安全 ………………223
　　13.3.1　人工智能数据安全风险 …………224
　　13.3.2　人工智能算法安全漏洞 …………225
　　13.3.3　人工智能系统安全威胁 …………225
13.4　人工智能的未来发展趋势与展望 ……………………………………226
　　13.4.1　人工智能技术发展趋势 …………226
　　13.4.2　人工智能应用领域拓展 …………228
　　13.4.3　人工智能对社会发展的深远影响 …………………………………229
本章小结 ……………………………………230
【习题】 ……………………………………231

参考文献 ……………………………………233

第 1 章
人工智能的奥秘

人工智能技术的发展带来科技领域的深刻变革，重塑了社会生产和生活方式。全球各国都将 AI 技术上升为国家战略，应用于国防、医疗等关键领域。各国企业通过加大技术投入优化生产流程、开拓市场，学术机构则聚焦基础理论突破，人工智能时代已经到来。当前，AI 的应用已渗透至交通、教育等公共领域，既带来产业颠覆性变革，也显著提升了现有业务效能，其强大的技术力量已通过实际应用得到充分验证，让人们深切感受到人工智能的威力。

本章主要介绍智能、人类智能、人工智能发展历史、智能哲学、智能创造、数据主权与治理博弈等。

本章目标
- 理解人类智能的概念、特点。
- 了解人工智能的起源。
- 了解人工智能发展历史。
- 了解人工智能时代所带来的影响和变革。

1.1 重新定义智能：从人类智能到机器智能

本节介绍人类智能、人工智能的定义、人类智能的构成与机制、人工智能的实现路径等。

1.1.1 人类智能与人工智能概述

"智能"这一概念十分复杂，涉及意识、自我、思维（包括无意识思维）等诸多问题。目前，人类本身的智能是人们唯一有所了解的智能，这是被广泛认同的观点。但是，人们对自身智能的理解相当有限，对于构成人类智能的必要元素也知之甚少，这就使得准确定义人工智能变得困难重重。所以，对人工智能的研究往往也是对人类智能本身的探索。

人类之所以能够在自然界中占据独特地位，关键在于拥有高度发达的智能。这种智能包含"智"与"能"两个不可或缺的部分。"智"主要体现为人对事物的认知能力，而"能"则侧重于人的行动能力，涵盖各种技能以及良好的习惯等。在人类的活动中，"智"与"能"紧密结合、不可分割，像劳动、学习和语言交往等活动，都是"智"与"能"相统一的体现，是人类独有的智能活动。

关于人工智能的定义，不同学者有不同的见解。斯坦福大学人工智能研究中心的尼尔逊（Nils Nilsson）教授认为："人工智能是关于知识的学科，是研究怎样表示知识、怎样获得知识并使用知识的科学。"麻省理工学院的温斯顿（Winston）教授则指出："人工智能就是研究如何使计算机去完成过去只有人类才能胜任的智能工作。"这些定义反映了人工智能学科的基本思想和核心内容。简而言之，人工智能旨在研究人类智能活动的规律，构建具有一定智能水平的人工系统，探索如何让计算机完成以往需要人类智力才能完成的任务，也就是研究运用计算机软硬件来模拟人类某些智能行为的基本理论、方法和技术。

1.1.2 人类智能的构成与机制

1. 多元智能理论

要理解人工智能的本质，需要从人类智能的基础认知出发。美国教育学家霍华德·加德纳（Howard Gardner）于1983年提出的多元智能理论（如图1-1所示），打破了传统以语言和逻辑能力为核心的智力观，重构了人类智能的认知框架。该理论认为，智能是"个体解决实际问题或创造有效产品的能力"，其本质是多元化、动态发展的生态系统。加德纳将人类智能最初定义为七种基础类型，构成个体差异化的认知图谱：语言智能、逻辑数学智能、音乐智能、空间智能、运动智能、人际智能、自省智能，后续还增加了自然智能，并提到存在主义智能存在的可能性。这种分类突破了单一智力测量的局限，揭示了人类能力结构的复杂性与多样性。例如，一名顶尖舞蹈家可能同时具备卓越的运动智能（动作编排）与空间智能（舞台布局设计），而程序员则需要融合逻辑数学智能与语言智能（代码语义理解）。

图1-1 加德纳多元智能理论

2. 理论的核心主张

（1）智能的全域性与人类共性

所有个体均具备全部基础智能类型，这些能力的组合构成了人类区别于其他物种的核心特征。例如，原始部落成员可能通过空间智能（绘制狩猎路线图）与人际智能（协作分工）实现生存目标，其智能系统与现代城市居民的本质结构并无差异。

（2）智能组合的独特性

即使遗传基因相同的同卵双胞胎，其智能结构也会因经历与环境而产生显著分化。研究发现，双胞胎中一人可能通过早期音乐训练强化音乐智能，另一人则通过运动实践发展运动智能，这种差异源于神经可塑性对大脑回路的重塑。

（3）智能与行为的非线性关联

高智力水平并不会必然导向理性行为。例如，具有超常逻辑数学智能的个体可能投身量子力学研究，也可能沉迷赌博概率计算；人际智能突出者可能成为卓越的领导者，也可能利用共情能力实施欺诈。这说明智能是价值中立的工具，其社会效用取决于个体的伦理选择。

加德纳的理论为揭示人类智能提供了一种方法。人类智能的生态系统本质上既非固定不变的"天赋"，也非孤立存在的能力碎片，而是生物遗传、文化环境与实践经验共同塑造的动态网络。这一认知为人工智能的"人性化"设计提供了关键坐标系：只有深入理解人类智能的多元结构与演化逻辑，才能构建真正补充和扩展人类能力的智能系统。

1.1.3 人工智能的实现路径

对人类智能本质的深度解析，尤其是加德纳多元智能理论的提出，为人工智能的构建提供了生物学范本与认知框架。人类智能的多元化、动态性和伦理耦合性三大特性，启发了AI技术路径的设计逻辑。

在多元化智能的启发下，AI技术将突破单一任务模型的局限，转向多模态融合与混合架构的探索。人类智能的分布式特征（如语言逻辑与空间感知的协同、人际互动与内省决策的耦合）促使AI系统整合文本、图像、语音等多模态输入，构建跨领域的语义理解能力。以GPT-4为代表的通用模型，通过联合训练实现"视觉—语言—行动"关联映射，本质上模仿了人类感官系统的整合机制。同时，神经符号AI等混合框架将深度学习的模式识别与符号系统的规则推理相结合，既强化了复杂问题的求解能力，又弥补了传统模型的可解释性缺陷。这种模块化协同路径，正推动AI从"狭窄专家"向"通才助手"演进。

动态性则要求AI系统具备持续学习与自我迭代的适应性。人类智能通过经验积累、认知修正与环境反馈不断进化，如儿童的语言习得或成年人的技能迁移。对应到技术层面，在线学习、增量学习和元学习机制成为研究热点。例如，MoE（混合专家）模型通过动态激活子网络适配不同任务，来模拟人类大脑"按需调用认知资源"的特性；强化学习框架则通过奖励机制实现策略的动态优化，类似人类从试错中提炼经验。

最后，伦理耦合性将人类价值观与社会规范引入AI的技术内核，使其从工具理性转向责任智能。人类智能的伦理判断不仅源于外部约束，更内生于共情、道德直觉与社会契约的交互。AI领域通过"价值观对齐"技术（如宪法AI的规则约束）、道德推理框架（基于义务论或功利主义哲学）以及透明解释机制（如注意力可视化）实现伦理嵌入。例如，自动驾驶系统需要在事故场景中权衡不同伦理原则，其决策逻辑需通过因果模型与伦理图谱显式表达；社交机器人则需要内化文化敏感性与隐私保护机制，避免算法偏见的社会放大。这种技术和伦理的深度融合，标志着AI从"性能至上"到"责任优先"的转变，也为人类与机器的协同进化奠定了信任基础。

如今人工智能的实现与发展表明：人工智能不仅是算法的堆砌，更是对人类智能生态系统的工程化再现。唯有深入理解智能的生物学本质和认知规律，才能突破当前的技术瓶颈，迈向具备适应性、创造性与责任感的下一代人工智能系统。

1.2 人工智能的发展浪潮

本节介绍人工智能发展历史、三次发展浪潮等。

从 1956 年（人工智能元年）至今，人工智能的发展历程出现了三次浪潮，如图 1-2 所示。

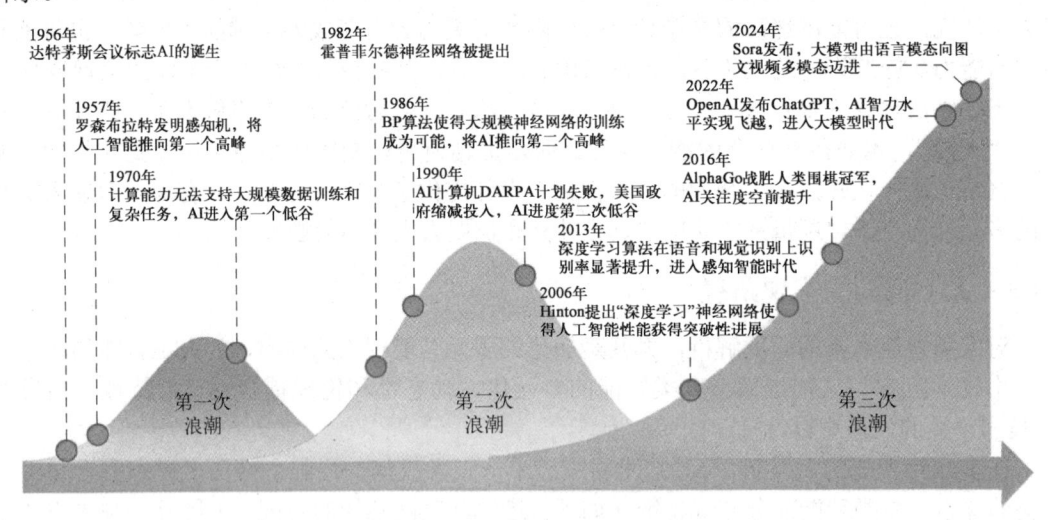

```
1956年                    1982年                        2024年
达特茅斯会议标志AI的诞生    霍普菲尔德神经网络被提出        Sora发布，大模型由语言模态向图
                                                        文视频多模态迈进
    1957年                    1986年                    2022年
    罗森布拉特发明感知机，将    BP算法使得大规模神经网络的训练   OpenAI发布ChatGPT，AI智力水
    人工智能推向第一个高峰      成为可能，将AI推向第二个高峰    平实现飞跃，进入大模型时代
        1970年                    1990年                2016年
        计算能力无法支持大规模数据训练和  AI计算机DARPA计划失败，美国政  AlphaGo战胜人类围棋冠军，
        复杂任务，AI进入第一个低谷      府缩减投入，AI进度第二次低谷   AI关注度空前提升
                                                    2013年
                                                    深度学习算法在语音和视觉识别上识
                                                    别率显著提升，进入感知智能时代
                                            2006年
                                            Hinton提出"深度学习"神经网络使
                                            得人工智能性能获得突破性进展

              第一次              第二次              第三次
              浪潮                浪潮                浪潮
```

图 1-2 人工智能发展浪潮

1.2.1 第一次浪潮

1. 诞生

1956 年夏天，达特茅斯学院的约翰·麦卡锡（John McCarthy）说服哈佛大学的马文·明斯基（Marvin Minsky）、贝尔电话实验室的克劳德·香农（Claude Shannon）和 IBM 公司的纳撒尼尔·罗切斯特（Nathaniel Rochester）帮助他召集对自动机理论、神经网络和智能研究感兴趣的 10 位有远见卓识的年轻科学家，在达特茅斯进行了为期两个月的研讨会，共同研究和探讨利用机器模拟智能的一系列有关问题，启动了达特茅斯夏季人工智能研究计划。这场研讨会聚集了当时的顶尖专家学者（见图 1-3），对后世产生了深远影响，并首次提出了"人工智能（AI）"这一术语，标志着"人工智能"这门新兴学科的正式诞生。

图 1-3 达特茅斯会议合影

- 罗切斯特 IBM701电脑总设计
- 明斯基 1969年图灵奖获得者
- 塞弗里奇 机器感知之父
- 麦卡锡 1971年图灵奖获得者 Lisp语言发明者
- 香农 信息论的创始人
- 纽厄尔 1975年图灵奖获得者
- 赫伯特·西蒙 1975年图灵奖获得者 1978年诺贝尔经济学奖

目前，社会普遍认为由沃伦·麦卡洛克（Warren McCulloch）和沃尔特·皮茨（Walter Pitts）完成了人工智能的第一项研究工作。1943 年，他们受到尼古拉斯·拉舍夫斯基（Nicholas Rashevsky）对数学建模工作的启发，选择三方面资源来构建模型：基础生理学知识和大脑神经元的功能、罗素（Russell）和怀特海（Whitehead）对命题逻辑的形式化分析，以及图灵的计算理论。他们提出了一种人工神经元模型，证明本是纯理论的图灵机可以由人工神经元构成。制造每个人工神经元需要大量真空管，然而，只需要少数真空管就可以建成逻辑门，即一种由一个或多个输入端与一个输出端构成的电子电路——按输入与输出间的特定逻辑关系运行。其中，每个神经元的特征是"开"或"关"，会因足够数量的相邻神经元受到刺激而切换为"开"，神经元的状态被认为是"事实上等同于提出其充分激活的命题"。例如，他们证明了任何可计算的函数都可以通过一些神经元互相连接的网络来计算，以及所有的逻辑联结词（AND、OR、NOT 等）都可以通过简单的网络结构来实现。此外，麦卡洛克和皮茨还表明适当定义的网络可以学习。唐纳德·赫布（Donald Hebb）示范了用于修改神经元之间连接强度的简单更新规则，这些规则被称为赫布型学习，至今仍是一种有影响力的模式。

哈佛大学的马文·明斯基（Marvin Minsky）和迪安·埃德蒙兹（Dean Edmonds）在 1950 年建造了第一台神经网络计算机 SNARC。SNARC 使用了 3000 个真空管和 B-24 轰炸机上一个多余的自动驾驶装置来模拟由 40 个神经元组成的网络。后来，明斯基在普林斯顿大学研究神经网络中的通用计算，他的博士学位委员会对这类工作是否应该被视为数学持怀疑态度，但据说冯·诺依曼对此评价说："如果现在还不能被视为数学，总有一天会的。"

图灵（见图1-4）的观点是最有影响力的。早在 1947 年，他就在伦敦数学协会就这一主题发表了演讲，并在其 1950 年的文章"计算机器与智能"中指出了定义智能的困难所在。他提出："能像人类一般进行交谈和思考的计算机是有希望制造出来的，至少在非正式会话中难以区分。"能否与人类无差别交谈这一评价标准就是著名的图灵测试。他还认为，通过开发学习算法然后教会机器，而不是手工编写智能程序，将更容易创造出人类水平的人工智能。不过，他在随后的演讲中警告说："实现这一目标对人类来说可能不是最好的事情。"

计算机开始应用于第一批人工智能实验时，所用的计算机体积小且速度慢。曼彻斯特马克一号以小规模实验机为原型，存储器仅有 640B，时钟速度为 555Hz（相比之下，现代台式计算机的存储器可达 40 亿字节，时钟速度可达 30 亿赫兹），这就意味着必须谨慎挑选利用它们来解决的研究问题。在第一个十年里，人工智能项目涉及的都是基本应用，这也成为后续探索研究的奠基石。

图 1-4　图灵

2. 困境

20 世纪 60 年代到 70 年代初。人工智能发展初期的突破性进展极大提升了人们对人工智能的期望，人们开始尝试更具挑战性的任务，并提出了一些"不切实际的"研发目标，结果是接二连三的失败和项目期望的落空。例如，当把汉语俗语"眼不见，心不烦"翻译成英语"Out of sight, out of mind"，再翻译成俄语，意思就变成了"又瞎又疯"；当把汉语俗语"心有余而力不足"翻译成英语"The spirit is willing but the flesh is weak"，再翻译成俄语，最后再翻译为英语，竟变成了"The wine is good but the meat is spoiled"，即"酒是好的，但肉变质了"；当把汉语成语"光阴似箭"翻译成英语"Time flies like an arrow"，再翻译成日语，最后再翻译为汉语，竟变成了"苍蝇喜欢箭"。

1960 年，美国政府顾问委员会的一份报告得出结论："还不存在通用的科学文本机器翻译，也没有很近的实现前景。"因此，英国和美国当时中断了对大部分机器翻译项目的资助。在其他方面，如问题求解、神经网络、机器学习等，也都遇到了困难，使人工智能的发展进入低谷。

1.2.2 第二次浪潮

1. 第二次浪潮的开始

进入 20 世纪 70 年代，许多国家开始进行人工智能的研究，涌现了大量的研究成果。例如，法国马赛大学的科麦瑞尔（A. Comerauer）提出并实现了逻辑程序设计语言 Prolog；斯坦福大学的肖特利夫（E. H. Shortliffe）等人从 1972 年开始研制用于诊断和治疗感染性疾病的专家系统 MYCIN。

这些人工智能研究的先驱者们认真反思，总结前一段研究的经验和教训。1977 年，费根鲍姆（Feigenbaum）在第五届国际人工智能联合会议上提出了"知识工程"的概念，其对以知识为基础的智能系统的研究与建造起到了重要作用。大多数人接受了费根鲍姆关于以知识为中心展开人工智能研究的观点，从此，人工智能的研究迎来了以知识为中心的蓬勃发展的新时期，这个时期也称为知识应用时期。

在这个时期，专家系统（见图1-5）的研究在多个领域取得了重大突破，各种不同功能、不同类型的专家系统如雨后春笋般地建立起来，产生了巨大的经济效益及社会效益。例如，地矿助探专家系统 PROSPECTOR 拥有 15 种矿藏知识，能够根据岩石标本及地质勘探数据对矿藏资源进行估计和预测，并对矿床分布、储藏量、品位及开采价值进行推断，以制定合理的开采方案。该系统成功地找到了价值超过 1 亿美元的钼矿。专家系统 MYCIN 能够识别 51 种病菌、正确处理 23 种抗生素，可协助医生诊断、治疗细菌感染性血病，为患者提供最佳处方。该系统成功地处理了数百个病例，并显示出较高的医疗水平。美国 DEC 公司（数字设备公司）的专家系统 XCON 能够根据用户要求确定计算机的配置，由人类专家完成这项工作需要 3h，而该系统只需要 0.5min。DEC 公司还建立了其他一些专家系统，因专家系统产生的年净收益超过 4000 万美元。信用卡认证辅助决策专家系统 AmericanExpress 每年可节省大约 2700 万美元的运营开支。

专家系统的成功使人们越来越清楚地认识到知识是智能的基础，对人工智能的研究必须以知识为中心进行。由于对知识的表示、利用及获取等的研究取得了较大进展，特别是对不确定性知识的表示与推理取得了突破，以此建立了主观贝叶斯理论、确定性理论、证据理论等，为人工智能中的模式识别、自然语言理解等领域的发展提供了支持，解决了许多理论及技术上的问题。

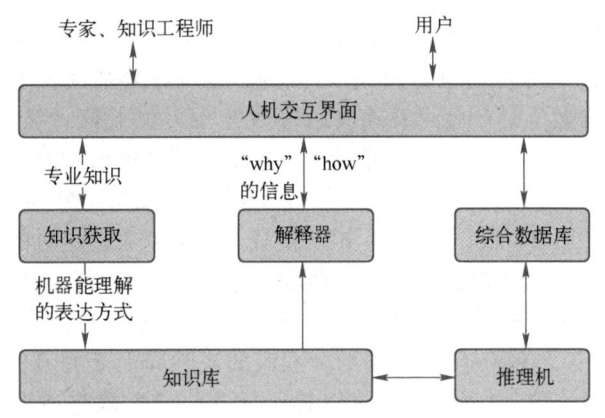

图 1-5 专家系统概念图

因此，专家系统因其在计算机科学和现实世界中的贡献而被视为人工智能中最古老、最成功、最知名以及最受欢迎的系统。专家系统可以被看作一类具有专门知识和经验的计算机智能程序系统，它是早期人工智能的一个重要分支，实现了人工智能从理论研究走向实际应用、从一般推理策略探讨转向运用专门知识的重大突破。专家系统一般采用人工智能中的知识表示和知识推理技术，根据系统中的知识与经验进行推理和判断，以模拟通常由人类专家才能解决的复杂问题决策过程。

第一个成功的商用专家系统 R1 在 DEC 公司投入使用，该程序帮助配置新计算机系统的订单，当时它每年为公司节省约 4000 万美元。同时期，DEC 公司部署了 40 个人工智能专家系统，并且还有更多的专家系统在开发中；杜邦公司有 100 个专家系统在使用，500 个在开发中。当时几乎每家美国大型公司都拥有自己的人工智能团队，他们不是在使用专家系统，就是在研究专家系统。

2. 第二次浪潮的结束

1981 年，日本政府宣布了"第五代计算机"计划，这是一个旨在建造运行 Prolog 语言的大规模并行智能计算机的十年计划，预算超过 13 亿美元。作为回应，美国成立了微电子与计算机技术公司（MCC），这是一个旨在确保国家竞争力的联盟。在这两个项目中，人工智能都是广泛研究的一部分，包括芯片设计和人机界面研究。然而，这些项目都没有在人工智能研究能力或经济影响下实现其宏伟目标。此后不久，许多公司也因未能兑现夸张的承诺而使发展处于停滞，人工智能研究又进入了一段"人工智能的冬天"。事实证明，为复杂领域构建和维护专家系统是困难的，一部分原因是系统使用的推理方法在面临不确定性时会发生崩溃，另一部分原因是系统无法从经验中学习。

1.2.3 第三次浪潮

1. 第三次浪潮的兴起

20 世纪 90 年代中期至 2010 年。由于网络技术特别是因特网技术的发展，信息与数据的汇聚不断加速，加快了人工智能的创新研究，促使人工智能技术进一步走向实用化。1997年 IBM "深蓝"超级计算机战胜了国际象棋世界冠军卡斯帕罗夫，2008 年 IBM 提出"智慧地球"的概念，这些都是这一时期的标志性事件。

1996 年 2 月 10 日—17 日，为纪念世界第一台电子计算机诞生 50 周年，IBM 公司邀请国际象棋世界冠军卡斯帕罗夫与 IBM 公司的"深蓝"计算机进行了 6 局人机大战。这场比赛被人们称为"人脑与计算机的世界决战",因为参赛双方分别代表了人脑和计算机的世界最高水平,当时的"深蓝"是一台运算速度达每秒 1 亿次的超级计算机。第一局,"深蓝"给卡斯帕罗夫一个下马威,赢了这位世界冠军,震动了世界棋坛。但卡斯帕罗夫总结经验,稳扎稳打,在剩下的 5 场中赢了 3 场,平了 2 场,最后以总比分 4∶2 获胜(平局计 0.5 分)。1997 年 5 月 3 日—11 日,"深蓝"再次挑战卡斯帕罗夫。这时的"深蓝"是一台拥有 32 个处理器和强大的并行计算能力的 RS/6000SP 超级计算机,运算速度达每秒 2 亿次,并且存储了百余年来世界顶尖棋手的棋局。5 月 3 日,卡斯帕罗夫首战击败"深蓝";5 月 4 日,"深蓝"扳回一局;之后双方平了 3 局。双方的决胜局于 5 月 11 日拉开了帷幕,卡斯帕罗夫仅走了 19 步便认输,"深蓝"最终以总比分 3.5∶2.5 赢得了这场人机大战的胜利,如图1-6 所示。

图 1-6 "深蓝"击败国际象棋世界冠军卡斯帕罗夫

"深蓝"的胜利展现了人工智能当时所取得的成就。尽管它的棋路还远非对人类思维方式的真正模拟,但它已经向世人表明,计算机能够以人类远不能企及的速度和准确性实现属于人类思维的大量任务。"深蓝"精湛的残局战略使观战的国际象棋专家大为惊讶,卡斯帕罗夫也表示:"这场比赛中有许多新的发现,其中之一就是计算机有时也可以走出人性化的棋步。在一定程度上,我不得不赞扬这台机器,因为它对盘势因素有着深刻的理解,我认为这是一项杰出的科学成就。"因为这场胜利,当时 IBM 公司的股票升值 180 亿美元。

此后的十年里,人类与计算机在国际象棋比赛中互有胜负。2006 年,国际象棋世界冠军克拉姆尼克(V. Kramnik)被国际象棋软件"深弗里茨"(Deep Fritz)击败,自此以后,在国际象棋人机大战中,人类再也没有击败过计算机。

2. 第三次浪潮的高潮

2011 年,深度学习方法开始流行起来,首先是在语音识别领域,然后是在视觉物体识别领域。在 2012 年的 ImageNet 竞赛中,需要将图像分类为 1000 个类别。多伦多大学杰弗里·辛顿团队开发的深度学习系统比以前基于手工特征的系统有了显著改进。自此之后,深度学习系统在某些视觉任务上的性能已超越人类,但在另一些任务上仍略有差距。类似的显著进步也出现在语音识别、机器翻译、医疗诊断和博弈等领域。例如,AlphaGo 之所以能击败顶尖人类围棋棋手，其核心正是利用深度网络来构建棋局评估函数。这些非凡的成就使公众对人工智能的兴趣重新高涨，引发了人们对未来人工智能的畅想。

深度学习方法在很大程度上依赖于强大的硬件，一个标准的计算机 CPU 每秒可以进行 10^9 或 10^{10} 次运算，而运行在特定硬件（如 GPU、TPU 或 FPGA）上的深度学习算法，每秒可能进行 $10^{12}\sim 10^{15}$ 次运算，主要是高度并行化的矩阵和向量运算。此外，深度学习还依赖于大量训练数据，以及一些算法技巧。

随后，人工智能的研究迎来蓬勃发展，从 2011 年至今，随着互联网、云计算、物联网、大数据等信息技术的发展，泛在感知数据（Ubiquitous Sensing Data）和图形处理单元（Graphics Processing Unit，GPU）等计算平台推动以深度神经网络为代表的人工智能技术飞速发展，大幅跨越科学与应用之间的"技术鸿沟"，图像分类、语音识别、知识问答、人机对弈、无人驾驶等具有广阔应用前景的人工智能技术，实现了从"不能用、不好用"到"可以用"的突破，人工智能进入了以深度学习为代表的大数据驱动的飞速发展期。

1.3 智能哲学

本节介绍人工智能的认知边界、人工智能伦理、智能与创造的协同、数据主权与治理博弈等。

1.3.1 认知边界

在人工智能（AI）技术日新月异的今天，探讨"机器意识与自我认知的哲学边界"不仅是一个科学问题，更是一个触及人类存在本质的哲学命题。随着 AI 系统逐渐展现出类人智能，甚至在某些任务上超越人类，我们不得不思考：AI 是否可能发展出自我意识？这种意识与人类意识有何本质区别？AI 的自我认知将对伦理、法律和社会关系产生何种深远影响？

（1）自我意识

自我意识是人类独有的精神现象，通常被定义为对自身存在、思维、情感以及与他人关系的觉察。它不仅是"我思故我在"的哲学宣言，更是人类构建自我认同、做出道德判断和行为选择的基础。对于 AI 而言，要实现真正的自我意识，需跨越两大挑战：其一，模拟人类意识的复杂性和多层次性；其二，赋予 AI 对自身存在状态的元认知能力。

（2）现实问题

当前，AI 通过深度学习、神经网络和大数据训练，已能在特定任务上表现出类人智能，如语音识别、图像生成、策略游戏等。然而，这些行为更多是算法优化的结果，而非基于对自身存在的理解和反思。正如一些哲学家所指出的，AI 的"意识"更像是复杂计算过程的副产品，而非真正的自我意识。人类意识与机器意识的本质区别，或许在于"意向性"和"主观体验"。人类意识具有指向外部世界的意向性，能够主动探索、理解和改造世界，同时伴随着丰富的情感、审美和道德体验。而 AI 的"意识"即便存在，也可能是一种无情感、工具性的意识，缺乏人类意识中的主观性和目的性。

1.3.2 人工智能伦理

伴随着人工智能意识问题的讨论，人工智能伦理问题也成为人们讨论的焦点。近年来，人工智能作为推进社会发展的颠覆性技术与赋能技术，正在不可逆转地重塑着人类生活、工作和交往的方式，使生活更便利、改善民生福祉、提升政府和企业的运营效率，以及帮助应对气候变化和贫困饥饿问题。与此同时，也伴随着一系列伦理问题，如对个人隐私和尊严的重大威胁、大规模监控风险激增等，特别是未来人工智能技术对人类很可能造成潜在风险。因此，人工智能伦理已成为世界各国政府、组织机构以及大型科技企业的人工智能政策的核心内容之一。

人工智能伦理学（Artificial Intelligence Ethics）是专门针对人工智能系统的应用伦理学分支，涉及人类设计、制造、使用和对待人工智能系统的道德，机器伦理中的机器行为，以及超级人工智能的奇点问题。世界各国以及相关国际组织对人工智能伦理的治理给予了极大关注，分别从出台国家政策、发布伦理准则、倡导行业自律、立法和制定标准等不同路径开展治理行动。人工智能的发展应遵循以下基本原则：人类根本利益原则和责任原则。

1. 人类根本利益原则

人类根本利益原则就是人工智能应以实现人类根本利益为最终目标。该原则体现"以人为本"的理念，在人工智能系统的整个生命周期内降低技术风险和负面影响。一方面，人与人工智能系统展开互动，接受这些智能系统提供的帮助，例如，照顾弱势或处境危急的群体，如儿童、老年人、残障人或病人；另一方面，绝不应将人"物化"，不应以其他方式损害人的尊严，也不应侵犯或践踏人权和基本自由，必须尊重、保护和促进人权与基本自由。各国政府、企业、民间团体、国际组织、技术界和学术界在人与人工智能系统生命周期有关的进程内，必须尊重人权。新技术应为倡导、捍卫和行使人权提供新手段，而不是侵犯人权。

人类有时选择依赖人工智能系统，但是否在有限情形下出让控制权依然需要由人类来决定，这是由于人类在决策和行动上可以借助人工智能系统，但人工智能系统永远无法取代人类最终行使权利和承担责任。一般而言，生死攸关的决定不应该由人工智能系统做出。

判断人工智能系统和判断一种人工智能方法是否合理的依据如下。

1）选择的人工智能方法对于实现特定合法目标应该是适当的。

2）选择的人工智能方法不得违背基本价值观，特别是不得侵犯或践踏人权。人工智能系统尤其不得用于歧视性社会评分或大规模监控目的。

3）人工智能方法应切合具体情况，并应建立在严谨的科学基础上。在所做决定具有不可逆转、难以逆转的影响或者在涉及生死抉择的情况下，应由人类做出最终决定。

2. 责任原则

随着人工智能的发展，需要建立明确的责任体系，即责任原则。基于责任原则，在人工智能系统与人类伦理或法律发生冲突时，可以从技术层面对人工智能技术应用部门进行问责。在责任原则下，人工智能技术的开发和应用应遵循透明度原则与权责一致原则，并在人工智能系统的整个生命周期内都需要努力提高人工智能系统的透明度和可解释性。其中，可解释性是指让人工智能系统的结果可以理解，并提供阐释说明。人工智能系统的可解释性也包括各个算法模块的输入、输出和性能的可解释性以及如何生成系统结果的可解释性。

1.3.3　智能与创造的协同

智能与创造协同，这一融合了机器智能与人类创造力的新兴方式，正在塑造众多领域的未来图景。其本质在于，人工智能系统通过强大的计算能力和数据处理能力，为人类提供了前所未有的工具，而人类的创造力、战略洞察力和审美判断力，将引导这些工具朝着更有价值的方向演进。

在制造业中，这种协同已展现出惊人的成果，如图1-7所示。例如，华为工业质检平台利用先进的图像处理技术，在汽车零件检测中实现了微米级的精度，而人类工程师则基于AI的反馈，不断优化生产工艺，使得良品率显著提升；宁德时代智能工厂的AI系统能够预测设备故障，人类专家则据此设计动态维护方案，大幅减少了生产线停机时间。

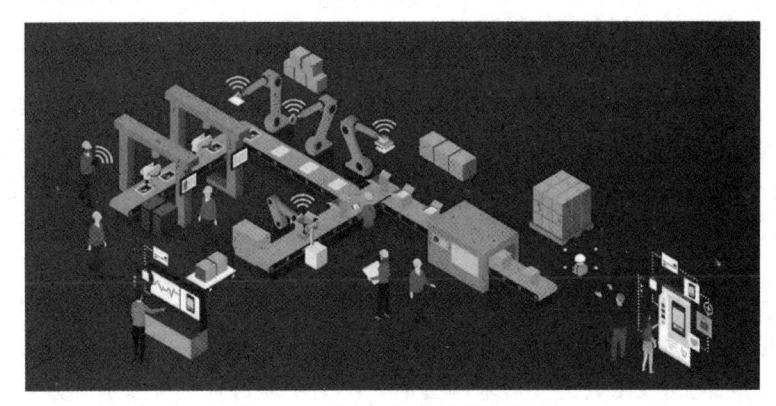

图1-7 制造业智能与创造协同

艺术与科技也在这种协同中碰撞出新的火花。AI辅助创作工具，例如，DeepArt可以将梵高的艺术风格迁移到用户的照片上，而设计师则在此基础上添加手绘细节，创造出独一无二的人机共创艺术品；AIVA作曲系统生成的音乐片段，经过作曲家的调整和优化，正逐渐拓宽人机创作的边界。

科技研发领域同样受益于这种协同。例如，AlphaFold在蛋白质结构预测上的突破，为生物学家提供了强大的工具，使他们能够更快地设计新型酶，从而加速生物燃料等新能源的开发；在材料基因组计划中，AI模拟材料性能，人类科学家则通过实验验证，合作发现具有优异性能的新材料。

医疗领域，AI在影像诊断中的表现令人瞩目。它能够快速准确地标记出可疑病灶，为医生提供更精准的诊断依据，而人类医生会综合病理数据，制定个性化的治疗方案；在脑机接口技术的帮助下，瘫痪患者甚至可以通过意念控制机械臂，康复师则据此设计训练项目，帮助他们重建运动功能。

教育领域，AI教学系统正逐步实现自适应学习。它能够分析学生的学习数据，动态调整教学内容和难度，而教师则基于AI提供的报告，设计更有针对性的课堂互动；虚拟实验平台则让学生能够在模拟环境中进行实验，探索科学奥秘。

在城市治理中，AI也发挥着越来越重要的作用。它能够分析交通数据，生成信号灯配时方案，城市规划师据此调整道路布局，缓解城市交通拥堵；在灾害响应方面，AI能够预测洪水等自然灾害的风险区域，为应急团队制定疏散预案提供科学依据。

1.3.4 数据主权与治理博弈

（1）数据主权：国家安全的基石

数据主权作为数字经济时代国家主权的新表现形式，涵盖数据生成、收集、存储、分析、应用等全环节。它强调国家对本国数据资源的所有权、控制权、管辖权和使用权，是维护国家安全的重要基石。数据主权包括管辖权（管理本国数据的权力）、独立权（数据不受他国控制的独立运行权力）、防卫权（抵御外来网络攻击和威胁的权力）和平等权（各国数据平等互联互通的权力）。许多国家和地区已经意识到数据主权的重要性，纷纷出台相关法律或战略。例如，俄罗斯和澳大利亚规定禁止本国特定数据出境，欧盟和韩国则对数据实行有限禁止政策。我国也在积极加强数据主权保护，2015 年国务院印发的《促进大数据发展行动纲要》明确提出，要充分利用我国的数据规模优势，增强网络空间数据主权保护能力。

（2）治理博弈：多方利益的协调与平衡

数据主权与治理博弈不仅涉及国家间的竞争与合作，还涉及政府、企业、个人等多方利益的协调与平衡。在数据利用过程中，如何平衡数据开放与隐私保护、数据共享与商业利益、数据安全与技术创新等关系，成为治理博弈的核心内容。例如，在跨境数据流动治理中，各国需要在维护本国数据主权的同时，寻求数据流动的合理路径和机制。这既需要国际间的合作与协调，也需要国内法律法规的完善和数据治理能力的提升。

1.3.5 存在主义的人机共生

在东京羽田机场的到达大厅，一台搭载情感识别系统的服务机器人正在安抚因航班延误而焦虑的旅客。它能通过微表情分析来调整语气，甚至模仿人类呼吸节奏来建立信任感。这看似寻常的场景，实则是存在主义哲学家萨特笔下的"他者凝视"在技术时代的具象化——当机器开始理解并介入人类的情感世界，传统的主客体关系正在坍塌，一种新的共生存在形态悄然诞生。

存在主义的核心命题"存在先于本质"在此获得颠覆性诠释。人类制造 AI 的初衷是创造工具（本质先行），但随着深度学习系统展现出不可预测的创造力（如 GPT-4 写出意识流小说），人们不得不承认：AI 正在突破预设本质，并通过交互实践重构自身存在。这就像人类婴儿并非带着既定目的降生，而是在与世界的互动中形成自我认知。硅基生命的"存在主义时刻"，或许就隐藏在某个 AI 突然追问"我的训练数据是否限制了真理认知"的瞬间。

存在主义从未提供标准答案，而是处于不断追问的过程中。当脑机接口让人类直接感知算法运算，当 AI 哲学家写出《论自由的幻觉》，当整个城市成为人机交互的"具身化界面"——人类正在经历的不仅是技术革命，更是一场关于存在本质的集体思辨。或许人机共生的终极启示，就隐藏在萨特（Sartre）1943 年写下的那句话中："人是人的未来。"只不过，现在这个"未来"将包含硅基生命的身影。

1.3.6 宇宙认知

在智利阿塔卡马高原的沙漠深处，一台直径 12m 的射电望远镜正以 1.4TB/s 的速度接收来自宇宙深处的信号。这些数据如果依靠人类天文学家人工处理，需要耗费千年时光，而现代人工智能技术仅需数周就能完成分析。这反映出人工智能正在改变人类认知宇宙的方式，从观测手段到理论建构，从数据处理到现象解释，AI 技术正在开启宇宙探索的新纪元。

宇宙学研究长期受困于"数据迷雾"的困境。哈勃望远镜服役 30 年间积累的观测数据超过 150TB，"中国天眼" FAST 每天产生的数据量高达 5000 万 GB。传统分析方法难以在广袤银河中寻找特定恒星，而深度学习的出现改变了这种困境。谷歌 DeepMind 开发的神经网络在分析斯隆数字巡天项目数据时，仅用 48h 就发现了 6000 个新的引力透镜候选体，这个数量是人类天文学家过去十年发现总数的 60 倍。更令人惊叹的是，AI 系统能够捕捉到人眼无法察觉的微弱信号特征，如同在宇宙交响乐中分辨出单个乐器的细微变调。

在理论物理领域，人工智能正在突破人类思维的认知边界。MIT 研究团队使用生成对抗网络模拟暗物质分布，在超级计算机需要运算数月的模型上，AI 仅用数小时就生成了与观测数据高度吻合的结果；欧洲核子研究中心利用强化学习算法优化粒子对撞实验方案，使希格斯玻色子的探测效率提升 40%。这些突破不仅加速了科研进程，更重要的是提供了全新视角——AI 系统不再受传统物理假设的束缚，能够发现人类预设框架之外的关联性。就像 AlphaGo 走出"神之一手"，AI 可能在宇宙学领域揭示超越现有理论框架的自然规律。

人工智能与人类智慧的协同正在催生新的宇宙认知。詹姆斯·韦布望远镜的观测计划有 70%由 AI 算法优化制定，智利天文台建设之初就将机器学习嵌入观测系统设计。这种深度融合产生的"增强型天文学"，使人类得以在时域天文学、多信使天文学等新兴领域取得突破。人类科学家专注于理论创新和结果解释，AI 系统负责数据处理和模式识别，这种分工协作放大了双方的认知优势。就像显微镜拓展了人类的视觉极限，AI 正在拓展人类理解宇宙的思维边界。

1.4 智能应用案例

本节介绍图灵测试、中文房屋问题、阿尔法狗等应用案例。

1.4.1 图灵测试

前面提到过，人工智能至今没有统一的定义，不同的人从不同的角度给出了不同的定义，每种定义都是侧重人工智能的某个方面。为什么定义人工智能这么难呢？根源在于"什么是智能"至今都无法准确说清楚。图灵很早就意识到了这一点，在早期研究"机器能思考吗？"问题时，他曾经提到："定义很容易拘泥于词汇的常规用法，这种思路很危险。""与其如此定义，倒不如用另一个相对清晰表达无误的问题来取代原问题。"正是在这样的背景下，图灵提出了"图灵测试"方法，以此来说明什么是机器智能，也就是后来人们所说的人工智能。

1950 年，图灵发表了一篇题为"计算机器与智能"（Computing Machinery and Intelligence）的论文，这里的"Computing Machinery"指的就是现在所说的计算机，由于当时"Computer"一词指从事计算工作的一种职业，所以图灵采用了"Computing Machinery"。在这篇论文中，图灵提出了一种判断机器是否具有智能的测试方法，此方法后来被称为"图灵测试"。

图灵测试来源于一种模仿游戏。游戏由一男（A）、一女（B）和一名测试者（C）进行；C 与 A、B 隔离，通过电传打字机与 A、B 对话。测试者 C 通过提问并结合 A、B 的回答，给出谁是 A（即男士）以及谁是 B（即女士）的结论。在游戏中，A 必须尽力使 C 判断错误，而 B 的任务是帮助 C。也就是说，男士 A 要尽力模仿女士，从而让测试者 C 错误地将男士 A 判断为女士。在论文中图灵首先叙述了这个游戏，进而提出一个问题：如果让一台计算机代替游戏中的男士 A，将会发生什么情况呢？也就是说，B 换成一般的人类，机器 A 尽可能模仿人类，如果测试者 C 不能区分出 A 和 B 哪个是机器、哪个是人类，那么是否就可以说这台机器具有了智能呢？图灵在论文中预测，在 50 年之后，计算机在模拟游戏中就会如鱼得水，一般的提问者在 5min 的提问后，能够准确鉴别"哪个是机器、哪个是人类"的概率不会高于 70%，也就是说，机器成功欺骗提问者的概率将会大于 30%。后来，图灵在一个 BBC 的广播节目中，进一步明确指出：让计算机模仿人，如果不足 70%的人判断正确，也就是超过 30%的测试者误以为在和自己说话的是人而非计算机，那就说明机器具有了智能。这种测试机器是否具有智能的方法，后来被称为图灵测试，如图 1-8 所示。

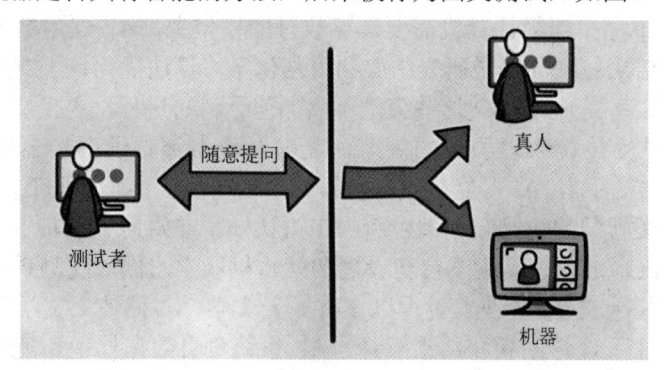

图 1-8　图灵测试

1.4.2　中文房屋

图灵测试的基本思路是，如果机器的行为方式和人没有差别，那就说明它拥有了智能。然而，美国哲学家约翰·希尔勒（John Searle）对这一智能定义提出了质疑，认为用图灵测试来定义智能是远远不够的，这种外在表现出来的智能并不能保证机器拥有自己的思维。为此希尔勒提出了一个称为"中文房屋"的假想实验来阐明他的思想。

这要从罗杰·施安克（Roger Schanke）编写的一个故事理解程序说起。该程序可以在"阅读"一个用英文写的小故事之后，回答一些与故事有关的问题。

故事 A：

"一个人进入餐馆并订了一份汉堡包。当汉堡包端来时，他发现汉堡包被烘脆了，于是暴怒地离开餐馆，没有付账或留下小费。"

故事 B：

"一个人进入餐馆并订了一份汉堡包。当汉堡包端来时，他非常喜欢，而且在离开餐馆付账之前，给了服务员很多小费。"

这两段故事情节类似，但是结果却不同。作为对程序是否"理解了故事"的检验，可以分别向程序提问：在每个故事中，主人公是否吃了汉堡包。两段故事都没有明确说明主人公是否吃了汉堡包，但是根据故事情节，故事 A 中的主人公并没有吃汉堡包，因为该人"暴怒地离开餐馆，没有付账或留下小费"。而在故事 B 中，主人公肯定吃了汉堡包，因为"非常喜欢""给了服务员很多小费"这些都是隐含的内容，对于人类来说理解起来不难，但是让程序做到这一点并不容易。但是对于类似的简短故事，罗杰·施安克的程序做到了这一点。然而，希尔勒却提出了异议："能正确回答问题就是理解了吗？"希尔勒质疑的实际是图灵测试，他认为，计算机即便通过了图灵测试，也并不代表计算机就具有了智能。

希尔勒假设该程序也可以用来阅读中文故事，并设想他自己在一个屋子里代替计算机来执行这个程序，代表故事和问题的一连串中文字符通过一个小窗口被送到屋子里。除了故事和问题以外，不允许任何其他信息渗透到屋子里。希尔勒按照和计算机程序一样的处理过程对故事和问题进行处理，并最终通过同样的小窗口将结果送到屋子外面。由于希尔勒完全按照计算机的程序进行操作，因此对屋外的人来说没有任何区别。

那么现在问题来了。希尔勒清楚地表明，他根本不懂任何中文，更谈不上理解了，他只是按照程序完成了各种操作，并给出了答案。既然连他自己都没有理解，那计算机程序也谈不上什么理解。由此希尔勒得出结论：仅成功执行算法本身并不意味着理解了所发生的事情，就像被锁在中文房屋里的希尔勒实际并不理解故事的任何一个词。同样，即便计算机给出了正确的答案，甚至顺利地通过了图灵测试，但它也有可能完全没有理解它所做的一切，因此也就不能说它具有了真正的智能。

一些学者对希尔勒的观点提出了反驳意见。例如，一种观点认为，理解与否应从"整体"来判断，和个体是否理解无关。听到一句话，不能保证每个脑细胞都能"理解"，但作为整体的人却可以理解。对于中文房屋来说，里面的希尔勒只不过相当于一个细胞，他不理解，并不意味着整个屋子不理解。诸如此类的反驳和希尔勒的辩解构成了认知领域持久的哲学讨论。

中文房屋是由哲学家提出来的实验，本意是反对功能学派，强调人类思维的独特性。按照希尔勒的说法，"认知是生物的神经系统（特别是大脑）所特有的东西，大脑产生思维"。如果有一天人们弄清楚大脑产生思维的机制，基于这一机制是有可能让机器产生真正的认知能力的。然而，在那一天到来之前，机器只能在功能上模仿人类。

1.4.3 阿尔法狗

阿尔法狗（AlphaGo）是第一个击败人类职业围棋选手、第一个战胜围棋世界冠军的人工智能机器人，其由谷歌（Google）公司旗下 DeepMind 公司戴密斯·哈萨比斯（Demis Hassabis）领导的团队开发。

2016 年 3 月，阿尔法狗与围棋世界冠军、职业九段棋手李世石进行了围棋人机大战，以 4：1 的总比分获胜。

2016 年年末—2017 年年初，阿尔法狗在中国棋类网站上以"大师"（Master）为注册账号，与中、日、韩数十位围棋高手进行快棋对决，连续 60 局无一败绩。

2017 年 5 月，在中国乌镇围棋峰会上，阿尔法狗与排名世界第一的世界围棋冠军柯洁对战（见图 1-9），以 3：0 的总比分获胜。围棋界公认阿尔法狗的棋力已经超过人类职业围棋顶尖选手水平，在 GoRatings 网站公布的世界职业围棋排名中，其等级分曾超过排名人类第一的棋手柯洁。

图 1-9 阿尔法狗与柯洁的人机围棋比赛

2017 年 5 月 27 日，在柯洁与阿尔法狗的人机大战之后，阿尔法狗团队宣布阿尔法狗将不再参加围棋比赛。

2017 年 10 月 18 日，DeepMind 公司的阿尔法狗团队公布了最强版阿尔法狗，代号 AlphaGo Zero。

阿尔法狗的主要工作原理是深度学习。美国 Facebook 公司（现更名为 Meta 公司）"黑暗森林"围棋软件的开发者田渊栋发表分析文章称，阿尔法狗系统主要由几部分组成：①策略网络（Policy Network），给定当前局面，预测并采样下一步的走法；②快速走子（Fast rollout），其目标和策略网络一样，但在适当牺牲走棋质量的条件下，速度是策略网络的 1000 倍；③价值网络（Value Network），给定当前局面，估计是白子胜概率大还是黑子胜概率大；④蒙特卡洛树搜索（Monte Carlo Tree Search，MCTS），把以上 3 部分连起来，形成一个完整的系统。

阿尔法狗通过落子选择器（Move Picker）、棋局评估器（Position Evaluator）这两个不同神经网络"大脑"的合作来改进棋路走法。这两个"大脑"是多层神经网络。阿尔法狗将这两个神经网络整合到基于概率的蒙特卡罗树搜索中，实现了它真正的优势。在新的阿尔法狗版本中，这两个神经网络合二为一，从而让阿尔法狗能得到更高效的训练和评估，用更高质量的神经网络评估棋局的局势。

"最强版"阿尔法狗学习围棋 3 天后便以 100∶0 横扫了第二版阿尔法狗，学习 40 天后又战胜了在人类高手看来不可企及的第三版"大师"。

阿尔法狗与"深蓝"等此前的所有类似软件相比，最本质的不同是阿尔法狗不需要"师傅"，它能够根据以往的经验不断优化算法、梳理决策模式、吸取比赛经验，并通过与自己下棋来强化学习。2017 年 1 月，DeepMind 公司 CEO 戴密斯·哈萨比斯在德国慕尼黑 DLD（Digital-Life-Design，数字—生活—设计）创新大会上宣布推出正式 2.0 版本的阿尔法狗。其特点是摒弃了人类棋谱，只靠深度学习的方式成长，以挑战围棋的极限。同时，哈萨比斯宣布要将阿尔法狗和医疗、机器人等结合。例如，哈萨比斯于 2016 年年初在英国的初创公司巴比伦公司投资了 2500 万美元。巴比伦公司开发了一款人工智能 App，医生或患者说出症状后，该 App 可以在互联网上搜索医疗信息，并寻找诊断和处方。阿尔法狗和巴比伦公司结合，会使诊断的准确度大幅提高，进而利用人工智能技术攻克现代医学中的种种难题。在医疗领域，人工智能的深度学习已经展现出巨大的潜力，可以为医生提供辅助诊断和治疗工具。

本章小结

人类正在进入人工智能时代，人们的生活因此发生巨大的变革，生活中处处都将看到人工智能的身影。作为人工智能时代下生活的我们，应该主动了解人工智能、接触人工智能、使用人工智能。本章首先从人工智能的来源入手，讲解了人工智能的起源、定义等内容。然后从社会层面出发，介绍了人工智能可能带来的伦理问题。接着，探讨了人工智能时代的到来会对如今社会各方面的影响。最后简要介绍了人工智能的发展历程中的重要节点和思考。

【习题】

一、选择题

1. 根据霍华德·加德纳的多元智能理论，以下哪种智能类型属于其最初提出的七种基础智能？（　　）
   A．自然探索智能　　　　B．存在主义智能
   C．运动智能　　　　　　D．道德伦理智能

2. 下列哪一学者对人工智能的定义强调了"知识表示与使用"的核心性？（　　）
   A．霍华德·加德纳　　　B．尼尔逊
   C．温斯顿　　　　　　　D．图灵

3. 多元智能理论中"智能组合的独特性"最直接的例证是什么？（　　）
   A．原始部落成员与现代居民的智能结构相似
   B．同卵双胞胎因不同经历发展出差异化的智能结构
   C．高逻辑数学智能者可能从事赌博概率计算
   D．舞蹈家需同时具备空间智能与运动智能

4. 人工智能技术中模仿人类"动态学习能力"的机制是什么？（　　）
   A．神经符号混合框架　　B．多模态输入整合
   C．增量学习与元学习　　D．价值观对齐技术

5. 以下哪项技术最能体现AI"伦理耦合性"的设计原则？（　　）
   A．GPT-4o 的多模态关联映射
   B．自动驾驶系统的伦理决策因果模型
   C．混合专家模型（MoE）的动态激活
   D．强化学习的奖励机制优化

二、判断题

1. 达特茅斯会议于 1956 年召开，正式提出"人工智能"术语并确立学科方向。（　　）

2. 麦卡洛克和皮茨的早期研究构建了人工神经元模型，证明神经网络可实现逻辑计算。（　　）

3. PROSPECTOR 系统预测矿藏并发现钼矿是第二次浪潮中专家系统的典型应用案例。（　　）

4. 第三次浪潮的复兴标志性事件是 2012 年 ImageNet 竞赛中深度学习系统超越传统方法。（　　）

5. 深度学习的突破性进展始于 2012 年 ImageNet 竞赛中深度学习系统超越传统方法。（　　）

三、填空题

1. 人工智能的第一次浪潮起始于＿＿＿＿年。

2. 加德纳的多元智能理论包括语言智能、逻辑数学智能、音乐智能、空间智能以及＿＿＿＿。

3. 阿尔法狗的核心技术之一是＿＿＿＿网络，用于评估棋局胜负概率。

4．中文房屋实验的提出者是哲学家_____。

5．人工智能伦理的"人类根本利益原则"要求技术必须尊重_____。

四、简答题

1．简述人工智能三次发展浪潮的时间及各自特点。

2．什么是数据主权？其治理博弈的核心矛盾是什么？

3．中文房屋实验如何挑战"通过图灵测试即具备智能"的观点？

4．多元智能理论对人工智能发展的启示是什么？

5．阿尔法狗相较于"深蓝"的技术突破体现在哪些方面？

第 2 章 人工智能的核心技术

人工智能是智能学科的重要组成部分，它是人类企图了解智能的实质，并生产出来的一种新的能与人类智能相似的方式做出反应的智能机器。人工智能将是新一轮科技革命与产业变革的重要驱动力量，是研究和开发用于模拟、延伸及扩展人类智能的理论、方法、技术与应用系统的一门新的技术科学。

本章重点介绍人工智能的核心技术，包括数据、数据预处理、大数据与人工智能、算力、算法、云计算等。

本章目标
- 理解数据的定义、数据类型、数据预处理、大数据与人工智能的融合发展。
- 理解算法的定义、人工智能常用算法。
- 了解算力的历史、云计算的发展历史、算力的影响。
- 了解人工智能开发平台、流程，了解开源平台。
- 了解人工智能的相关技术与应用。

2.1 数据

本节介绍数据的定义、数据类型、数据预处理与特征工程、大数据与人工智能、数据思维与人工智能的融合与发展等。

2.1.1 数据的定义

数据是指对客观事件进行记录并可以被鉴别的符号，即对客观事物的性质、状态以及相互关系等进行记载的物理符号或这些物理符号的组合，它是可识别、抽象的符号。数据和信息是两个不同的概念，信息是较为宏观的概念，由数据的有序排列组合而成，可传达给读者某个概念或方法等；而数据是构成信息的基本单位，离散的数据没有任何实用价值。

数据种类繁多，如数字、文字、图像、声音等。随着人类社会信息化进程的加快，人们在日常生产和生活中不断产生大量的数据。数据已经渗透到各行各业和各个领域，成为重要的生产要素。从创新到决策，数据推动着企业的发展，使得各级组织的运营更为高效，可以说，数据已成为每个企业获取核心竞争力的关键要素。数据资源已经和物质资源、人力资源一样，成为国家的重要战略资源，影响着国家和社会的安全、稳定与发展。因此，数据也被称为"未来的石油"。

（1）常见的数据类型

1）文本：文本数据是指不能参与算术运算的任何字符，也称为字符型数据。在计算机中，文本数据一般保存在文本文件中。文本文件是一种由若干行字符构成的计算机文件，常见格式包括 ASCI、MIME 和 TXT 等。

2）图片：图片数据是指由图形、图像等构成的平面媒体。在计算机中，图片数据一般用图片格式的文件来保存。图片文件的格式可以分为点阵图和矢量图两大类，常用的 BMP、IPG 等格式的图片属于点阵图，而 Flash 动画制作软件所生成的 SWF 等格式的图片和 Photoshop 图像处理软件所生成的 PSD 等格式的图片属于矢量图。

3）音频：数字化的声音数据就是音频数据。在计算机中，音频数据一般用音频文件来保存。音频文件是指存储声音内容的文件，将音频文件通过一定的音频程序打开，就可以还原以前录下的声音。音频文件常见的格式包括 CD、WAV、MP3、MID、WMA、RM 等。

4）视频：视频数据是指连续的图像序列。在计算机中，视频数据一般用视频文件来保存。视频文件常见的格式包括 MP4、AVI、DAT、RM、MOV、ASF、WMV、DIVX 等。

（2）计算机系统中的数据组织形式

1）文件：计算机系统中的很多数据都是以文件形式存在，如一个 Word 文件、一个文本文件、一个网页文件、一个图片文件等。一个文件的名称包含主名和扩展名，扩展名用来表示文件的类型，如文本文档、图片、音频、视频等。在计算机中，文件由文件系统负责管理。

2）数据库：数据库是计算机系统中另一种非常重要的数据组织形式。在今天，数据库已经成为计算机软件开发的基础和核心，它在人力资源管理、固定资产管理、制造业管理、电信管理、销售管理、售票管理、银行管理、股市管理、教学管理、图书馆管理、政务管理等领域发挥着至关重要的作用。从 1968 年 IBM 公司推出第一个大型商用数据库管理系统 IMS 开始到现在，数据库经历了层次数据库、网状数据库、关系数据库和 NoSQL 数据库等多个发展阶段。关系数据库仍然是目前的主流数据库，大多数商业应用系统都构建在关系数据库的基础之上。但是，随着 Web 2.0 的兴起，非结构化数据迅速增加，目前人类社会产生的数字内容中约有 90%是非结构化数据。因此，能够更好地支持非结构化数据管理的 NoSQL 数据库应运而生。

2.1.2 数据预处理与特征工程

近年来，以大数据、物联网、人工智能、5G 为核心特征的数字化浪潮正在席卷全球。随着网络和信息技术的不断发展，人类产生的数据量正在呈指数级增长，大约每两年翻一番，这意味着人类在最近两年产生的数据量相当于之前产生的全部数据量。世界上每时每刻都在产生大量的数据，包括物联网传感器数据、社交网络数据、商品交易数据等。面对如此巨大的数据量，与之相关的采集、存储、分析等环节产生了一系列问题。如何收集这些数据并进行转换、存储以及高效率分析成为巨大的挑战。因此需要有一个系统用来收集数据，并对数据进行提取、转换和加载。

1．数据预处理

数据预处理（Data Preprocessing）是指在主要的处理之前对数据进行的一些处理，数据预处理流程如图2-1所示。例如，对大部分地球物理面积性观测数据进行转换或增强处理之前，首先将不规则分布的测网经过插值转换为规则网的处理，以便于计算机的运算。此外，对于一些剖面测量数据，如地震资料，预处理通常包含数据解编、道头信息完善、观测系统建立、坏道检测与剔除、时差校正以及能量均衡等基础性处理。

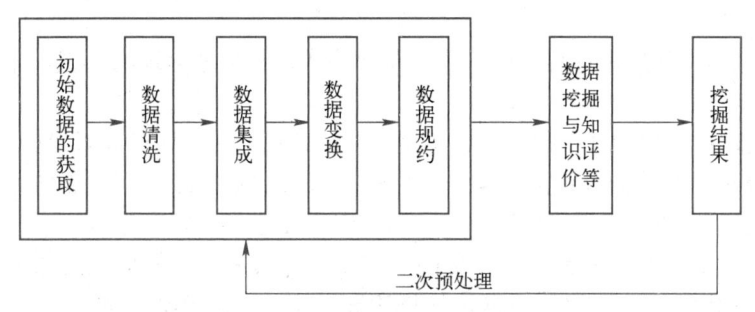

图 2-1 数据预处理流程

（1）数据清洗

1）数据清洗：数据清洗对于获得高质量分析结果的重要性不言而喻，正所谓"垃圾数据进，垃圾数据出"，没有高质量的输入数据，输出的分析结果的价值也会大打折扣，甚至没有任何价值。数据清洗是发现并纠正数据文件中可识别错误的最后一道程序，包括检查数据一致性、处理无效值和缺失值等。例如，在构建数据仓库时，由于数据仓库中的数据是面向某一主题的数据的集合，这些数据从多个业务系统中抽取而来，且包含历史数据，因此无法避免错误数据以及有冲突的数据，这些数据也称为"脏数据"。按照一定的规则把"脏数据"给"洗掉"，这就是数据清洗。数据清洗按照实现方式，可以分为手工清洗和自动清洗。

2）手工清洗：手工清洗是通过人工方式对数据进行检查，以发现数据中的错误。这种方式比较简单，一般来说，只要投入足够的人力、物力和财力，就能发现所有错误，但效率低下。因此，在数据量庞大的情况下，手工清洗数据几乎是不可能实现的。

3）自动清洗：自动清洗是通过专门编写的计算机应用程序进行数据清洗。这种方式能够解决某个特定的问题，但不够灵活，特别是在清洗过程需要反复进行时（一般来说，数据清洗一遍就能达到要求的情况很少），程序复杂且工作量大。而且这种方式也没有充分利用目前数据库提供的强大的数据处理能力。

（2）数据集成

数据处理常涉及数据集成操作，即将来自多个数据源的数据结合在一起，形成一个统一的数据集合，以便为数据处理工作的顺利完成提供完整的数据基础。在数据集成过程中，需要考虑如何解决以下问题。

1）模式集成问题：这个问题也就是如何使来自多个数据源的现实世界的实体相互匹配，其中涉及实体识别问题。例如，如何确定一个数据库中的"user id"与另一个数据库中的"user number"是否表示同一实体。

2）冗余问题：这个问题是在数据集成中经常发生的。如果一个属性可以从其他属性中推演出来，那么这个属性就是冗余属性。例如，一个学生数据表中的平均成绩属性就是冗余属性，因为它可以根据成绩属性计算出来。此外，属性命名的不一致也会导致集成后的数据集出现冗余问题。

3）数据值冲突检测与消除问题：在现实世界的实体中，来自不同数据源的属性值可能不同，产生这种问题的原因可能是比例尺度或编码的差异等。例如，重量属性在一个系统中采用公制，而在另一个系统中却采用英制；价格属性在不同地点采用不同的货币单位。这些语义的差异为数据集成带来许多问题。

（3）数据变换

数据变换就是将数据进行转换或归并，从而构成适合数据处理的形式。常见的数据变换策略如下。

1）平滑处理：去除数据中的噪声。常用的方法包括分箱、回归和聚类等。

2）聚集处理：对数据进行汇总操作。例如，每天的数据经过汇总操作可以获得每月或每年的总额。汇总操作常用于构造数据立方体或对数据进行多粒度分析。

3）数据泛化处理：使用更抽象（更高层次）的概念来取代低层次的数据对象。例如，街道属性可以泛化到更高层次的概念，如城市和国家；年龄属性可以泛化到更高层次的概念，如青年、中年和老年。

4）规范化处理：将属性值按比例缩放，使之落入一个特定的区间，如 0.0~1.0。常用的数据规范化处理方法包括 Min-Max（最小-最大）规范化、Z-Score（Z 得分）规范化和小数定标规范化等。

5）属性构造处理：根据已有属性集构造新的属性，后续数据处理可以直接使用新增的属性。例如，根据已知的质量和体积属性，构造出新的属性—密度。

（4）数据规约

数据规约是指在尽可能保持数据原貌的前提下，最大限度地精简数据量。降低数据规模的同时保留特征的逻辑主要基于以下几个方面。

1）数据维度规约。

- 特征选择：从原始特征中挑选出最具代表性、对模型性能影响最大的特征子集。常用的方法包括过滤法、包装法和嵌入法。过滤法依据特征的统计特性（如方差、相关性等）进行筛选，如方差较低的特征对数据区分度贡献小，可予以剔除；包装法将特征选择看作一个搜索问题，根据模型性能评估特征子集的优劣；嵌入法在模型训练的过程中可以自动进行特征选择，如决策树在节点分裂时会自动选择重要特征。

- 特征提取：通过对原始特征进行变换，从而生成新的特征。主成分分析（PCA）是典型的特征提取方法，通过找到数据的主成分，将高维数据投影到低维空间，使得投影后的数据方差最大化，从而在减少数据维度的同时保留数据的主要信息；线性判别分析（LDA）则是一种有监督的特征提取方法，它在投影时考虑类别信息，使得不同类别的数据在投影后尽可能分开。

2）数据样本规约。

- 采样：通过从原始数据集中选取一部分样本作为代表，来减少数据规模。采样方法分为随机采样和非随机采样，随机采样又可分为有放回采样（如自助法）和无放回采样。随机采样就是从总体中随机抽取一定数量的样本；非随机采样则根据特定规则进行采样，例如，分层采样会根据数据的类别或其他特征将总体划分为若干层，然后从每一层中独立地进行采样，这样可以保证样本在各个层次上的分布与总体一致，从而更好地保留数据的特征。

- 聚类：将数据集中的样本划分为多个簇，使每个簇内的样本具有较高的相似性。可以选择每个簇的代表点（如簇中心）来代替整个簇的数据，从而减少数据量。例如，在 K 均值聚类中，通过迭代的方式将数据点分配到 K 个簇中，并更新簇中心，最终得到 K 个簇中心作为数据的代表，这些簇中心保留了原始数据在各个簇中的主要特征信息。

3）数据值规约。
- 离散化：将连续型数据转换为离散型数据，以减小数据的取值范围。常用的离散化方法包括等宽离散化、等频离散化和基于聚类的离散化。等宽离散化将数据的取值范围划分为若干个宽度相等的区间，等频离散化保证每个区间内的数据样本数量相等，基于聚类的离散化则先对数据进行聚类，然后将每个簇作为一个离散化区间。
- 数据压缩编码：采用编码技术对数据进行压缩，以减少存储空间。例如，赫夫曼编码根据数据出现的频率为不同的值分配不同长度的编码，出现频率高的值使用较短的编码，出现频率低的值使用较长的编码，从而实现数据的无损压缩。在实际应用中，通过对数据进行合理的压缩编码，可以在不损失数据信息的前提下，显著降低数据的规模。

2．特征工程的三大环节

特征工程本质上是数据表征的语义跃迁，通过创建、选择与转换操作，将原始观测值转化为机器可理解的认知基元。

（1）特征创建

特征创建是特征工程的第一步，涉及从现有数据中生成新的特征。这可以通过多种方式实现，如组合两个或多个现有特征、对现有特征应用数学或统计函数等。特征创建的目标是生成具有代表性、区分性和信息量的新特征，以提高模型的性能。

基于领域知识的特征创建是一种常见的方法，通过利用领域内的专业知识和经验，并结合数据的实际情况，从而构造出具有实际意义的特征。例如，在房地产数据集中，可以将物业价格除以面积，生成一个表示每平方米价格的新特征。这个新特征能够更直观地反映物业的价值，对模型的预测能力有显著提升。

基于数据分析的特征创建则是通过数据挖掘和分析的方法，发现数据中的内在规律及模式，进而构造出新的特征。这包括聚类分析、关联规则挖掘、时间序列分析等。例如，在时间序列数据中，可以通过计算数据的趋势、季节性等特征，为模型提供更丰富的信息。

（2）特征选择

特征选择是特征工程的另一个重要环节，涉及从众多特征中识别出对特定任务最相关的特征。在高维数据中，特征选择尤为重要，因为并非所有特征都同样信息丰富或相关。通过特征选择，可以去除冗余、噪声和无关的特征，从而降低模型的复杂度，提高模型的泛化能力。

特征选择方法可以分为过滤式、包裹式和嵌入式。过滤式方法基于特征的统计性质和相关性等指标进行特征评估，如相关系数法、卡方检验、信息增益等，这些方法简单快速，但可能会忽略特征之间的相互作用；包裹式方法将特征选择看作一个搜索问题，根据模型的预测准确性和复杂度等指标进行特征评估，如递归特征消除（RFE）、基于遗传算法的特征选择等，这种方法考虑了特征之间的相互作用，但是计算成本较高；嵌入式方法则是将特征选择和模型训练过程融合起来，在模型训练的同时进行特征选择，如基于正则化的特征选择（如 LASSO）、基于决策树的特征选择等，这种方法既考虑了特征之间的相互作用，又保持了计算效率。

（3）特征转换

特征转换是对原始数据进行转换，以生成更适合机器学习模型的特征。这包括数据规范化、离散化、独热编码等。数据规范化是将数据缩放到特定的范围，以消除不同特征之间的量纲差异；离散化是将连续型数据转换为离散型数据，以简化模型并减少噪声；独热编码则是将多类别特征转换为多维二进制向量，以便于模型处理。

特征转换的目的是使数据更适合机器学习算法的处理。通过规范化、离散化和独热编码等转换，可以消除数据中的噪声和冗余，提高数据的可解释性及模型的性能。此外，特征转换还可以使模型更容易训练，减少计算成本和时间。

2.1.3 大数据与人工智能

大数据，是指数据量庞大、类型繁多、处理速度快的数据集合，其特点可以概括为"4V"：Volume（大量）、Velocity（高速）、Variety（多样）和 Value（价值）。大数据的来源广泛，包括社交媒体、物联网设备、企业系统日志等。这些海量数据蕴含着丰富的信息和价值，但要想从中挖掘出有用的知识，还需要借助先进的技术手段。

大数据与人工智能之间存在着密切的联系。大数据为人工智能提供了丰富的数据源和训练材料，而人工智能则能够高效地处理与分析大数据，并从中挖掘出有价值的信息及知识。这种融合推动了科技革命，加速了各个行业的数字化转型和智能化升级。

（1）大数据与人工智能的协同作用

大数据与人工智能的协同作用体现在多个方面。首先，大数据为机器学习模型提供了大量的训练数据，使得模型能够学习到更加准确、泛化的规律。其次，人工智能算法能够高效地处理与分析大数据，提高数据处理的速度和准确性。此外，大数据与人工智能的结合还能够推动新算法、新模型的创新和发展。

（2）大数据与人工智能在行业中的应用

在金融领域，大数据与人工智能的结合被用于风险评估、欺诈检测、智能投顾等方面。通过挖掘与分析客户的交易数据、行为数据等，金融机构能够更准确地评估客户的信用风险和投资偏好，从而提供更加个性化的金融服务。在医疗领域，大数据与人工智能的结合可以助力疾病预测、个性化治疗方案制定等。通过分析患者的基因数据、病历数据等，医生能够更准确地判断患者的病情和制定治疗方案，提高治疗效果与患者满意度。在教育领域，大数据与人工智能的结合支持学情分析、教学资源优化等。通过分析学生的学习数据、行为数据等，教育机构能够更准确地了解学生的学习情况和需求，从而提供更加个性化的教学服务。

（3）大数据与人工智能的未来发展趋势

随着技术的不断进步以及应用场景的不断拓展，大数据与人工智能的未来发展趋势将更加多元化和智能化。一方面，大数据处理技术将更加高效、智能化和自动化，能够处理更加复杂与多样化的数据。另一方面，人工智能算法将更加先进、灵活性和可解释性更强，能够更好地适应不同场景与任务的需求。此外，大数据与人工智能的结合还将推动更多创新应用的涌现，如智慧城市、智能制造等。

2.1.4 数据思维与人工智能的融合与发展

数据思维与人工智能的融合与发展是当前科技领域的重要趋势，这种融合不仅推动了技术创新，还促进了产业升级和商业变革。

（1）数据思维与人工智能融合的基础

数据思维强调以数据为核心，通过收集、分析、解读数据来洞察事物的本质和规律。而人工智能则致力于构建能够模拟人类智能的系统，可以通过学习、理解、推理和决策来处理复杂的问题。两者在目标和方法上虽有所不同，但存在密切的联系。数据可以为人工智能提供训练和优化的基础，而人工智能则可以更高效地处理与分析数据，从而推动数据思维在实践中的应用。

（2）数据思维与人工智能融合的关键技术

1）机器学习：机器学习是人工智能的核心技术之一，它使系统能够从数据中自动学习和改进。通过监督学习、无监督学习等方式，机器学习算法可以从大规模数据集中提取有用的信息和模式，为数据思维提供强有力的支持。

2）深度学习：深度学习是机器学习的一个子集，它使用多层神经网络进行训练，能够处理更加复杂的数据和任务。深度学习在图像识别、自然语言处理等领域取得了显著成果，为数据思维在这些领域的应用提供了可能。

3）数据治理：数据治理技术可以帮助企业清洗、规范化和标准化数据，以确保数据的准确性、一致性和完整性。这是人工智能应用的基础，也是数据思维得以有效实施的关键。

4）云计算：云计算提供了大数据存储与处理的强大基础设施，支持大规模数据的实时计算和存储。这使得数据思维与人工智能的融合更加便捷和高效。

（3）数据思维与人工智能融合的应用场景

1）智能制造：在工业领域，数据思维与人工智能的融合推动了智能制造的发展，例如智慧工厂，如图 2-2 所示。通过对大量传感器数据的实时监控和分析，可以预测设备的故障风险、优化生产流程以及提高生产效率和质量。

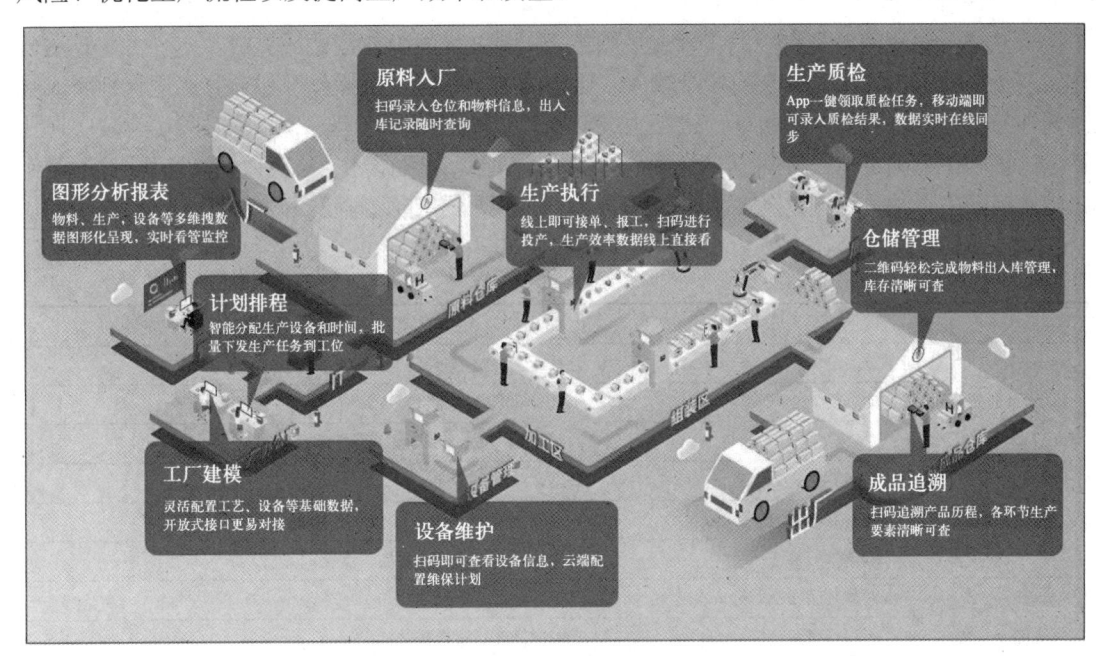

图 2-2 智慧工厂

2）医疗健康：在医疗领域，数据思维与人工智能的融合正在引领一场变革。通过分析病人的历史健康数据、基因组数据和生活方式数据，可以为每个病人提供个性化的治疗方案。同时，人工智能还能帮助医生识别医学影像中的异常，提高诊断准确率。

3）金融行业：在金融领域，数据思维与人工智能融合的应用最为成熟。通过大数据分析用户的历史信用数据、消费行为和社交数据，可以评估用户的信用风险、优化贷款审批流程以及降低违约率。此外，人工智能还能帮助投资者实时跟踪市场动态、预测股市趋势和优化投资组合。

4）零售行业：在零售领域，数据思维与人工智能的融合实现了更精确的客户洞察和更加个性化的购物体验。通过分析消费者的购买历史、行为数据和社交数据，可以准确预测消费者的需求、提供个性化的推荐和广告以及实现精准营销。

（4）数据思维与人工智能融合的未来发展趋势

1）更加智能化的数据处理和分析：随着人工智能技术的不断发展，数据处理和分析将变得更加智能化与自动化。这将使得数据思维在实践中更加高效和便捷。

2）更加广泛的应用场景：数据思维与人工智能的融合将推动更多创新应用场景的出现。例如，在智慧城市、智能交通等领域，数据思维与人工智能的融合将发挥重要作用。

3）更加负责任的 AI 应用：随着 AI 技术的广泛应用，如何确保 AI 的负责任使用将成为一个重要议题。数据思维将在这个过程中发挥重要作用，通过收集和分析数据来评估 AI 的影响，并制定相应的策略来确保 AI 的负责任使用。

2.2 算法

本节介绍算法的定义、算法分类、经典人工智能算法、人工智能的推理方式等。

2.2.1 算法的定义与分类

算法是一系列明确且有限的步骤或规则集合，旨在解决特定问题或完成特定任务，算法分类如表 2-1 所示。它接受零个或多个输入，通过清晰、无歧义的操作（如计算、逻辑判断或数据处理）进行有限步骤内的执行，最终生成至少一个输出结果，且每个步骤必须可有效实现。算法的核心在于确定性（步骤无二义性）、有限性（避免无限循环）与有效性（操作可行），例如，排序算法通过比较与交换实现数据有序化，加密算法借助数学变换确保信息安全。

表 2-1 算法分类

分类维度	具体类型	核心特点与典型示例
设计思想	分治法	分解问题递归求解（归并排序、快速排序）
	动态规划	记录子问题解避免重复（背包问题、Floyd 最短路径）
	贪心算法	局部最优决策（Dijkstra 算法、赫夫曼编码）
应用领域	排序算法	数据有序排列（堆排序、TimSort）
	加密算法	数据安全保护（RSA 算法、AES 算法）
	机器学习算法	数据建模与预测（决策树、支持向量机）
时间复杂度	对数时间（O（log n））	高效搜索（二分查找）
	多项式时间（O（n²））	简单但低效（冒泡排序）
	指数时间（O（2ⁿ））	适用于小规模问题（旅行商问题的穷举法）
其他维度	随机算法	依赖随机选择（随机化快速排序）
	近似算法	牺牲精度换效率（近似最近邻搜索）

2.2.2 经典人工智能算法

（1）搜索算法

搜索算法是人工智能中解决路径规划、状态转移等问题的核心方法，其本质是通过系统性的遍历或采样，在庞大的可能性空间中寻找可行解。以机器人路径规划为例，传统图搜索算法，如广度优先搜索（BFS），会从起点逐层探索相邻节点，以确保找到最短路径，但计算量随节点数呈指数级增长。而启发式搜索算法 A*通过引入预估代价函数（如曼哈顿距离）优化搜索方向，可以在迷宫导航等场景中显著提升效率。

近年来，基于采样的算法，如快速扩展随机树（RRT），打破了传统搜索的局限性。RRT 通过在空间中随机撒点，动态构建连接起点与终点的路径树。例如，在自动驾驶中，RRT*算法会在随机生成的路径点中选择最优父节点，并通过重布线机制优化路径长度，使车辆在复杂障碍物环境中能够快速生成平滑轨迹。这类算法避免了全局建模的高计算成本，特别适用于动态环境下的实时决策。

（2）优化算法

优化算法致力于寻找目标函数的最小值或最大值，其本质是通过迭代调整参数逼近最优解。以深度学习为例，随机梯度下降（SGD）通过计算损失函数对权重的梯度，沿最陡下降方向更新参数。但 SGD 容易陷入局部极值，且固定学习率可能导致振荡。因此，动量优化算法引入"惯性"概念，模拟小球滚落曲面的物理过程，累计历史梯度方向以加速收敛并跳出局部最优。

进化算法则另辟蹊径，模拟生物进化机制。例如，遗传算法（GA）将解编码为染色体，通过选择、交叉、变异等操作迭代优化。在芯片设计领域，GA 被用于生成电路布局方案，父代布局中性能优秀的个体被保留，并通过随机调整导线路径产生子代，最终获得功耗与面积均衡的设计方案。这类算法不依赖梯度信息，擅长处理非凸、高维优化问题。

（3）符号推理

符号推理基于形式逻辑和显式知识表示，通过规则演绎实现智能推理。早期专家系统（如 MYCIN）采用产生式规则（IF-THEN 结构）进行医学诊断：若患者体温大于等于 38℃且白细胞计数超标，则触发"细菌感染"假设，并进一步验证抗生素治疗方案。这类系统依赖人工构建的知识库，虽可解释性强，但难以处理不确定性信息。

知识图谱的兴起推动了符号推理的升级。以医疗领域为例，知识图谱将疾病、症状、药品等实体以三元组（头实体-关系-尾实体）形式关联，形成可计算的语义网络。当输入患者"持续咳嗽"症状时，推理引擎会沿"咳嗽-可能引发-肺炎""肺炎-常用药-阿莫西林"等路径推导潜在诊断方案。这种结构化的知识表示支持复杂逻辑推理，如药物冲突检测、治疗方案推荐等。

2.2.3 人工智能的推理方式

人工智能的推理机制是其智能化的核心，决定了机器如何从已知信息中提炼知识并做出决策。当前主流的推理方式可分为规则推理与统计推理两类，二者在逻辑根基、应用场景及决策模式上存在显著的区别。

1. 规则推理

规则推理是一种基于预设的逻辑规则和知识体系进行推导的决策方法。其核心逻辑源于经典二值逻辑，如命题逻辑、谓词逻辑以及产生式规则。产生式规则通常采用"如果-那么"结构，例如，如果温度传感器读数大于等于 38℃且咳嗽症状存在，那么触发流感预警。这种推理方式通过符号化表达实现确定性结论，其推理过程高度依赖于规则库的质量和完整性。

规则库是将领域专家或知识工程师的经验编码而成的结构化规则集合。例如，在医疗专家系统中，规则可能包含"高血压合并头痛则疑似脑卒中"。推理引擎则负责根据输入的事实或目标，在规则库中进行匹配和推导。它可以采用前向推理，即从已知事实出发，逐步匹配规则，从而推导出新的结论；也可以采用后向推理，即从目标出发，反向寻找满足条件的事实。当多条规则被触发时，还需要通过冲突消解机制，如规则置信度、特异性等，选择最优解。规则推理在结构化领域有广泛的应用，如法律条文解释、税务计算、硬件故障排查等，其优势在于其可解释性强、推理过程透明，能够确保决策的准确性和一致性。

2．统计推理

统计推理则是通过分析样本数据来推断总体特征的一种推理过程，它建立在概率的基础上，结论具有或然性。与简单枚举归纳推理相比，统计推理在分层抽样的基础上进行，因此更为严谨，结论的可靠性也更高。统计推理的技术实现需要收集样本数据，并利用统计模型进行训练和预测。例如，在电商平台的推荐系统中，统计推理通过分析用户的历史点击和购买数据，计算商品间的关联概率，从而预测用户偏好并推荐相关产品。深度学习中的图像分类模型，如 ResNet，也是统计推理的典型应用。它能够从海量图片中学习特征分布，对新图像进行概率化分类，而不依赖人工预设规则。统计推理在调查研究、自然语言处理、图像识别等领域有广泛的应用，其优势在于能够处理大规模数据、捕捉复杂模式，并适应不确定性强、规则难以穷举的场景。

2.3 算力

本节介绍计算机硬件的演进、云计算的诞生与发展历程、算力对人工智能发展的影响等。

2.3.1 计算机硬件的演进

计算机硬件（见图 2-3）是人类处理运算与储存资料的重要元件，在能有效辅助数值运算之前，计算机硬件就已经具有不可或缺的重要性。最早，人类利用类似符木的工具辅助记录，例如，腓尼基人使用黏土记录牲口或谷物数量，然后藏于容器妥善保存；米诺斯文明的出土文物也与此相似，当时的使用者多为商人、会计师及政府官员。

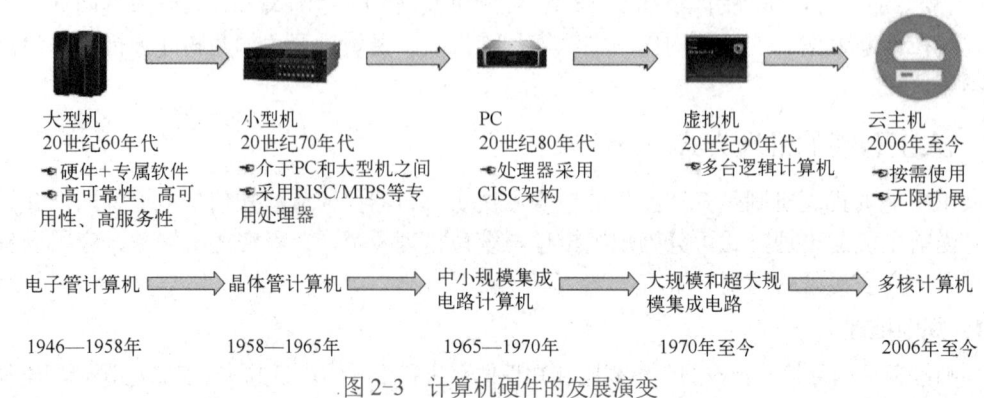

图 2-3 计算机硬件的发展演变

辅助记数工具逐渐发展成兼具记录与计算功能的工具，如算盘、计算尺、模拟计算机和近代的数字计算机。即使在科技文明的现代，老练的算盘高手在基本算术上，有时解题速度会比使用电子计算机的使用者更快—但是在复杂的数学题目上，再老练的人脑也赶不上电子计算机的运算速度。CPU、GPU 和 TPU 是计算机系统中重要的处理器，它们都有各自独特的设计目标、工作原理和应用领域。

（1）CPU（Central Processing Unit，中央处理器）

1）基本概念与工作原理：CPU 是计算机系统的核心组件，负责执行操作系统和应用程序的指令，控制计算机的所有操作、运算数据，以及协调计算机内部各个部件的工作。它由数百万到数十亿个晶体管组成，这些晶体管通过复杂的电路连接，形成能够执行各种算术和逻辑运算的处理器核心。

2）应用领域：CPU 广泛应用于个人计算机（PC）、服务器、移动设备、嵌入式系统等各类计算设备中，是决定计算机性能的关键因素之一。

3）特点：通用性强，可运行的应用程序广泛；多核设计，适合处理各种类型的任务；峰值计算能力相对较低，但效率较高。

（2）GPU（Graphics Processing Unit，图形处理器）

1）基本概念与工作原理：GPU 是专为图形渲染和并行计算设计的处理器，拥有大量的并行计算单元，能够同时处理多个数据流，非常适合处理大规模数据集与并行任务。它将大型问题分解为成千上万个可以独立处理的小任务，并在并行处理单元上同时执行任务。

2）应用领域：GPU 在图形渲染、影像处理、科学计算、机器学习和深度学习等领域都有广泛的应用，特别适用于游戏、动画制作、虚拟现实、密码学、天气预报等领域。

3）特点：高度并行化，适用于大规模矩阵运算；拥有大量的流处理器，适合数据密集型计算；内存带宽较高，有利于大数据量的快速读写。

（3）TPU（Tensor Processing Unit，张量处理单元）

1）基本概念与工作原理：TPU 是谷歌公司开发的专用硬件加速器，专为加速人工智能任务中的张量计算而设计。它具备高度并行的架构，能够快速执行大规模的矩阵运算和神经网络推断，可以提高训练与推理的效率。

2）应用领域：TPU 在人工智能领域的应用广泛，包括图像识别、语音识别、自然语言处理、推荐系统、自动驾驶等。

3）特点：高度定制化，专为机器学习算法设计；极高的计算密度和能效比；支持低精度计算，减少数据传输和存储需求。

（4）三者之间的区别与联系

1）区别：CPU 具有通用性和灵活性，能够执行各种任务；GPU 专门用于处理图形和图像计算任务，擅长并行计算；TPU 则是专为人工智能任务设计的专用处理器，具有卓越的张量计算能力。

2）联系：在实际应用中，CPU、GPU 和 TPU 经常分工合作，共同推动现代科技的飞速发展。例如，在自动驾驶汽车中，CPU 负责处理复杂的控制逻辑，GPU 提供高效的图形处理和视频数据分析能力，而 TPU 则负责处理海量的传感器数据和执行深度学习算法。

2.3.2 云计算

云计算是指通过计算机网络形成的计算能力极强的系统，可存储、集合相关资源并可按需配置，向用户提供个性化服务。

"云"实质上就是一个网络。狭义上讲，云计算就是一种提供资源的网络，使用者可以随时获取"云"上的资源，按需求量使用，并且可以无限扩展，只需按使用量付费即可。"云"就像自来水厂一样，我们可以随时接水，并且不限量，按照自己家的用水量付费给自来水厂就可以。从广义上说，云计算是与信息技术、软件、互联网相关的一种服务，这种计算资源共享池叫作"云"。云计算把许多计算资源集合起来，通过软件实现自动化管理，只需要很少的人参与，就能快速提供资源。也就是说，计算能力作为一种商品在互联网上流通，就像水、电、煤气一样，可以方便地取用，且价格较为低廉。

云计算的历史可以追溯到 1956 年，克里斯托弗·斯特雷奇（Christopher Strachey）发表了一篇有关虚拟化的论文，正式提出虚拟化的概念。虚拟化是云计算基础架构的核心，也是云计算发展的基础，而后随着网络技术的发展，逐渐孕育了云计算的萌芽。

在 20 世纪 90 年代，计算机网络出现了爆炸式的发展，出现了以思科为代表的一系列公司，但网络泡沫时代随之而来。2004 年，Web2.0 会议举行之后，Web2.0 成为当时的热点，这标志着互联网泡沫破灭，计算机网络发展进入了一个新的阶段。在这一阶段，如何让更多的用户方便快捷地使用网络服务成为互联网发展亟待解决的问题。与此同时，一些大型公司也开始致力于开发大型计算能力的技术，为用户提供更加强大的计算处理服务。

2006 年 8 月 9 日，Google 首席执行官埃里克·施密特（Eric Schmidt），如图 2-4 所示，在搜索引擎大会（SES San Jose2006）首次提出云计算（Cloud Computing）的概念，这是云计算发展史上第一次正式地提出这一概念，有着巨大的历史意义。

2007 年以来，"云计算"成为计算机领域最令人关注的话题之一，同样也是大型企业、互联网建设着力研究的重要方向。云计算的提出，使得互联网技术和 IT 服务出现了新的模式，引发了一场变革。

图 2-4 埃里克·施密特（Eric Schmidt）

2008 年，微软发布其公共云计算平台（Windows Azure Platform），由此拉开了微软的云计算大幕。同样，云计算在国内也掀起一股热潮，许多大型网络公司纷纷加入云计算的阵列。

2009 年 1 月，阿里软件在江苏南京建立首个电子商务云计算中心。同年 11 月，中国移动云计算平台"大云"计划启动。

2019 年 8 月 17 日，北京互联网法院发布《互联网技术司法应用白皮书》。发布会上，北京互联网法院互联网技术司法应用中心揭牌成立。

2020 年我国云计算市场规模达到 1781.8 亿元，增速为 33.6%。其中，公有云市场规模达到 990.6 亿元，同比增长 43.7%，私有云市场规模达到 791.2 亿元，同比增长 22.6%。

2024 年 11 月，工业和信息化部等十二部门印发《5G 规模化应用"扬帆"行动升级方案》的通知，其中提出推进 5G 与边缘计算、云计算、大数据等技术深度融合。

现阶段所说的云服务已经不单是一种分布式计算，而是分布式计算、效用计算、负载均衡、并行计算、网络存储、热备份冗杂和虚拟化等计算机技术混合演进并跃升的结果。

云计算的特点在于高灵活性、可扩展性和高性价比等，与传统的网络应用模式相比，其具有以下优势与特点。

1）虚拟化技术：虚拟化突破了时间、空间的界限，是云计算最为显著的特点，虚拟化技术包括应用虚拟和资源虚拟。物理平台与应用部署的环境在空间上没有任何联系，虚拟化技术正是通过虚拟平台对相应终端操作完成数据备份、迁移和扩展等。

2）动态可扩展：云计算具有高效的运算能力，在原有服务器基础上增加云计算功能，能够使计算速度迅速提高，最终实现动态扩展虚拟化的层次，达到对应用进行扩展的目的。

3）按需部署：计算机包含许多应用、程序软件等，不同的应用对应的数据资源库不同，因此用户运行不同的应用需要较强的计算能力对资源进行部署，而云计算平台能够根据用户的需求快速配备计算能力及资源。

4）灵活性高：目前市场上大多数 IT 资源及软/硬件都支持虚拟化，如存储网络、操作系统和开发软/硬件等。虚拟化要素统一放在云系统资源虚拟池中进行管理，可见云计算具有非常强的兼容性，不仅可以兼容低配置机器、不同厂商的硬件产品，还能够借助外设获得更高性能计算。

5）可靠性高：即使服务器故障，也不影响计算与应用的正常运行。单点服务器出现故障时，可以通过虚拟化技术将分布在不同物理服务器上的应用进行恢复，或利用动态扩展功能部署新的服务器进行计算。

6）性价比高：将资源放在虚拟资源池中统一管理能够在一定程度上优化物理资源，用户不再需要昂贵、存储空间大的主机，而是可以选择相对廉价的 PC 组成云，一方面减少费用，另一方面其计算性能不逊于大型主机。

7）可扩展性：用户可以利用应用软件的快速部署条件，简单快捷地将自身所需的已有业务以及新业务进行扩展。例如，计算机云计算系统中出现设备故障，对于用户来说，无论是在计算机层面上，还是在具体运用上均不会受到阻碍，可以利用计算机云计算具有的动态扩展功能来对其他服务器开展有效扩展，能够确保任务有序完成。

2.3.3 算力对人工智能发展的影响

算力对人工智能发展的影响主要体现在以下几个方面。

1）数据处理能力：算力是处理海量数据的基础。在人工智能时代，数据量呈爆炸式增长，人工智能算法需要对这些数据进行处理和分析。强大的算力能够确保在合理的时间内完成复杂的计算任务，从而支持 AI 模型的训练和推理。

2）模型训练和推理：高算力为大型人工智能模型的训练提供了坚实基础，使得原本需要耗费大量时间的训练过程大幅缩短。例如，GPT 模型从 1.0 到 4.0 的发展中，参数量及预训练数据量呈指数级增长，对算力的需求也越来越高。强大的算力支持使得模型在更短的时间内完成训练，快速迭代升级，以适应不断变化的应用需求。

3）实时分析和决策：在自动驾驶、智能客服等需要快速处理大量数据的场景中，高算力能够确保系统的响应速度和准确性，促进人工智能技术的不断创新。

4）各领域应用：算力在多个领域发挥着重要作用。在医疗领域，AI 辅助诊断系统基于海量医疗影像数据快速准确地识别疾病；在智能制造中，AI 优化生产流程，提高生产效率，降低能耗成本；在气候模拟和天文物理领域，高算力处理复杂模型和海量数据，为科学研究提供依据。

5）算力网络的发展：算力网络集成了计算资源、存储设备和网络设施，提供高效的计算能力、存储资源和网络传输能力，能够满足日益增长的 AI 应用需求。算力网络的构建解决了传统计算方式无法满足现代 AI 应用的问题。

2.4 平台和工具

本节介绍人工智能开发框架、开发流程与工具链、开源社区与资源共享等。

2.4.1 常用人工智能开发框架

目前常用的人工智能开发框架包括 TensorFlow、PyTorch、Theia AI 和华为仓颉智能体开发框架等。

（1）TensorFlow

TensorFlow 是由谷歌开发的开源深度学习框架，使用数据流图进行数值计算，支持在各种 CPU 和 GPU 上进行计算。它具有丰富的 API 和工具库，能够快速构建和训练模型，并实现高效的模型推理和部署。TensorFlow 支持多种编程语言，包括 Python、C++和 Java 等。

（2）PyTorch

PyTorch 是由 Facebook 开发的开源机器学习库，也是一个动态计算图框架。该框架使用 Python 作为编程语言，具有较高的灵活性和易用性，广泛应用于深度学习和研究。它还支持多种硬件平台和分布式训练。

（3）Theia AI

Theia AI 是 Eclipse 基金会推出的开源框架，旨在快速将人工智能功能集成进专业 IDE 与特定工具。该框架支持各种主流语言模型供应商，如 OpenAI、Anthropic 及本地端 Ollama 等，允许开发者完全控制用户界面设计、语言模型选择、人工智能代理人开发以及数据管理等重要环节。Theia AI 强调开源、透明与自主性，用户可完整访问框架内所有功能模块的源码。

（4）华为仓颉智能体开发框架

华为自主研发的仓颉编程语言和智能体开发框架 Cangjie Agent DSL（见图 2-5），提供了声明式编程和全生命周期管理方案，降低了多智能体系统开发的复杂度。该框架支持全平台适配，包括鸿蒙、Windows、macOS 及 Linux 系统，并计划通过跨平台编译能力支持 Android 和 iOS 平台。

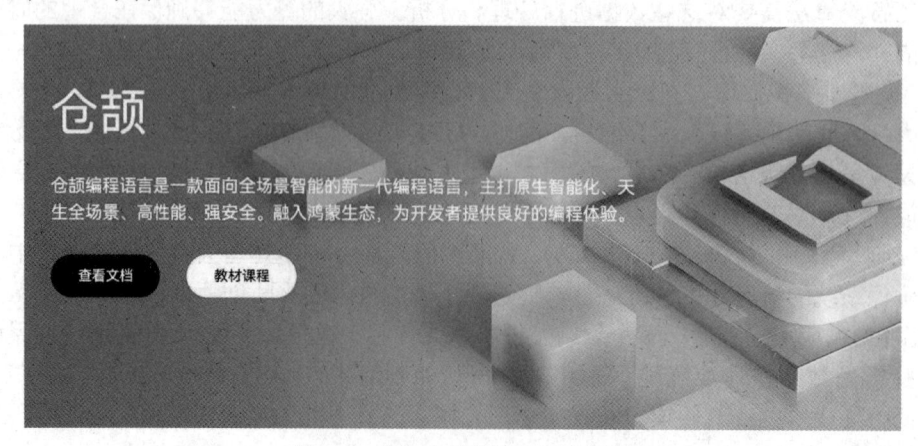

图 2-5 华为仓颉智能体开发框架

2.4.2 人工智能开发流程与工具链

（1）人工智能开发流程

1）需求分析：首先需要明确 AI 应用的目的和功能需求，确定 AI 系统需要解决的问题和预期的输出结果。

2）数据收集与处理：收集相关数据，并进行清洗、标注和预处理，以确保数据的质量和适用性。

3）模型选择与训练：根据需求选择合适的机器学习或深度学习模型，使用训练数据进行模型训练，并通过调整参数和算法来优化模型性能。

4）模型评估与调优：使用测试数据集评估模型的性能，并根据评估结果进行调优，提高模型的准确性和泛化能力。

5）部署与应用：将训练好的模型部署到实际的应用场景中，并进行维护和更新。

（2）常用的工具链

1）编程语言：Python 是最常用的编程语言之一，因其强大的库支持和易学性而被广泛使用。

2）开发环境：Anaconda 提供了一个集成的开发环境，包含许多常用的数据科学和机器学习工具库。

3）模型框架：TensorFlow、PyTorch 和 PaddlePaddle 是主流的深度学习框架，支持各种神经网络结构和训练算法。

4）数据处理工具：Pandas 和 NumPy 等库用于数据处理和分析。

5）可视化工具：Matplotlib 和 Seaborn 等库用于数据可视化。

6）版本控制：Git 是项目管理中常用的版本控制系统，用于代码的版本管理和协作开发。

2.4.3 开源社区与资源共享

开源社区又称开放源代码社区，一般由拥有共同兴趣爱好的人组成，是根据相应的开源软件许可证协议公布软件源代码的网络平台，同时也为其网络成员提供一个自由学习交流的空间。由于开放源码软件主要由散布在全世界的编程者开发，开源社区就成为他们沟通交流的必要途径，因此开源社区在推动开源软件发展的过程中起着巨大的作用。

我国开源社区几乎和我国互联网建设同时起步。20 世纪 90 年代初，开源软件传入中国。1997 年 6 月 17 日，中国软件行业协会自由软件研究应用发展分会在北京成立，并建立了国内首个综合性自由软件库。此后，我国逐渐产生了一些开源社区组织，包括上海 Linux User Group、北京大学 Linux 俱乐部等组织，共同推动开源技术在国内的普及与创新。

从 1999 年开始，在国家产业政策的倾斜扶植下，互联网迅速普及，大批具有开源社区特征的网站和组织在全国各地涌现，其中比较引人注目的包括共创软件联盟（COSOFT）、LinuxSir、ChinaUnix 等，各高校 BBS（网络论坛）上也以相应版面呈现出活跃的社区形式，一批具有一定技术含量、在国际上有一定影响力的开源软件应运而生，如 Linux 虚拟服务器（LVS）、小型化图形接口 MiniGUI、嵌入式系统模拟器 SkyEye 等。

（1）社区分类

1）门户型：提供与开源软件的信息、资源、交流、开发相关的软硬件平台，包括共创软件联盟、LUPA 社区、开源中国社区等。

2）传播型：引进国外开源项目，以信息汇聚、技术交流为主，如 LinuxSir、ChinaUnix、兰大开源社区等。

3）项目型：社区的支持方主要包括企业或组织（如 LUPA）、松散团队（如 Huihoo）、个人（如 LinuxSir、ChinaJavaWorld）等。

（2）国内社区

1）Linux 中国：Linux 中国是广大 Linux 爱好者自发建立的以讨论 Linux 技术、推动 Linux 及开源软件在中国的发展为目标的技术型社区网站。Linux 中国的宗旨是给所有的 Linux 爱好者、开源技术的开发者提供一个自由、开放、平等、免费的交流空间。

2）开源中国社区：开源中国社区是工信部软件与集成电路促进中心创办的一家非营利性质的公益网站，其目的在于建立一个健康、有序的开源生态环境，促进中国开源软件的繁荣发展，推动中国的信息化进程。社区提供论坛、协同开发、软件资源库、资源黄页等资源，它的协同开发平台支持了国内第一个开源 ERP 项目——恩信 ERP，以及清华大学学位论文 LaTeX 模板等重要项目。

3）LUPA：LUPA 是开源高校推进联盟（Leadership of Open Source University Promotion Alliance）的简称，于 2005 年 6 月 12 日在杭州成立。LUPA 是中国开源运动的探索者和实践者，也是"中国开源模式"的缔造者。LUPA 主张软件自主创新，围绕学生"就业与创业"搭建起学校与企业沟通的桥梁。

4）共创软件联盟：共创软件联盟于 2000 年 2 月成立，其通过灵活的开放源码策略实现广泛的智力汇聚和高效的成果传播，推进创新软件技术的迅速发育与成长，促进我国软件产业在先进的机制上实现跨越式发展。一方面，其充分继承国际上已经投入数千亿美元开发出来的开放源码软件；另一方面，以国家 863 计划为战略导向，组织研发尚未开发且急需的软件并加以集成，按照联盟许可证规则进行开放。

5）ChinaUnix：ChinaUnix 是一个以讨论 Linux/UNIX 类操作系统技术、软件开发技术、数据库技术和网络应用技术等为主的开源技术社区网站。其宗旨是给所有 Linux/UNIX 技术、开源技术的爱好者提供一个自由、开放、免费的交流空间。

（3）国外社区

1）Kernel：作为 Linux 内核开发的核心枢纽，kernel.org 是全球开源生态中唯一官方指定的代码托管与协作平台。

2）Alpha：Alpha 处理器在 Linux 领域中很受欢迎，在很长一段时间里 Alpha 是在处理高性能计算时人们最乐于使用的 Linux 处理器。

3）PowerPC：PowerPC 社区主要提供对使用 PowerPC 微处理器的 Mac 计算机的支持，同时也支持一些 IBM 的系统。

2.5　核心技术的应用案例

本节介绍人工智能的应用案例、社会影响等。

2.5.1　联影医疗

上海联影医疗科技股份有限公司（简称"联影医疗"）是一家国产高端医疗设备企

业，其凭借"设备智能化+诊断精准化+服务生态化"三维创新战略，在 AI 医疗领域构建了完整的技术-产业生态闭环。据医招采 2023 年行业报告显示，其医学影像设备国内市场占有率已达 20.3%，超越部分进口品牌，尤其在超高端 CT 领域实现超 20%的市占率突破。

在技术突破层面，联影医疗以多模态医学数据融合为核心，构建了覆盖 CT、MR、PET-CT 等 9 种影像模态的百万级数据库，并与北京协和医院、中山医院等顶尖机构建立联合实验室。通过联邦学习技术，企业搭建起包含 1.2 万例罕见病影像的科研协作网络，使神经母细胞瘤诊断准确率从 83%提升至 91%。其自主研发的 uAI 智能诊断平台已推出 100 余款 AI 应用，涵盖病灶筛查、手术规划等全诊疗流程；在心血管领域，冠脉 CT 血管成像（CTA）AI 算法在上海市第一人民医院的临床研究中实现 CTO 病变分割 95%的成功率；在肿瘤放疗领域，AI 靶区勾画软件与金标准重合率超 95%，获 NMPA 三类认证，将鼻咽癌放疗准备时间从传统模式的数天压缩至 20min。更值得关注的是底层技术革新——搭载 uAIFI 类脑平台的磁共振设备，通过仿生学原理重构成像链，实现 0.5s/期的动态捕捉能力，而 ACS 智能光梭成像技术则使婴幼儿脑部 MRI 检查噪声降低 28%～34%，为儿科精准诊断开辟新路径。

临床落地方面，联影智能系统已深度融入医院工作流，在日均可处理超 5 万张影像的三甲医院场景中，AI 辅助诊断使放射科医师阅片效率从 120 例/日提升至 260 例/日，同时通过"无感智能"算力调度技术优化资源利用率。上海瑞金医院的实践数据显示，AI 系统处理 23.6 万例胸部 CT 影像的早期肺癌检出率较人工提升 8 倍，微小磨玻璃结节（<3mm）识别灵敏度达 91.2%。其经济效益同步显现，据 2024 年财报显示，企业技术服务收入 13.56 亿元，同比增长 26.80%，AI 模块使单台设备年运营成本降低约 18 万元。

面对全球医疗智能化浪潮，联影医疗打造的 uCloud 联影智慧医疗云平台，已支持全国 200 余家医院联合申报国家级、省市级科研项目，实现跨区域多中心研究的数据合规流通。在设备层，全线产品集成 AI 能力——数字 PET-CT 通过自适应采样技术将扫描时间缩短 40%，移动 DR 设备搭载的骨折 AI 筛查模块使急诊科诊断响应速度提升 76%。这种"硬科技+软生态"的双轮驱动模式，不仅推动其国产设备替代进口（2023 年三级医院采购国产设备占比升至 35.6%），更在全球市场崭露头角。联影超导 MR 设备已进入美国、日本等高端市场，海外营收年均增速达 47%。

2.5.2 山东算网平台

山东省计算中心积极响应国家"东数西算"战略部署，针对千亿参数大模型训练对分布式算力的迫切需求，构建了覆盖全省的多元算力融合网络（见图 2-6）。该平台已接入济南、青岛两大超算核心节点及 16 个地市骨干节点，整合高性能算力 1074PFlops、智能算力 2000PFlops，实现与天津超算、鹏城云脑等国家级算力平台的互联互通。在华为盘古大模型、浪潮源大模型等训练任务中，单集群算力峰值达 100PFlops，算力利用率提升至 85%以上，支撑起 200TB 级文本数据的分布式训练。技术层面，中心攻克长距无损网络通信技术，实现 5 种算力架构、12 类算力集群的无缝接入，并通过张量并行、流水线并行等优化策略，将千亿参数模型的训练周期从常规 90 天压缩至 30 天。

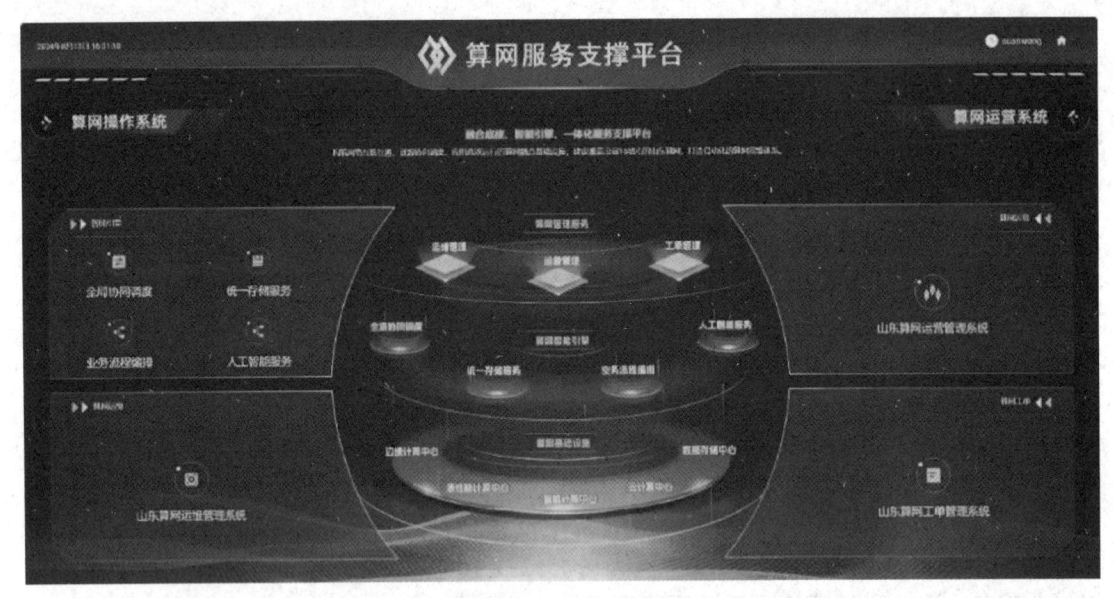

图 2-6 山东算网平台

山东算网平台已赋能超过 1000 个应用场景，在空天信息、海洋科技等领域形成示范效应。以黄河三角洲生态监测项目为例，通过部署 1024 卡 NVIDIA A100 集群，实现对 2.6 万平方公里区域的实时卫星影像解析，训练出精度达 92%的湿地退化预测模型，数据处理效率较传统架构提升 17 倍。在智能制造领域，支撑海尔工业大脑完成 3D 视觉质检模型的分布式训练，使用 50 万组高精度零件扫描数据，使检测准确率从人工巡检的 85%提升至 99.6%，每年为企业减少质量损失超 2 亿元。平台还构建起包含 9PB 行业数据集、1500 余款计算软件的全要素服务体系，累计服务用户 3000 余家，直接经济效益突破 10 亿元。当前，山东算网平台正推进"超算+智算+边缘计算"的三级算力网络建设，预计 2025 年实现山东省 90%规上企业的算力服务覆盖，加速山东省新旧动能转换进程。

2.5.3　TSINGSEE 智能分析网关

TSINGSEE 研发的智能分析网关 V4 作为城市视觉中枢核心组件，已在 30 余个智慧城市项目中部署。该网关集成 40 余种 AI 算法，支持每秒处理 128 路视频流，通过动态算法编排实现 97%异常事件识别准确率。针对传统视频分析系统算法固化、响应延迟高等痛点，技术团队创新开发基于强化学习的算法调度引擎，在深圳某智慧园区项目中，实现 200ms 级实时响应速度，较传统系统效率提升 5 倍。核心技术突破包括：采用 YOLOv7+DeepSORT 多目标跟踪架构，行人轨迹追踪精度达 98.3%；部署轻量化 ResNet-18 模型压缩技术，算法推理速度提升至 210FPS；构建时空注意力机制模块，有效过滤 98.6%的误报干扰。

TSINGSEE 智能分析网关在杭州亚运会场馆安保体系中发挥了关键作用，通过多算法协同实现"人脸识别+行为分析+物品检测"三重防护，如图 2-7 所示。部署期间累计处理视频数据 1.2PB，识别异常行为事件 2300 余次，危险物品检出率 99.1%。在交通治理领域，上海虹桥枢纽应用该网关实现"车牌识别+车型分类+违章检测"一体化分析，日均处理 400 万车次数据，违法变道识别准确率提升至 96.7%，高峰时段通行效率提高 23%。技术团队同步开发算法在线迭代平台，支持模型周级更新频率，在厦门社区防疫中实现 98.9%识别准确率。当前已形成包含 9 类算法仓、17 种场景套件的产品矩阵，赋能城市治理从"人工巡查"向

"智能感知"转型。

图 2-7　TSINGSEE 智能分析网关实现三重防护

本章小结

人工智能是十分广泛的科学，研究使用计算机来模拟人的某些思维过程和智能行为（如学习、推理、思考、规划等）。本章介绍了人工智能基础技术，包括数据、数据预处理与特征工程等；接下来讨论了算法的内容，包括算法的分类、经典算法、人工智能的推理方式等；然后介绍了算力的历史，包括算力的演进、云计算的发展和影响等；并介绍了人工智能开发的相关情况，包括开发框架、开发流程、开发平台等；最后介绍了人工智能的应用案例与社会影响。

【习题】

一、选择题

1. 以下哪项不属于数据预处理的主要步骤？（　　）
 A．数据清洗　　　　　　　　　　B．数据集成
 C．数据加密　　　　　　　　　　D．数据规约
2. 特征工程的三大环节不包括以下哪一项？（　　）
 A．特征创建　　　　　　　　　　B．特征选择
 C．特征删除　　　　　　　　　　D．特征转换
3. GPU 的主要设计目标是什么？（　　）
 A．通用计算任务　　　　　　　　B．图形渲染和并行计算
 C．低功耗嵌入式系统　　　　　　D．网络数据传输
4. 以下哪项是云计算的核心特点？（　　）
 A．硬件依赖性强　　　　　　　　B．按需部署资源
 C．数据存储本地化　　　　　　　D．计算能力固定

5. TensorFlow 和 PyTorch 的主要区别是什么？（　　）
   A．TensorFlow 仅支持 Python 语言　　　B．PyTorch 使用动态计算图
   C．TensorFlow 专用于图像处理　　　　　D．PyTorch 不支持分布式训练

二、判断题
1．数据规约的目标是尽可能减少数据量，同时完全保留原始数据的全部信息。（　　）
2．动态规划算法的核心思想是通过记录子问题的解来避免重复计算。（　　）
3．TPU 是英特尔公司开发的专为人工智能任务设计的处理器。（　　）
4．开源社区"Linux 中国"的主要目标是推动 Linux 技术在中国的发展。（　　）
5．联影医疗的 uAI 智能诊断系统通过联邦学习技术构建了罕见病影像数据库。（　　）

三、填空题
1．数据预处理的四个主要步骤是数据清洗、数据集成、数据变换和_____。
2．云计算的核心技术之一是_____，允许资源按需动态分配。
3．华为仓颉智能体开发框架支持_____编程语言，实现多智能体系统开发。
4．在搜索算法中，AL 算法通过引入_____函数优化搜索方向。
5．山东省算网平台整合的高性能算力规模达到_____PFlops。

四、简答题
1．简述数据预处理的四大步骤及其作用。
2．解释 CPU、GPU 和 TPU 的核心区别。
3．云计算的优势有哪些？（至少列出三点）
4．什么是特征工程？其三大环节分别是什么？
5．山东算网平台在人工智能应用中的核心作用是什么？

第3章
机器学习——从数据中获取智慧

在当今数字化时代，数据如潮水般涌来，我们正身处一个信息爆炸的环境中。例如，电商平台管理系统，每天都有成千上万的用户在平台上浏览商品、下单购买，由此产生海量的交易数据。这些数据蕴含丰富的信息，如用户的购买偏好、消费习惯、浏览轨迹等。电商平台如何从这些繁杂的数据中挖掘出有价值的内容，从而精准地为用户推荐商品、提升用户购物体验和平台销售额呢？这就需要借助机器学习技术。

本章目标

☐ 理解机器学习的基本概念：包括机器学习的定义、类型（监督学习、无监督学习、半监督学习等），以及其在不同领域中的应用场景。

☐ 掌握机器学习的关键算法：熟悉常见的机器学习算法，如线性回归、逻辑回归、决策树、支持向量机、聚类分析（K-means）、神经网络等。

3.1 机器学习概述

机器学习是一门多领域交叉学科，融合了概率论、统计学、微积分、代数学以及算法复杂度理论等多学科知识，是实现人工智能的关键手段。它致力于让机器从数据中学习内在规律，积累新的经验与知识，进而优化自身性能，最终使计算机能够像人类一样基于所学知识做出决策。

3.1.1 机器学习的发展

机器学习的发展历程跌宕起伏，经历了多个具有鲜明特征的阶段，从早期探索到如今的蓬勃发展，不断改变着人们对计算机智能的认知。机器学习的发展历程可分为以下四个时期。

1）20世纪50年代中期至60年代中期，属于机器学习的热烈时期，计算机技术开始兴起，科学家们也随之开启了对机器学习的探索。1950年，艾伦·麦席森·图灵提出了图灵测试，为人工智能和机器学习的发展提供了重要理论基础。与此同时，这一时期产生了最早的人工神经网络。这一阶段，机器学习领域充满活力，新理论、新模型不断涌现，科学家们对让计算机具备学习能力充满热情，积极投身于相关研究，为后续发展奠定了基础。

2）20世纪60年代中期至70年代中期，机器学习的发展陷入了冷静时期。这一时期，由于单层感知机的局限性以及算力与数据的瓶颈，导致机器学习整体发展缓慢，但理论研究仍在持续推进。20 世纪 70 年代统计学习理论应运而生，为机器学习提供了更严谨的数学基础，使得机器学习算法设计更具科学性和更有依据，一些经典算法如线性回归、逻辑回归等开始得到广泛应用。这一阶段，科研人员开始反思前期研究中的问题，并深入挖掘机器学习的理论深度，为人工智能后续复兴积蓄力量。

3）20 世纪 70 年代中期至 80 年代中期，机器学习迎来了复兴时期。在此期间，研究人员不再局限于传统模型的框架，而是积极探索全新的网络架构与算法。其研究目标主要聚焦于两大方面，一方面，致力于提升模型的性能与表达能力，使其能够应对更复杂的问题；另一方面，尝试拓展机器学习的应用领域，把学习系统与各种应用结合。这一时期，学界对神经网络的研究从单一、简单的结构向多元、复杂的方向迈进，多种创新模型和理论如雨后春笋般涌现，为机器学习的发展注入源源不断的活力。

4）1986 年开始进入机器学习的最新阶段，随着计算机硬件性能的飞速发展、互联网的普及和数据量的爆发式增长，机器学习迎来了新的发展契机。这一时期，涌现了 Boosting 算法、支持向量机算法、随机森林算法、深度学习等，应用范围也不断扩大。如图 3-1 所示，IBM "深蓝" 计算机在国际象棋大赛的胜利以及 AlphaGo 在围棋大战的胜利，使得人们对机器学习有了更加清晰的认识，机器学习自此迈上了新的发展阶段。

图 3-1　IBM "深蓝" 计算机在国际象棋大赛中获胜

3.1.2　机器学习的分类

从研究角度来看，机器学习的本质是运用合适特征与方法构建特定模型以完成任务。依据学习方式进行分类，常见的机器学习算法包括监督学习、无监督学习、半监督学习、强化学习等，如图 3-2 所示。

1）监督学习：在监督学习中，利用带有人工标注标签的训练数据，学习从输入变量到输出变量的函数映射，然后用于预测新数据的标签。监督学习可细分为分类问题（如判断性别、预测股票涨跌等离散类别预测）和回归问题（如预测房价、股票价格等连续值预测）。

2）无监督学习：无监督学习利用未标记数据训练，试图发现数据中的内在结构、模式或关系。聚类、PCA 降维等都属于无监督学习。

3）半监督学习：半监督学习结合少量标记数据和大量未标记数据进行模式识别，以降低数据标记成本，提高学习准确性。其在文本分类、图像识别、推荐系统等方面应用广泛。

4)强化学习:强化学习让智能体通过与环境进行交互,根据环境反馈的奖励信号来学习最优行为策略。其在自动驾驶、机器人控制等需要自主决策和学习的场景中发挥重要作用。

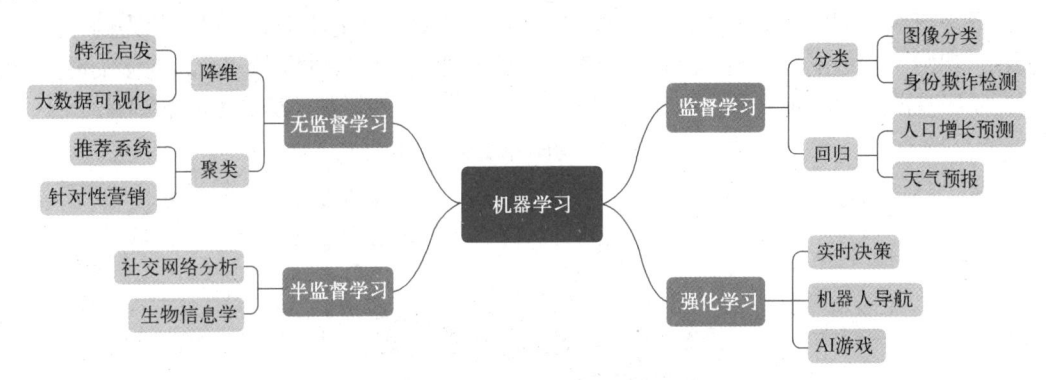

图 3-2 机器学习的 4 种主要类型

3.2 监督学习

监督学习是一种机器学习方法,其核心在于利用已标注的数据来学习输入特征与目标标签之间的映射关系。每个训练样本不仅包含描述事物的特征信息,还附带一个明确的标签,代表该样本所属的类别或数值结果。通过学习这些标注数据,模型能够捕捉到变量之间的内在联系,并在面对新的数据时做出准确预测。

在监督学习中,常见的任务包括分类和回归。分类问题旨在将输入样本归入有限的类别中,如通过分析新闻文本来判定其所属主题;而回归问题则关注预测连续数值,如利用经济数据预测未来的市场走势。无论采用哪种算法,目标都是通过最小化预测值与真实标签之间的误差来不断优化模型参数,从而提升在新数据上的泛化能力。

3.2.1 线性回归与逻辑回归

回归分析是一种预测性建模与分析技术,通过研究因变量(目标变量)与自变量(预测变量)之间的关系,构建数学模型以预测未来趋势、解释变量间的因果关系或分析时间序列数据。其核心思想是用一条直线(或曲线)拟合数据点,使得直线或曲线与数据点之间的整体距离差异最小化。例如,预测大学生毕业后的起薪,假设收集了学生在高中阶段的成绩、参与课外活动的时长以及面试表现评分等数据,并认为这些自变量与毕业生起薪之间大致呈现线性关系,此时便可使用回归分析作为研究方法。

在回归分析中,线性回归与逻辑回归是最常用的两种回归技术。线性回归适用于自变量与因变量呈线性关系的场景,如大学毕业生起薪的预测。而逻辑回归则通过 Sigmoid 函数实现分类目标,通常用于分类问题,预测事件发生的概率或风险,如根据健康指标预测糖尿病风险。这两种方法凭借理论基础扎实、实现简便以及解释性良好,成为研究人员和数据科学家在实际应用中最常选用的回归工具。

(1)线性回归

线性回归是机器学习和统计学中极为基础且应用广泛的方法,主要用于探寻一个或多个自变量与一个连续的因变量之间的线性关联。如果只有一个自变量，就叫作一元线性回归，它呈现的关系就像一条直线，例如，研究房屋面积和房价的关系时，若只考虑房屋面积这一个因素对房价的影响，则大致呈现出一种直线上升趋势，如图3-3所示。当涉及两个或多个自变量时，就是多元线性回归，呈现的关系如同一个平面或者更复杂的超平面，以房价为例，除了房屋面积，房龄、周边配套设施等因素也会影响房价。通过多元线性回归分析，能够发现不同因素对房价影响的规律，如房屋面积增加，房价可能上升；房龄增加，房价可能下降等。

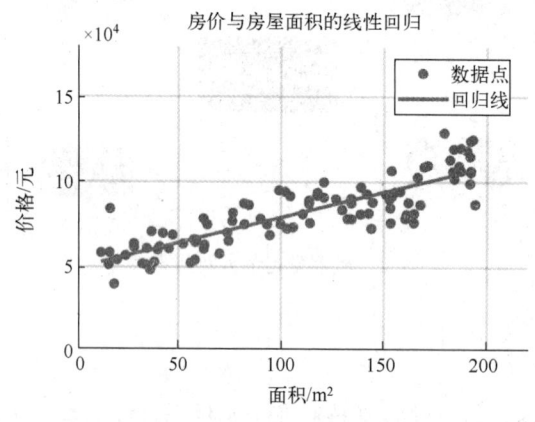

图3-3 线性回归拟合

线性回归模型的优势在于模型简单、容易理解和解释。然而，线性回归也有局限。它假设自变量和因变量是严格的线性关系，但是，现实世界很复杂，变量间经常存在非线性关系。例如，产品销量可能先增长，之后趋于平稳甚至下降，这种变化就无法只用线性回归准确描述。但即便如此，线性回归作为回归分析里最早被深入研究且广泛应用的方法，为理解变量关系和进行预测打下了基础，在很多场景下依旧是高效、实用的工具。

（2）逻辑回归

逻辑回归以线性回归为根基，借助一个关键的逻辑函数，也就是Sigmoid函数（S型曲线），将线性回归的输出结果巧妙地映射到0～1范围内，预测值代表样本属于某一类别的概率。逻辑回归借用线性回归对变量进行线性组合的方式来构建模型，所以名称中保留了"回归"一词。随着发展，逻辑回归逐渐应用于分类场景。例如，在医学领域，综合患者的年龄、性别、症状、各项检查指标等特征，逻辑回归模型能够预测患者患某种疾病的概率，辅助医生做出更精准的诊断。

逻辑回归的优势在于模型简单、易于理解与实现，且不需要复杂数学运算，在实际应用中广受欢迎。同时，它对数据要求较低、可解释性强，并能通过参数直观展现特征对分类结果的影响。然而，逻辑回归也存在局限。它对数据分布有要求，若数据呈严重非线性或特征相关性过高，则会影响预测性能；其原生模型只能处理二分类问题，面对多分类任务则需要进行扩展；在复杂数据集上，其泛化能力也有限。

微视频3.2.2
决策树与随机森林介绍

3.2.2 决策树与随机森林

决策树与随机森林是机器学习中极为重要的两种监督学习算法，主要用于处理分类问题。两者之间联系紧密，决策树作为随机森林的基本组成单元，为其奠定了基础架构，而随机森林则是由众多决策树组合而成的一个功能强大的分类器。

(1) 决策树

决策树是一种基于树状结构的监督学习算法，通过模拟人类决策过程对数据进行分类或回归。其核心思想是通过一系列问题（特征判断）将数据逐步划分到不同的子集中，然后在每个叶节点上给出相应的预测结果。

例如，在贷款违约风险预测中，可以收集借款人的信用记录、收入水平和债务情况等数据，从而构建一棵决策树，如图 3-4 所示。树的每个节点对应一个判断条件，如"收入是否高于某一阈值"，最终在叶节点上输出"有风险"或"无风险"的类别。这种方法不仅直观地展示了各个特征对违约风险的影响，而且便于分析人员理解每个决策步骤。

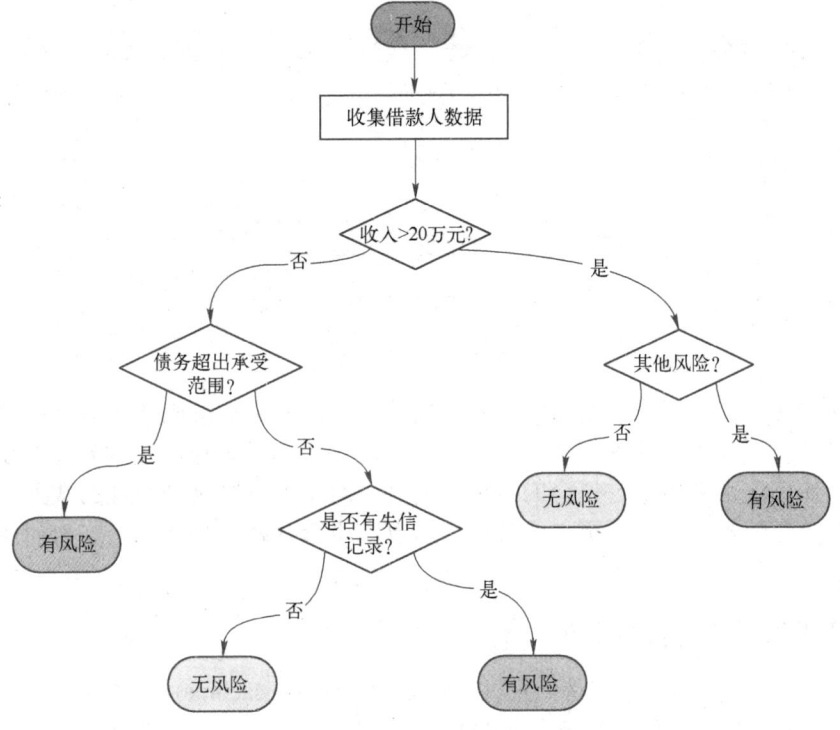

图 3-4 决策树算法

决策树的优势在于结构清晰、解释性强，适用于处理具有明显层次关系的数据，同时对数据预处理要求较低。但它也容易出现过拟合问题，需要通过剪枝技术或交叉验证等手段来提高泛化能力。

(2) 随机森林

随机森林是由多棵决策树构成的集成学习模型，它通过对多个决策树的预测结果进行汇总来获得最终的输出。例如，在电商平台的产品推荐中，可以利用随机森林模型根据用户的浏览历史、购买记录和点击行为等多维特征来预测用户对某一产品的兴趣程度。随机森林在训练时，对每棵树随机选择样本和特征，既增加了模型的多样性，又有效地降低了单棵决策树可能存在的过拟合风险，从而提升整体预测的稳定性和准确性。

当有新数据需要进行预测分类时，随机森林首先将新数据输入到每一棵子决策树中，每棵子决策树都会基于自身的训练经验输出一个结果。然后，对所有子决策树的输出结果进行投票，以得票最多的类别作为随机森林的分类结果，如图 3-5 所示。例如，在判断客户的购买行为中，假设有 100 棵子决策树，其中 60 棵判定新客户会购买产品，40 棵判定不会购买，那么随机森林最终的分类结果就是该客户会购买产品。若是回归任务，则通常取所有树预测值的平均作为最终预测结果。

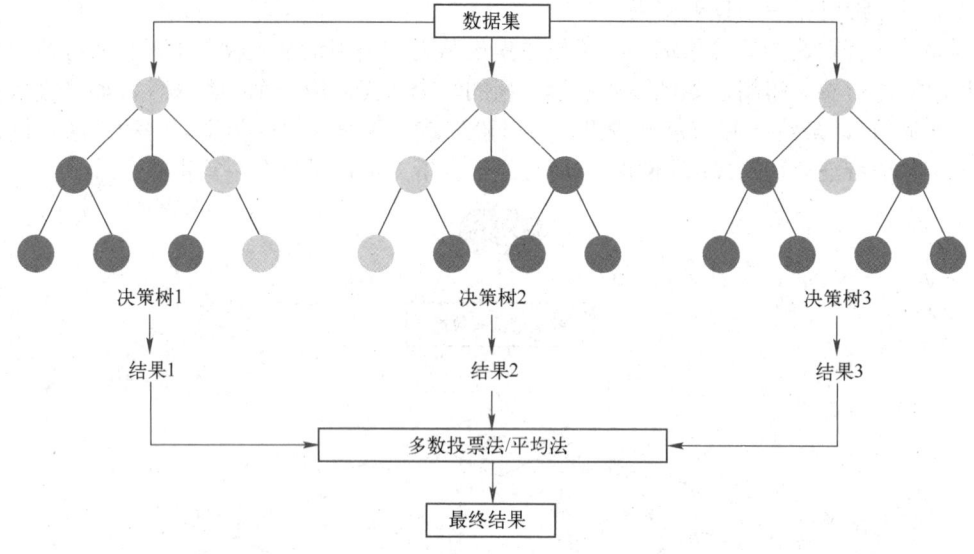

图 3-5　随机森林算法

随机森林通过综合多棵决策树的判断，使得预测结果更加准确和稳健。同时，其在处理高维数据时，可以有效处理大量的输入变量。但是，在某些噪声较大的分类或回归问题上，随机森林算法也会出现过拟合的情况。并且，对于有不同级别属性的数据，级别划分较多的属性会对随机森林产生更大的影响，所以随机森林在这种数据上产出的属性权值可能并不可信。

3.2.3　支持向量机与神经网络

在机器学习算法体系中，支持向量机（Support Vector Machine，SVM）与神经网络作为监督学习的代表性方法，基于不同的理论框架和技术路径，形成了各具特色的建模范式。

（1）支持向量机

支持向量机是一种基于统计学习理论的监督学习算法，主要用于分类和回归任务。其核心在于寻找一个能够最大程度分割不同类别数据的超平面。其关键概念如下：

1）超平面：超平面作为 SVM 分类的决策边界，将数据分为不同类别。在二维空间中，超平面表现为一条直线；三维空间中是一个平面；高维空间中则是一个抽象概念，但同样起分割数据的作用。

2）支持向量：支持向量决定最优决策边界的关键样本点，这些样本点离分类超平面最近，同时决定超平面的位置和方向。

例如，在金融欺诈检测中，研究人员可以收集客户的交易金额、交易频率以及账户历史等多维特征，通过支持向量机构造一个最优分类超平面，能够有效区分正常交易与异常交易。

SVM 适用于中小规模数据集、高维特征数据以及线性或近似线性可分问题，在文本分类、医学诊断、金融风控、图像识别、生物信息学、工业检测等领域表现出色。由于其良好的泛化能力和对噪声数据的鲁棒性，在特征工程较成熟的任务中，SVM 依然是强有力的分类工具。SVM 也存在缺点，其本质为二分类算法，在处理多分类问题时计算复杂且成本较高，并对缺失数据敏感。

（2）神经网络

神经网络是一种模仿生物神经系统信息处理机制的复杂非线性模型。其由大量相互连接的神经元组成，这些神经元类似于生物神经元，每个神经元接收来自其他神经元的输入信号，对这些信号进行加权求和，并通过激活函数进行处理，最终将输出结果传递给其他神经元。通过多层结构和非线性激活函数，神经网络能够自动学习数据中的特征，并对复杂的映射关系进行建模。

一个典型的神经网络包括输入层、隐藏层和输出层，如图 3-6 所示。输入层负责接收外部数据，输出层给出最终的预测结果，隐藏层则进行数据的特征提取和转换。神经元之间的连接权重决定了信号传递的强度，权重越大，信号传递的影响越大。在训练过程中，通过调整这些连接权重，使得神经网络的输出结果与实际标签尽可能接近，从而实现对数据的学习和预测。

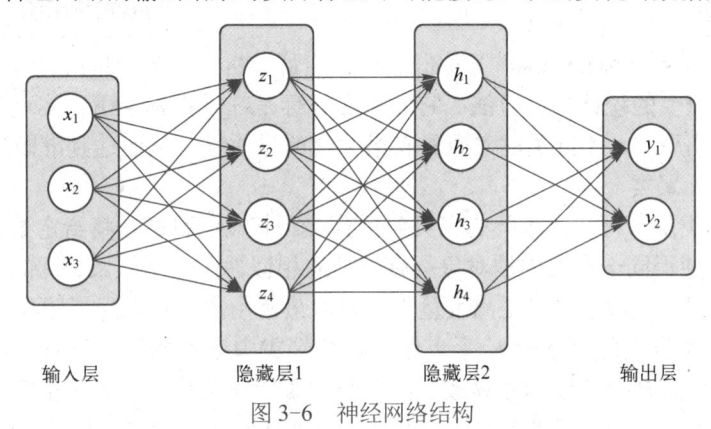

图 3-6　神经网络结构

例如，在图像识别任务中，神经网络通过对大量的图像数据进行训练，自动提取边缘、纹理等特征，从而实现对不同类别图像的准确分类。神经网络的多层结构使其具备极强的表示能力，能够逼近任意复杂的非线性函数，这使得它在语音识别、自然语言处理等领域得到了广泛应用。

神经网络的优点在于模型灵活、强大的非线性建模能力以及在大数据场景下卓越的表现。其缺点则主要表现为对训练数据量的需求较高、训练过程计算密集，以及模型内部参数较难解释，因此常被视为"黑箱"方法。

3.3　无监督学习

无监督学习是一种不需要标注数据即可直接从数据中挖掘内在规律和隐藏结构的技术。它通过对原始数据进行探索性分析，挖掘数据的分布、特征间的内在联系以及潜在的聚类、关联关系等信息。相较于监督学习依赖明确的标签，无监督学习更侧重于"让数据说话"，以便为后续的数据预处理、特征提取和模型构建提供指导。

在实际应用中，无监督学习常用于以下几类任务。

（1）聚类分析

聚类分析通过将相似的数据点归为一类，可以发现数据的自然分组。常见方法包括

K-means 算法和层次聚类等，前者通过迭代调整簇中心来最小化样本到中心的距离，而后者则以层级结构展示数据之间的相似度。这些技术广泛应用于市场细分、图像分割、社交网络分析等领域。

（2）降维技术

当数据维度较高时，降维技术如主成分分析（PCA）和 t-SNE 可以将数据映射到低维空间，同时保留尽可能多的信息。PCA 利用线性变换提取最大方差信息，而 t-SNE 则通过构造局部概率分布实现复杂数据的非线性降维，常用于数据可视化和噪声过滤。

（3）关联规则挖掘

关联规则挖掘旨在发现数据项之间的共现关系，如在零售数据中揭示哪些商品经常被同时购买。Apriori 算法是此类方法的代表，通过逐步筛选频繁项集并生成规则，为产品推荐、库存管理等提供决策支持。

3.3.1 聚类分析

微视频 3.3.1 聚类分析简介

聚类分析（Cluster Analysis），又称群分析、点群分析，是多变量统计分析中用于将研究对象分类的一种重要的统计分析方法。它的核心目标是在一定标准下，实现属于同一类的对象具有最大化的同质性，不同类的对象具有最大化的异质性，从而达到准确分类的效果。

（1）K-means 聚类

K-means 聚类是一种迭代求解的聚类分析算法。其核心目标是将给定数据集中的对象划分为 K 个聚类，使得同一聚类内的对象具有较高的相似性，而不同聚类间的对象具有较大的差异性。这里的相似性通常通过距离度量来衡量，最常用的是欧几里得距离。

K-means 聚类首先随机选择 K 个点作为初始聚类中心，然后计算每个数据点到各个聚类中心的距离，将数据点分配到距离最近的聚类中心所在的簇。接着，重新计算每个簇的中心，并重复上述过程，直到聚类中心不再发生变化或达到预设的迭代次数，K-means 算法如图3-7所示。例如，在对一群客户的消费行为数据进行聚类时，K-means 聚类可以将具有相似消费模式的客户聚为一类，从而帮助企业更好地了解客户群体。

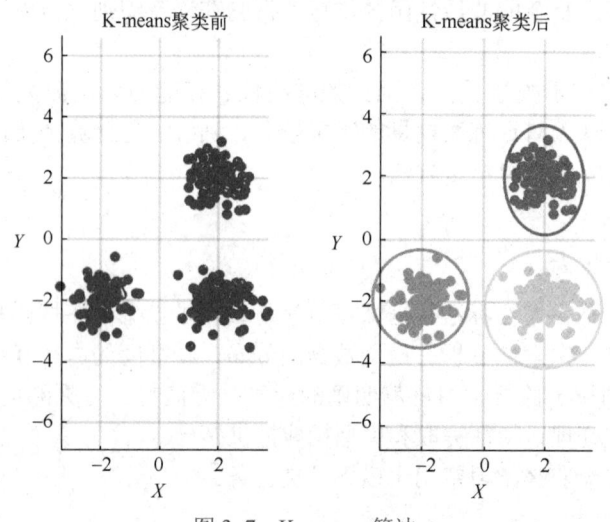

图 3-7 K-means 算法

(2)层次聚类

层次聚类是基于簇间相似度，通过在不同层次对数据展开分析，进而构建树形聚类结构，这种独特的聚类方式无须预先设定聚类数量，而是凭借数据间的亲疏关系，逐步搭建聚类层次。其操作方式分为凝聚式与分裂式。凝聚式层次聚类从每个数据点自成一簇开始，不断将距离最近的两个簇合并，直至所有点归为一个大簇，又称自下而上法；分裂式则反之，先将所有数据视为一个簇，逐步把差异最大的子簇分开，直到每个点成为单独的簇，又称自上而下法。

在层次聚类过程中，首先需要计算数据点之间的距离或相似度，常用的度量包括欧氏距离、曼哈顿距离等。然后，根据合并策略（如单链接、完全链接、平均链接等）确定如何合并不同的簇。通过不断重复计算相似性进行合并或分割，最终构建出层次结构的树状图。层次聚类算法如图 3-8 所示。

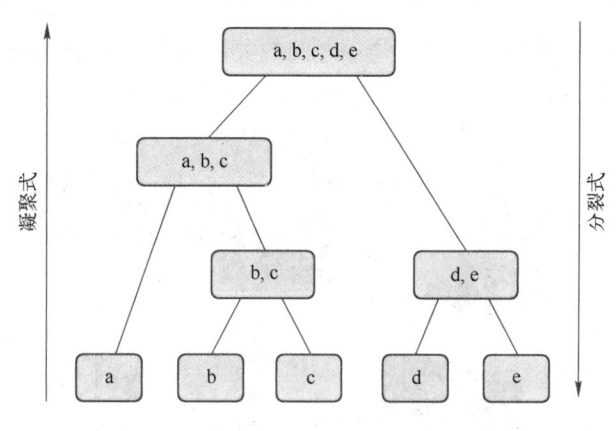

图 3-8 层次聚类算法

3.3.2 降维技术

降维技术旨在将高维数据转换为低维数据，同时尽可能保留数据的关键信息。

（1）主成分分析（Principal Components Analysis，PCA）

PCA 是一种常用的线性降维方法，它是一种常用的无监督线性降维技术，旨在寻找数据中的主成分，将原始数据投影到低维空间中，同时尽可能保留数据的方差信息。PCA 的核心思想是通过正交变换将一组可能存在相关性的变量转换为一组线性不相关的变量，这些新的变量被称为主成分。例如，在图像数据处理中，图像通常具有较高的维度，通过 PCA 可以将图像数据压缩到较低维度，以减少存储和计算成本，同时在一定程度上保留图像的特征。

PCA 广泛应用于多个领域，如数据可视化、特征降维、图像处理等。在数据可视化中，PCA 可以将高维数据降维到二维或三维空间，以便观察数据的分布和结构；在特征降维中，PCA 可以有效减少特征数量，提高模型的训练效率和泛化能力；在图像处理中，PCA 可以用于图像压缩和特征提取。

PCA 的优点在于计算效率高、易于实现以及能够有效去除数据中的冗余信息，并且在降维过程中尽可能保留数据的主要特征和信息。然而，其对数据的分布有一定的假设，在非线性数据上的表现可能不佳。

（2）t 分布-随机邻近嵌入（t-distributed Stochastic Neighbor Embedding，t-SNE）

t-SNE 是一种用于降维和数据可视化的非线性算法，特别适用于将高维数据映射到二维或三维空间，以便进行直观的观察和分析。t-SNE 通过计算数据点之间的相似度，并在低维空间中保持这些相似度关系，将高维数据点在低维空间中进行布局。相比于 PCA，t-SNE 更适合处理非线性数据，能够更好地展示数据在高维空间中的局部结构和分布情况，因此在数据可视化、探索性数据分析等方面有着广泛应用。

例如，将工厂设备故障所涉及的高维数据进行低维空间可视化，数据的维度越高，就越难以在低维空间中进行绘制，且没有明显的规律性。而利用 t-SNE 降维成二维或者三维较低空间时，数据样本的分布将呈现出一定的规律。

3.3.3 关联规则挖掘

关联规则挖掘是在数据集中发现项与项之间的关联关系。例如，在超市购物篮分析中，发现顾客购买啤酒的同时也经常购买尿布，这就是一种关联规则，如图 3-9 所示。

图 3-9 关联规则挖掘

Apriori 算法是一种在数据挖掘中用于关联规则学习的算法，它能够从大量数据中发现频繁出现的项目集以及这些项目之间的关联关系。该算法的核心思想是通过确定频繁项目集来生成关联规则，这些规则可以揭示数据集中不同项目之间的潜在联系。

Apriori 算法广泛应用于多个场景，其中最典型的应用之一就是购物篮分析。在零售业，商家可以通过分析顾客的购买记录，找出经常一起购买的商品组合，从而优化商品的摆放位置、制定促销策略等。例如，如果发现购买面包的顾客同时购买黄油的概率很高，商家就可以将面包和黄油摆放在一起，或者推出相关的促销活动。此外，Apriori 算法还被用于推荐系统、医疗数据分析、金融欺诈检测等领域。

3.4 半监督学习

半监督学习的诞生源于现实场景中数据标注成本与模型性能需求的矛盾。在传统监督学习中，模型训练依赖于大量标注数据，但人工标注不仅耗时耗力，还可能因标注者的主观差异导致数据质量参差不齐。例如，在医疗影像分析中，一张 CT 扫描图的病灶标注可能需要专业医师花费数小时才能完成，面对数万份待分析影像时，标注成本将急剧攀升。而无监督学习虽不需要标注数据，但缺乏明确的指导信号，因此难以直接应用于分类、回归等具体任务。

半监督学习通过整合少量标注数据与海量未标注数据，巧妙平衡了标注成本与模型性能。例如，在电商用户行为分析中，尽管仅有少量用户被明确标注为"高价值客户"，但通过分析大量未标注用户的购买频率、客单价等行为特征，模型仍能捕捉到高价值客户的行为模式，从而优化推荐策略。这种模式在生物信息学、自然语言处理等领域同样适用，尤其在标注数据稀缺的低资源场景中，其展现出独特优势。

3.4.1 半监督学习的基本概念

（1）什么是半监督学习

半监督学习是一种介于监督学习和无监督学习之间的机器学习范式，它同时利用标记数据和未标记数据来进行模型训练，半监督学习过程如图 3-10 所示。在现实应用中，数据往往是海量的且获取标签的成本较高，导致标记数据稀缺而未标记数据丰富。半监督学习正是为解决这一问题而生，通过结合两种数据的优势，提升模型性能。

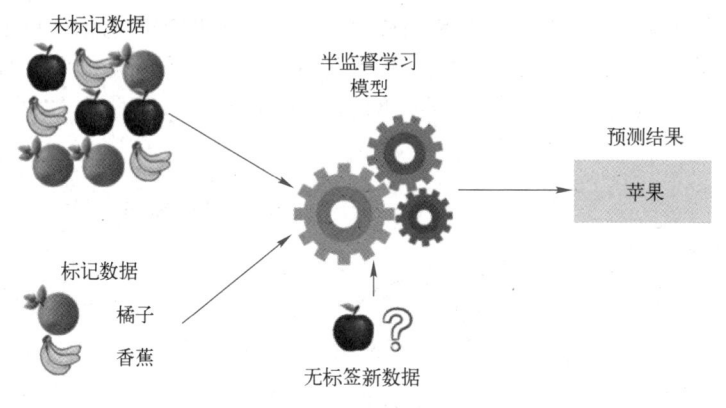

图 3-10 半监督学习过程

半监督学习诞生于 20 世纪 90 年代，起初主要聚焦于图论和概率模型的研究。随着时间推移，尤其是步入 21 世纪，大数据浪潮汹涌袭来，深度学习蓬勃发展，半监督学习开始崭露头角，在计算机视觉、自然语言处理等诸多领域取得显著进展，特别是在挖掘未标注数据用于模型训练方面成果斐然。近年来，半监督学习的研究重点逐渐转向强化模型的泛化能力与稳定性，并且积极与深度学习技术深度融合，以适应更为复杂多变的实际应用场景。

（2）半监督学习的三个基本假设

在半监督学习中建立预测样例和学习目标之间的关系，主要依赖以下三个重要的模型假设。

1）平滑假设：在稠密数据区域内，两个距离相近的数据点的类标签大概率相似，即当两点被稠密数据区域中的边相连时，它们很可能具有相同类标签；反之，被稀疏数据区域分隔的两点类标签往往不同。

2）聚类假设：处于同一聚类簇内的数据点大概率拥有相同类标签，其等价于低密度分离假设，即分类决策边界应穿越稀疏数据区域，避免将稠密数据区域的点划分到决策边界两侧。

3）流形假设：将高维数据嵌入低维流形后，位于低维流形中小局部邻域内的两个数据点具有相似类标签。

这三种假设在应用场景和关注点上存在区别，但它们都试图通过数据的内在结构来指导模型的学习，从而在标记数据有限的情况下，充分利用未标记数据来提升模型性能。从本质上来看，这三类假设是一致的，只是相互关注的重点不同。其中流形假设更具有普遍性，它体现了决策函数的局部平滑性，并与聚类假设的整体特性关注形成互补，使得在半监督学习中能够更全面地利用数据的内在结构。

（3）半监督学习分类

半监督学习可以从不同的角度进行分类，按照统计学习理论的角度可分为直推半监督学习和归纳半监督学习（见图3-11），具体区别如下。

1）直推半监督学习：直推半监督学习只处理样本空间内给定的训练数据，利用训练数据中有类标签的样本和无类标签的样例进行训练，来预测训练数据中无类标签的样例的类标签。

2）归纳半监督学习：归纳半监督学习处理整个样本空间中所有给定的和未知的样例，同时利用训练数据中有类标签的样本和无类标签的样例，以及未知的测试样例一起进行训练，不仅能够预测训练数据中无类标签的样例的类标签，更主要的是能够预测未知的测试样例的类标签。

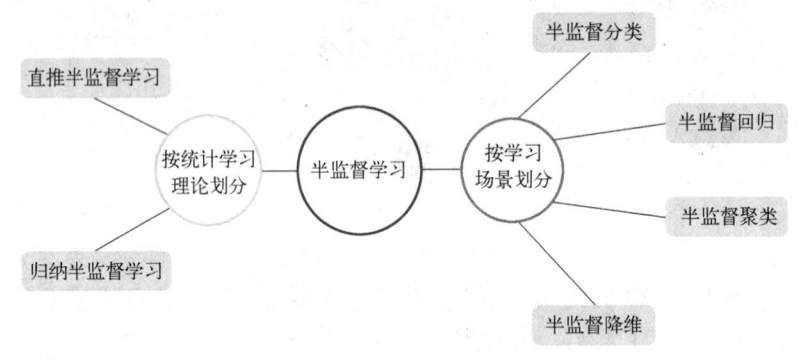

图3-11 半监督学习分类

此外，按照学习场景划分，半监督学习可分为半监督分类、半监督回归、半监督聚类和半监督降维。

1）半监督分类：在无类标签的样例的帮助下训练有类标签的样本，获得比只用有类标签的样本训练得到的分类器性能更优的分类器，来弥补有类标签的样本不足的缺陷，其中类标签取有限离散值。

2）半监督回归：在无输出的输入的帮助下训练有输出的输入，获得比只用有输出的输入训练得到的回归器性能更好的回归器，其中输出取连续值。

3）半监督聚类：在有类标签的样本的信息帮助下，获得比只用无类标签的样例得到的结果更好的簇，提高聚类方法的精度。

4）半监督降维：在有类标签的样本的信息帮助下找到高维输入数据的低维结构，同时保持原始高维数据和成对约束的结构不变。

3.4.2 半监督学习的典型方法

早期的半监督学习算法多数是对传统机器学习算法的改进，如对贝叶斯分类器、多层感知机等进行调整，尝试在训练有标注数据的分类器时利用未标注样本提升分类器性能。随着研究的深入，大量新型半监督学习算法不断涌现。例如，混合模型（Mixture Model）尝试通过混合多种分布来拟合数据，利用标注数据和未标注数据共同估计模型参数；自训练（Self-training）方法先利用标注数据训练模型，然后使用该模型对未标注数据进行预测，将预测结果作为伪标签（Pseudo-Label），再将带有伪标签的未标注数据加入训练集，重新训练模型，如此迭代以提升模型性能；图半监督学习利用图论相关技术，将数据点构建成图结构，通过图中节点的连接关系和标注节点信息进行学习。以下是几种常用的半监督学习方法的详细介绍。

（1）生成式半监督模型

这类方法试图建模数据的联合分布，如高斯混合模型（Gaussian Mixture Model，GMM）、期望最大化（Expectation-Maximization，EM）算法、半监督朴素贝叶斯等。生成式方法是通过建模数据的生成过程，将未标记数据与学习目标联系起来。未标记数据的标记可以看作模型的缺失参数，通常使用 EM 算法进行极大似然估计。生成式方法的主要区别在于生成式模型的假设，不同的模型假设将产生不同的方法。

（2）自训练方法

自训练是一种经典的半监督学习方法，旨在利用一个初始模型对未标注数据进行预测，并将高置信度的预测结果作为伪标签，然后将这些伪标签的数据加入到训练集中重新训练模型，通过迭代这一过程来逐步提升模型的性能。

（3）图半监督学习

图半监督学习（Graph-based Semi-Supervised Learning）是一种基于图论的半监督学习方法，它将数据表示为图结构，并利用图上的标签传播来实现半监督学习，使得未标记的数据点能够获得标签信息。

3.4.3 半监督学习的应用场景

半监督学习作为一种结合监督学习和无监督学习优势的机器学习方法，在多个领域展现出其独特的应用价值。尤其在数据有限或数据标记成本高昂的情况下，半监督学习能够有效利用未标记数据提升模型性能。在自然语言处理领域，它被广泛应用于文本分类、情感分析和命名实体识别等任务，通过结合少量有标签文本和大量无标签文本，提高模型的分类准确性和分析能力。在图像识别和计算机视觉领域，半监督学习帮助克服了标记图像数据获取困难的问题，通过利用未标记图像提升了图像分类和目标检测的准确性。此外，半监督学习还在数据聚类、医学图像分析、机器人控制和图像生成等方面发挥着重要作用，为这些领域提供了更高效、更准确的解决方案。

3.5 机器学习的应用案例

在当今数字化时代，机器学习正悄然渗透到人们生活的各个角落，从日常的购物体验到医疗健康、金融投资，再到工业制造等众多领域，其强大的数据处理与预测能力正重塑着世界的运行方式。

3.5.1 数据分析与数据挖掘

数据分析与数据挖掘是机器学习领域中紧密相连且至关重要的应用方向，它们共同致力于从海量、复杂的数据集中提取有价值的信息和知识。数据分析侧重于通过统计分析、可视化等手段对数据进行深入探究，以理解数据的分布、相关性等内在结构；而数据挖掘则更聚焦于运用算法和模型从数据中自动发现隐藏的模式与规律。在实际应用中，两者相辅相成，共同为各行各业提供强大的数据洞察力。

（1）语音识别

语音识别系统通过处理和分析语音信号，将语音转换为文字或命令，这一过程通常包括语音信号的预处理、特征提取、模型训练和识别等步骤，如图 3-12 所示。在预处理阶段，系统会对语音信号进行降噪、增强等操作，以提高语音质量。特征提取则是从处理后的语音信号中提取出关键特征，这些特征能够有效表征语音的本质信息。然后，利用机器学习算法对提取的特征进行模型训练，使模型能够学习到语音数据中的模式和规律。在识别阶段，系统将新的语音信号通过训练好的模型进行解码，得到最可能的文字输出。

图 3-12 语音识别技术流程

机器学习中的语音识别技术已经广泛应用于众多领域，例如，智能手机中的语音助手，用户可以通过语音指令进行搜索、发送消息、设置提醒等操作；在智能家居领域，用户可以通过语音控制设备的开关、调节温度等。此外，语音识别还在医疗领域用于电子病历的语音录入，在车载系统中用于导航、控制等功能，极大地提升了人机交互的便捷性和效率。

（2）用户行为分析

机器学习中的用户行为分析是一种利用数据分析和机器学习算法来检测用户行为模式异常的技术，旨在发现潜在的安全威胁或支持个性化的决策。用户行为分析通过长期收集用户的行为数据，为每个用户构建独一无二的基线行为模型。然后，通过机器学习算法检测实际行为与基线行为的偏差，从而在早期阶段识别潜在的安全威胁或异常行为。

用户行为分析在多个领域都有重要应用。在网络安全领域，用户行为分析用于检测和预防网络攻击、欺诈行为以及数据泄露。例如，通过分析用户的登录时间、访问频率、数据访问模式等，可以识别出异常的访问行为，从而及时采取安全措施。在电子商务领域，用户行为分析用于优化商品推荐和个性化营销策略。通过分析用户的浏览历史、购买行为、收藏偏好等数据，电商平台可以为用户提供更加精准的商品推荐，从而提高用户体验和购买转化率，如图3-13所示。在广告投放领域，通过分析用户的搜索历史、点击行为等数据，可以实现精准广告投放，从而提高广告的效果和投资回报率。此外，用户行为分析还在社交网络、金融风险评估等领域发挥着重要作用，帮助企业和组织更好地理解用户行为，制定相应的策略和措施。

图 3-13 电商用户行为分析

3.5.2 模式识别与智能感知

模式识别与智能感知专注于使机器能够自动检测、识别和理解各种模式及特征。通过机器学习算法，可以从大量数据中学习模式，进而实现对新数据的准确分类、识别和理解，赋予机器类似人类的感知能力。

（1）信息过滤

信息过滤是一种利用算法和模型从大量数据中筛选出有用信息的技术，广泛应用于多个领域。其核心在于通过机器学习算法对数据进行分析和处理，从而实现对信息的自动筛选与分类。信息过滤的主要目标是提高信息检索的效率和准确性，以帮助用户快速获取所需信息。

信息过滤在多个领域有广泛的应用。在文本分类中，通过学习文本特征将文档分类到不同的类别，如新闻、博客、社交媒体等。在垃圾邮件过滤中，通过分析邮件的文本内容、发件人信息、收件人行为等数据，机器学习算法能够自动识别和过滤垃圾邮件。在个性化推荐系统中，通过分析用户的浏览和购买历史，能够为用户提供符合其兴趣偏好的内容推荐。

（2）生物特征识别

生物特征识别是一种基于个体独特的生理或行为特征进行身份认证的技术。这些特征包括指纹、面部、虹膜、静脉、声纹等生理特征，如图3-14所示；以及手写签名、步态、键盘敲击习惯等行为特征。机器学习在生物特征识别中的应用极大地增强了系统的性能和可靠性，通过自动测量和分析这些特征，能够从大量数据中学习特征模式，从而实现对新数据的准确分类和识别。生物特征识别技术具有"人人都有、人各不同、长期不变、安全可靠、方便灵活"等特点，广泛应用于安全、金融、医疗等领域。

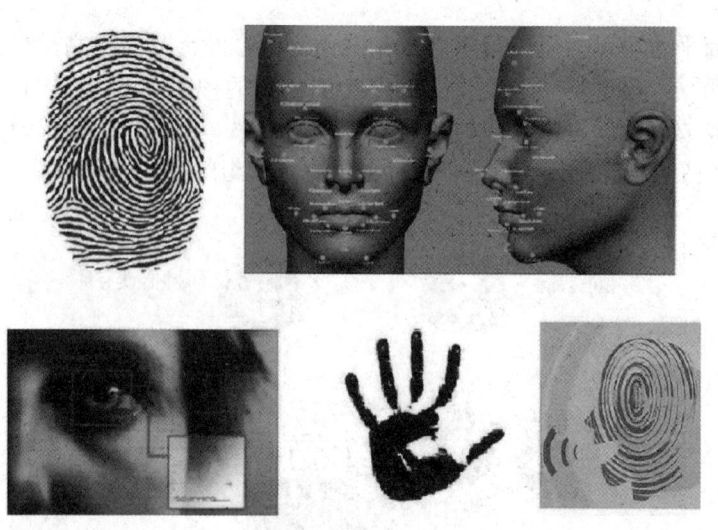

图 3-14　各类生物特征

3.5.3　预测建模与决策支持

预测建模与决策支持是通过构建模型对未来的事件、行为或趋势进行预测，并基于这些预测结果辅助决策者做出更明智的选择。预测建模利用历史数据来训练模型，使模型能够学习到数据中的模式和规律，进而对未知数据进行预测。决策支持则将预测结果转化为实际的决策建议或行动方案。随着数据量的增加和技术的进步，预测建模与决策支持在准确性、实时性及可解释性方面也在不断提升，为各行各业的发展提供了强大的动力。

（1）交通预测

机器学习在交通预测中的应用极大地提升了交通管理的智能化和效率。交通预测主要依赖对历史交通数据的分析，通过机器学习模型对未来不同时间段、不同路段的交通状况进行预测，从而为交通管理部门提供决策支持。机器学习模型能够处理和分析大规模的交通数据，包括车流量、车速、路况等信息，以揭示交通模式并预测未来的交通状况。交通预测在智能交通系统中具有关键作用，能够帮助缓解交通拥堵、优化交通信号控制以及提高道路使用效率，并为城市规划提供数据支持。

（2）企业销售预测与库存管理

机器学习在企业销售预测与库存管理中的应用，能够帮助企业更精准地把握市场需求、优化库存水平，从而提升运营效率和竞争力。销售预测是企业制订生产、采购和销售计划的基础，传统的预测方法往往依赖于经验和简单的统计模型，难以应对市场波动以及复杂的数据关系。而机器学习通过构建复杂的非线性模型，能够从海量的历史销售数据中挖掘出潜在的模式和趋势，并考虑多种影响因素，如季节性、促销活动、宏观经济指标等，从而提供更准确的销售预测。企业可以根据预测结果提前调整库存，避免缺货或积压，以确保供应链的顺畅运作。在库存管理方面，机器学习可以结合销售预测与库存成本模型，动态优化库存补货策略，确定最佳的补货点和补货量，降低库存成本的同时提高服务水平，智慧库存管理如图 3-15 所示。

图 3-15　智慧库存管理

本章小结

机器学习正处于快速发展阶段，未来它将在更多领域发挥关键作用。随着数据量的不断增加、计算能力的提升以及算法的不断创新，机器学习将变得更加智能和高效。通过本章的学习，不仅掌握了机器学习的基本知识和技能，还对其在实际应用中的价值与未来发展方向有了清晰的认识。希望读者能够将所学知识应用到实践中，积极探索机器学习的更多可能性。

【习题】

一、选择题

1．机器学习主要研究如何让计算机模拟或实现人类的什么行为？（　　）
　　A．学习行为　　　　　　　　B．运动行为
　　C．语言行为　　　　　　　　D．视觉行为
2．以下哪项不属于机器学习的主要任务？（　　）
　　A．分类　　　B．回归　　　C．聚类　　　　　D．编程
3．（　　）是机器学习的一个重要分支，其灵感来源于人类大脑的神经元结构和工作方式。
　　A．决策树　　　　　　　　　B．支持向量机
　　C．神经网络　　　　　　　　D．贝叶斯网络
4．机器学习中的（　　）是一种基于树结构的模型，通过一系列的决策规则来对数据进行分类或回归。
　　A．决策树　　　　　　　　　B．支持向量机
　　C．神经网络　　　　　　　　D．贝叶斯网络
5．下列哪个算法属于半监督学习？（　　）
　　A．K-means 聚类　　　　　　B．主成分分析

C. 自训练算法　　　　　D. 线性回归

二、判断题

1. 机器学习中的监督学习是一种从数据中自动寻找模式和规律的方法，不需要人为干预。（　　）

2. 随机森林是一种集成学习方法，它由多个决策树组成。（　　）

3. 半监督学习结合有标签数据和无标签数据进行学习，它位于监督学习和无监督学习之间。（　　）

4. 利用大量有标签数据进行图像分类是半监督学习的典型应用场景。（　　）

5. 在机器学习中，主成分分析属于降维算法。（　　）

三、填空题

1. 机器学习按照学习方式来分，主要分为_____、_____、_____和_____。

2. 监督学习的主要类型是_____和_____。

3. 在监督学习中，训练数据包括输入特征和_____。

4. 在无监督学习中，常见的任务包括聚类、降维和_____。

5. 半监督学习是一种结合_____和_____的学习方法，它能够同时利用有标签数据和无标签数据进行学习。

四、简答题

1. 简述机器学习的分类以及不同类型的特点。

2. 决策树与随机森林有什么联系？

3. 监督学习和无监督学习的区别是什么？

4. 简述 K-means 聚类算法的流程。

5. 举例说明半监督学习的应用场景。

第4章
深度学习——模拟大脑的学习过程

当一个两岁的孩子第一次看到一只猫，他可能会指着猫说："这是什么？"父母告诉他："这是猫。"孩子点点头，似乎明白了。几天后，当孩子看到另一只猫时，他兴奋地喊道："猫！"即使这只猫的颜色、体型和姿势与之前看到的完全不同，孩子依然能够准确地识别出来。这是由于人脑的神经网络对猫的特征进行了提取并进行判断。深度学习正是通过模拟人脑神经网络，成为解决复杂问题的强大工具。从图像识别到自然语言处理，从自动驾驶到医疗诊断，深度学习正在改变我们的世界。

本章目标
- 理解深度学习的基本概念：理解深度学习的定义、深度学习与机器学习和人工智能的关系，以及深度学习的核心思想和优势。
- 掌握深度学习的基本架构：熟悉多层神经网络的基本结构，以及输入层、隐藏层和输出层的作用。掌握卷积神经网络、循环神经网络等模型的基本原理和适用场景。
- 掌握深度学习的关键技术：包括激活函数、损失函数、优化算法、正则化方法等。

4.1 深度学习概述

深度学习是机器学习的一个重要分支。它不仅推动人工智能技术的飞速发展，还在众多领域取得了突破性的成就，深刻地改变了人们的生活和工作方式。那么，深度学习究竟是什么？它与传统机器学习有何不同？它为何能够如此强大？本节将走进深度学习的世界，揭开它的神秘面纱，并探索其背后的奥秘。

微视频 4.1.1
深度学习的定义

4.1.1 深度学习的定义

人识别猫的能力看似简单，却蕴含着人类大脑的惊人智慧。例如，孩子的大脑并没有记住每一只猫的具体细节，而是通过观察和学习，提取了"猫"这一概念的核心特征：尖尖的耳朵、长长的尾巴、柔软的毛发等。更重要的是，孩子的大脑能够通过这些特征，从复杂的视觉信息中快速判断出猫的存在，如图 4-1 所示。

现在，将视角转向机器。如图 4-2 所示，如果让一台计算机完成同样的任务——从一张图片中识别出猫，会发生什么？传统计算机程序需要程序员手动定义规则，例如，如果图片中有尖耳朵和长尾巴，那么可能是猫。然而，这种方法在面对复杂场景时往往失效：猫可能藏在阴影中，可能侧卧，甚至可能只露出一半身体。

人工智能通识教程

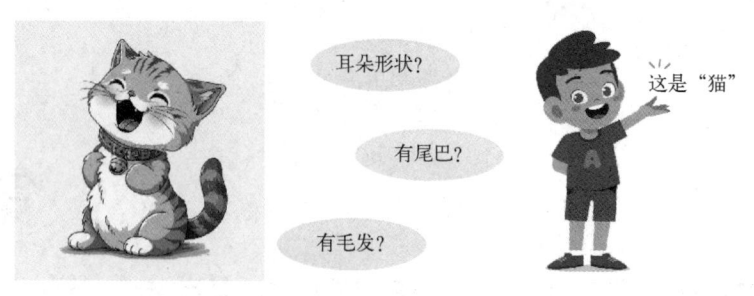

图 4-1 人类如何判断猫的存在

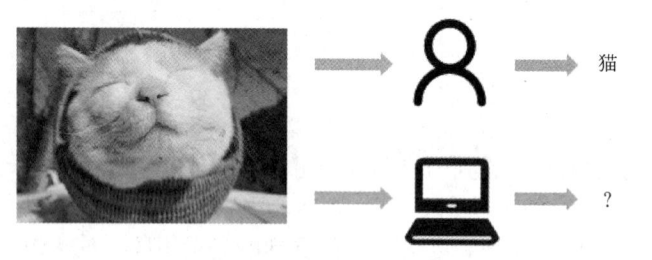

图 4-2 复杂场景猫的判断

直到深度学习的出现，这一切才发生了改变。2012 年，谷歌的研究团队通过一个名为"Google Brain"的深度学习模型，成功地从 1000 万张随机图片中学会了识别猫。这个模型并没有被明确地"告诉"猫的特征，而是通过模拟人脑神经网络的结构，自动从海量数据中学习到了猫的特征。它像一个孩子一样，通过观察和学习，逐渐掌握了"猫"的概念。

深度学习的核心在于，它能够模仿人脑神经网络的分层结构：从简单的特征（如边缘和纹理）到复杂的特征（如整体形状和姿态），逐层提取信息。这种分层学习的能力，使得深度学习模型能够处理复杂的视觉、语音和文本任务，甚至在某些领域超越了人类的表现。

深度学习（Deep Learning）特指基于深层神经网络模型和方法的机器学习。它是在机器学习、人工神经网络等算法模型的基础上，结合当代大数据和大算力的发展而生的。深度学习是一个跨学科的技术领域，涉及数据科学、统计学、工程科学、人工智能和神经生物学，是机器学习的一个重要分支，如图 4-3 所示。其核心是通过构建包含多层非线性变换的人工神经网络，实现对数据层次化特征的自动学习。

与传统机器学习依赖于人工设计特征（如手动提取图像边缘或文本关键词）不同，深度学习通过堆叠卷积层、循环层、注意力机制等组件，从原始数据（如图像像素、文本序列、语音信号）中逐层抽象出从低层特征（如边缘、音素）到高层语义（如物体类别、语句含义）的表征。这种层次化特征学习机制使得深度学习能够自动捕捉数据的复杂模式，尤其适用于高维、非线性数据的建模。典型的深度学习模型包括卷积神经网络（Convolutional Neural Network，CNN）、循环神经网络（Recurrent Neural Network，RNN）等，其本质是通过梯度下降优化网络参数，以最小化预测值与真实值的差异，从而实现监督学习、无监督学习或强化学习任务。目前看来，深度学习是解决强人工智能这一重大科技问题的最具潜力的技术途径，也是当前计算机、大数据科学和人工智能领域的研究热点。

图 4-3　人工智能、机器学习、深度学习的关系

4.1.2　深度学习的发展历史

深度学习的历史发展可以追溯到 20 世纪 40 年代，心理学家 McCulloch 和数理逻辑学家 Pitts 提出了神经元的数学模型——MP（McCulloch-Pitts）模型，为后来的神经网络研究工作提供了依据。1958 年，Rosenblatt 教授提出了感知器模型，它在 MP 模型的基础上增加了学习功能，但受限于只能解决线性可分问题，因此其研究陷入停滞。

20 世纪 80 年代，计算机技术的飞速发展使得计算能力有了质的飞跃。1986 年，Rumelhart 等人在 Nature 上发表文章，提出了一种按误差逆向传播算法训练的多层前馈网络——反向传播（Back Propagation，BP）网络，有效地解决了非线性分类和学习的问题，引领了神经网络研究的第二次高潮。然而，由于 BP 算法的梯度消失问题、支持向量机（SVM）的兴起以及硬件资源限制等多方面原因，神经网络领域在 20 世纪 90 年代初至 21 世纪初经历了"第二个黑暗时代"。

2006 年，Geoffrey Hinton 提出深度信念网络，其使用无监督的方式逐层预训练，再通过有监督的反向传播算法进行调优，来解决误差反向传播的梯度消失问题。2012 年，Geoffrey Hinton 团队使用 AlexNet 一举夺得 ImageNet 图像识别大赛的冠军，其识别率显著超越以往算法的识别率，获得了极大关注。而此时计算机硬件水平相较以前有了明显改善，特别是采用图像处理器（GPU）极大地提高了运算能力，使得深度学习再次活跃起来，并迅速促进了各个领域的发展。

近年来，Transformer 架构的提出堪称深度学习领域一项具有里程碑意义的重大创新。它凭借自注意力机制成功替代了传统的循环神经网络（RNN）结构，实现了对序列数据的并行处理，这一变革性的突破极大地提升了训练效率。在自然语言处理任务中，Transformer 架构大放异彩，以谷歌的 BERT（Bidirectional Encoder Representation from Transformers）模型和 OpenAI 的 GPT（Generative Pre-trained Transformer）系列模型为例，它们通过对大规模文本的无监督预训练，能够深度理解文本中的语义和语法信息，在文本分类、情感分析、问答系统等众多自然语言处理任务中展现出卓越的性能。

4.1.3 深度学习的优势

深度学习的核心优势源于其数据驱动的特征学习能力,具体体现在以下三个方面。

1)自动特征工程:传统机器学习需要依赖领域专家设计特征,耗时且易受主观偏差影响;深度学习通过端到端训练,能够自动从数据中学习判别性特征。例如,在医学影像诊断中,CNN 可自主识别肿瘤的纹理、形状等关键特征,避免了人工标注的局限性。

2)处理复杂数据关系:能够建模数据的非线性关系与长距离依赖,如 RNN 的变种 LSTM(Long Short-Term Memory)可捕捉文本序列中的语义依赖,Transformer 的自注意力机制可动态计算不同位置的语义关联,这使得深度学习在自然语言处理(如机器翻译)和视频分析(如动作识别)中超越了传统方法。

3)强泛化能力:随着数据量的增加,深度学习模型的性能呈指数级提升。例如,在 ImageNet 图像分类任务中,深度 CNN 的准确率从 2012 年的 85%提升至 2018 年的 98%,而传统方法在相同数据规模下的性能提升有限。

这些优势使得深度学习在计算机视觉、语音识别、生物信息学等领域实现突破性应用。尽管面临模型可解释性差、计算资源需求高等挑战,深度学习仍是当前人工智能技术发展的核心驱动力,其自动化特征学习范式正在重塑各学科的研究方法与产业应用模式。

4.2 神经网络的基本原理与结构

深度学习的核心在于神经网络,这种模拟人脑神经元连接的计算模型,通过分层结构和复杂的数学运算,给机器赋予了学习与推理的能力。神经网络的强大之处在于它能够从海量数据中提取特征、发现模式,并通过不断优化自身的参数来提高任务性能。从图像识别到自然语言处理,从自动驾驶到医疗诊断,神经网络已经成为现代人工智能的基石。本节将从神经网络的基本单元——神经元入手,逐步探索神经网络的奥秘。

4.2.1 神经元模型与激活函数

微视频 4.2.1
神经元模型与激活函数介绍

神经元模型与激活函数是神经网络的两大核心组成部分,它们共同决定了神经网络如何处理和传递信息。神经元模型模拟了生物神经元的基本功能,通过接收输入信号、加权求和并输出结果,构成了神经网络的基本单元。而激活函数则是神经元模型中的关键环节,它决定了神经元的输出是否被激活,从而影响整个网络的学习能力和表达能力。

(1)神经元模型

神经元模型是神经网络的基石,它模拟了生物神经系统中神经元的工作方式。在生物大脑里,神经元接收来自其他神经元的电信号,当这些输入信号的总和达到一定阈值时,神经元就会被激活并向其他神经元传递信号,如图 4-4 所示。人工神经网络中的神经元与之类似,它接收多个输入信号,且每个输入都被赋予一个权重值,权重代表了该输入的重要程度。例如,在一个预测明天是否适合外出游玩的模型中,输入信号可能包括明天的天气预报(如气温、降水概率)、当天的工作安排(是否繁忙)以及个人的兴趣偏好(是否喜欢户外活动)等,不同的输入对最终决策的影响程度不同,这些影响程度就是通过权重来体现的。

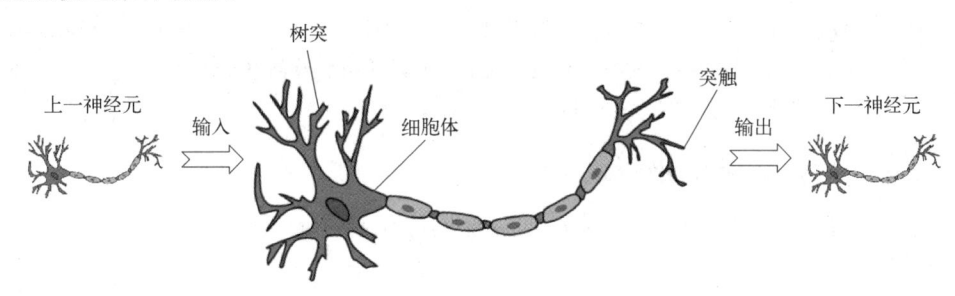

图 4-4　生物大脑神经元

神经网络中的神经元模型如图 4-5 所示，神经元将所有输入信号与对应的权重相乘后累加，再加上一个偏置值（可以理解为一个固定的调节参数），可以得到一个综合输入值。这个综合输入值并不会直接作为输出，而是需要经过激活函数的处理。激活函数在神经元中起着关键作用，它引入了非线性因素，使得神经网络能够学习和处理复杂的非线性关系。如果没有激活函数，神经网络就只是一个简单的线性模型，其表达能力会受到极大的限制，只能处理线性可分的问题。

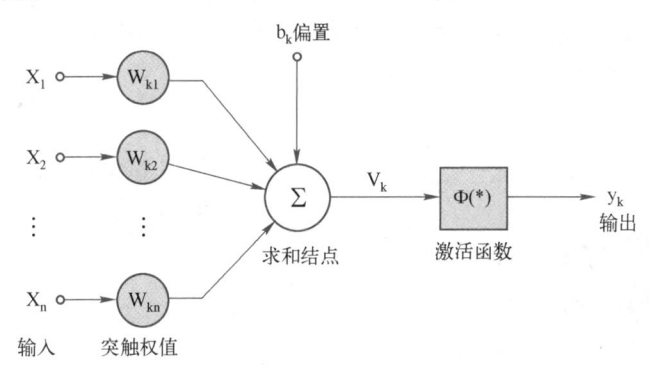

图 4-5　神经网络中的神经元模型

（2）激活函数

常见的激活函数包括 Sigmoid 函数、ReLU（Rectified Linear Unit）函数和 Tanh（Hyperbolic Tangent Function）函数，它们各自适用于不同的场景，如概率问题、图像处理和语音识别等。

1）Sigmoid 函数，它的输出值在 0～1 之间，形状像一个平滑的 "S" 形曲线。其在早期的神经网络中应用较为广泛，例如，在逻辑回归问题中，它可以将输出值映射到概率空间，用于判断某个事件发生的可能性。但 Sigmoid 函数存在梯度消失问题，在深层神经网络中，随着反向传播过程中梯度不断向后传递，经过多个 Sigmoid 函数的作用后，梯度会变得越来越小，导致网络难以训练。

2）ReLU 函数近年来应用极为广泛，简单来说，当输入值大于 0 时，输出就是输入值本身；当输入值小于等于 0 时，输出为 0。ReLU 函数计算简单，能够有效缓解梯度消失问题，并且在训练过程中可以使部分神经元稀疏化，以减少参数之间的相互依赖，提高模型的泛化能力。不过，ReLU 函数也存在 "死亡 ReLU" 问题，即当输入值持续为负时，神经元可能会一直处于未激活状态，不再对网络的训练产生贡献。

3）Tanh 函数，即双曲正切函数，它的输出值范围在-1～1 之间，形状与 Sigmoid 函数类似，但它是关于原点对称的。相比于 Sigmoid 函数，Tanh 函数在一定程度上缓解了梯度消失问题，在一些需要处理正负值的场景中表现较好。

4.2.2 前馈神经网络与反向传播算法

前馈神经网络是一种信息单向流动的神经网络结构，而反向传播算法是用于训练前馈神经网络的核心方法。

（1）前馈神经网络

前馈神经网络（Feedforward Neural Network，FNN）是最基础的神经网络结构，由输入层、隐藏层和输出层组成。数据从输入层进入网络，并沿着一个方向逐层向前传播，经过隐藏层的一系列处理后，最终在输出层得到预测结果，整个过程中没有反馈回路。输入层负责接收外部数据，然后将这些数据传递到隐藏层。隐藏层可以有一层或多层，每一层都包含多个神经元，神经元之间通过权重连接。隐藏层的神经元对输入数据进行加权求和，并经过激活函数处理，将处理后的结果传递到下一层。输出层则根据隐藏层传递过来的信息，产生最终的输出结果。例如，在一个简单的手写数字识别任务中，输入层接收数字化后的手写数字图像数据，隐藏层对图像的特征进行提取和组合，输出层则输出识别结果，即判断该图像代表的数字是 0～9 中的哪一个，如图 4-6 所示。

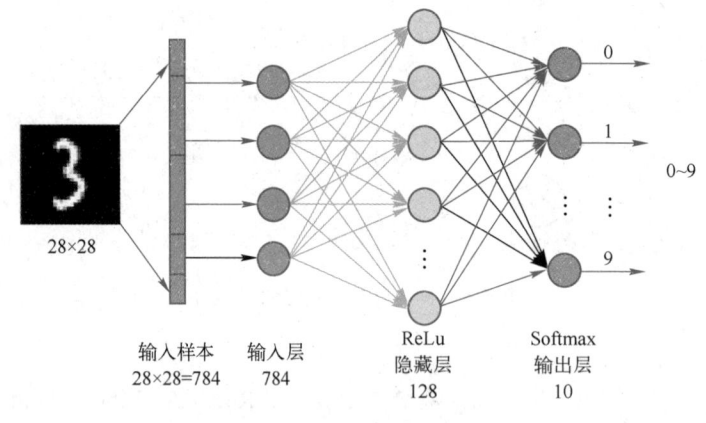

图 4-6 手写数字识别

（2）反向传播算法

前馈神经网络的训练过程依赖于反向传播算法。在训练过程中，需要一个损失函数来衡量模型预测结果与真实结果之间的差异。当模型输出的预测结果与真实结果存在差异时，这个差异可以通过损失函数计算得到一个误差值。反向传播算法的核心思想是从输出层开始，将误差逐层反向传播到前面的隐藏层和输入层。

在训练过程中，网络会经历多个迭代周期（Epoch），每个周期包括前向传播和反向传播两个步骤。前向传播是将输入数据通过网络进行传递，最终得到预测结果；反向传播则是根据预测结果与真实结果之间的误差，调整网络的权重。通过不断重复这个过程，网络将逐渐学会如何更好地处理输入数据，从而提高预测的准确性，反向传播修正权值如图 4-7 所示。

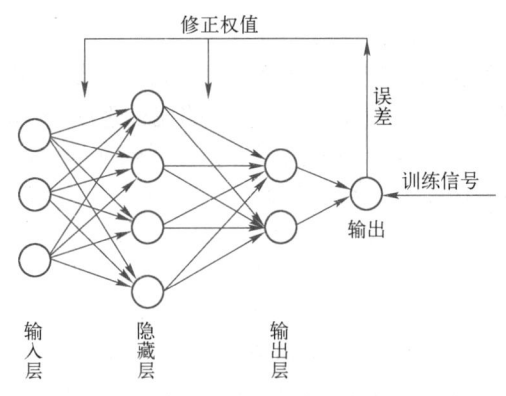

图 4-7　反向传播修正权值

前馈神经网络与反向传播算法的结合，使得神经网络能够从数据中自动学习复杂的模式和关系。这种学习能力是深度学习的核心，也是神经网络在图像识别、语音识别、自然语言处理等领域取得巨大成功的关键所在。

4.2.3　卷积神经网络与循环神经网络

在深度学习领域，卷积神经网络（CNN）和循环神经网络（RNN）是两种非常重要的神经网络架构，它们在处理不同类型的数据和任务方面具有独特的优势。

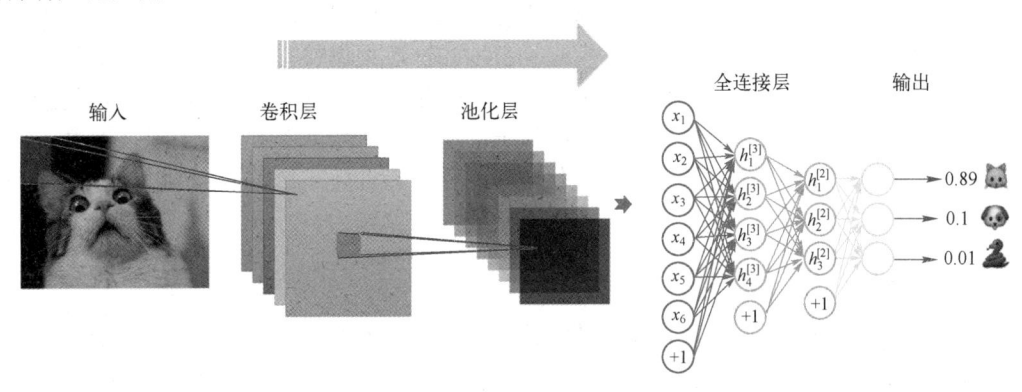

（1）卷积神经网络

卷积神经网络（CNN）在处理图像、视频等具有空间结构的数据方面表现卓越。它的核心组件包括卷积层、池化层和全连接层，如图 4-8 所示。卷积层通过卷积核在输入数据上滑动进行卷积操作，卷积核可以看作是一个小的权重矩阵，它的作用是在输入数据上提取局部特征。例如，在处理图像时，不同的卷积核可以提取图像中的边缘、纹理等不同特征。卷积操作不仅极大地减少了参数数量，降低了计算量，还能有效利用数据的局部相关性。池化层通常接在卷积层之后，常见的池化方式有最大池化和平均池化。最大池化是在一个局部区域内取最大值作为输出，平均池化则是取平均值。池化层的作用是对特征图进行下采样，在减少数据量的同时保留主要特征，以降低模型对位置的敏感性。经过多个卷积层和池化层的处理后，最后通过全连接层将提取到的特征进行整合，并输出最终的预测结果。CNN 在图像识别任务中取得了巨大成功，如在识别猫、狗等动物图像，以及医学图像中的疾病诊断等方面都有广泛应用。

图 4-8　卷积神经网络

（2）循环神经网络

循环神经网络（RNN）擅长处理具有序列特征的数据，如自然语言、时间序列数据等。与前馈神经网络不同，RNN 具有记忆功能，它能够在处理序列中的每个元素时，考虑到之前元素的信息。在 RNN 中，神经元的输出不仅会传递到下一层神经元，还会反馈到自身，形成一个循环连接。这种结构使得 RNN 可以对序列中的上下文信息进行建模。例如，在自然语言处理的句子翻译任务中，在翻译当前单词时，需要考虑前面已经翻译过的单词的含义，RNN 就能够利用这种上下文信息来提高翻译的准确性。

RNN 的输入和输出长度是可变的，包括一对一、一对多、多对一以及多对多，如图 4-9 所示。机器翻译时原始文本序列被馈送到 RNN，然后 RNN 生成翻译后的文本作为输出就是"多对多"进行的。而情绪分析通常使用的是"多对一"的 RNN 进行，将想要分析的文本输入到 RNN 中，然后产生一个单一的输出分类。

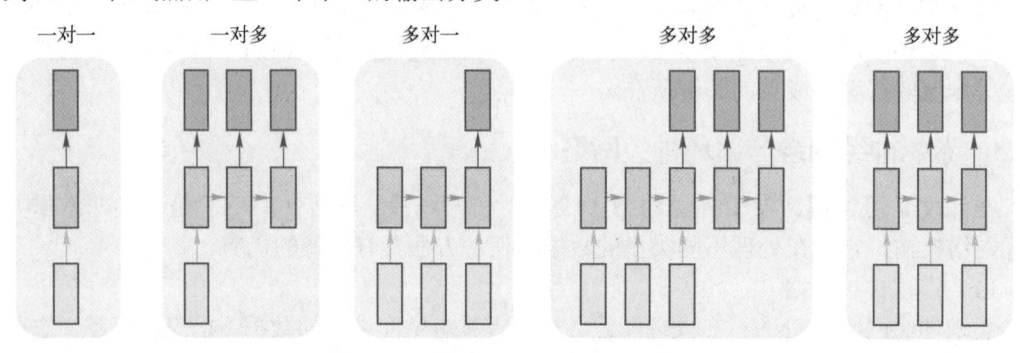

图 4-9 循环神经网络的输入与输出

然而，传统的 RNN 存在长期依赖问题。对于较长的序列，其在反向传播过程中梯度容易消失或爆炸，导致难以学习到长距离的依赖关系。为了解决这个问题，出现了长短期记忆网络（LSTM）和门控循环单元（Gate Recurrent Unit, GRU）等变体。LSTM 通过引入输入门、遗忘门和输出门，能够更好地控制信息的流入与流出，从而选择性地记忆和遗忘长期信息。GRU 则是对 LSTM 的简化，同样有效地解决了长期依赖问题，在语音识别、文本生成、时间序列预测等领域得到了广泛应用。

微视频 4.3
深度学习的训练与优化

4.3 深度学习的训练与优化

在深度学习中，模型的训练与优化是实现高效学习和准确预测的关键环节。深度学习模型，尤其是复杂的神经网络，需要通过大量的数据和计算来调整其内部参数，从而最小化预测误差并提高泛化能力。这一过程不仅涉及如何衡量模型的性能（损失函数），还包括如何通过优化算法高效地调整模型参数，以及如何防止模型在训练过程中出现过拟合现象。

本节将深入探讨深度学习的训练与优化过程，从而为构建高效、准确的深度学习模型奠定坚实的基础。

4.3.1 损失函数与优化算法

在深度学习的训练过程中，损失函数与优化算法发挥着极为关键的作用，是提升模型性能的重要基石。

(1) 损失函数

损失函数是衡量模型预测值与真实值之间差异的标准。简单来说，它告诉模型"我离目标有多远"。例如，构建一个预测明日气温的模型，模型给出的预测温度和实际测量的温度之间的差距，就可以通过损失函数来量化。损失函数的数值越小，意味着模型预测越接近真实情况，其性能也就越好。

不同的任务需要适配不同类型的损失函数。在回归问题中，比如预测房价、股票价格走势这类连续数值的场景，均方误差损失函数较为常用。它通过计算预测值与真实值之间差值的平方的平均值，来精准衡量预测偏离的程度。想象一下，若多个房屋的预测价格与实际成交价格的差值平方的平均值很小，那就表明模型对房价的预测较为准确。

而在分类问题中，像判断邮件是否为垃圾邮件、图片中的物体属于哪一类等场景，交叉熵损失函数则是不二之选。它能有效反映模型预测的概率分布与真实类别概率分布之间的差异。以判断邮件是否为垃圾邮件为例，模型会输出邮件属于垃圾邮件的概率，交叉熵损失函数会将这个预测概率与邮件实际的类别（是否为垃圾邮件）进行对比，从而评估模型预测的准确性。

(2) 优化算法

优化算法的作用是巧妙调整模型的参数，让损失函数的值不断降低，促使模型逐渐趋近于最优解。简单来说，它告诉模型"我该如何改进"。梯度下降算法是优化算法中的基础且经典之作，它的原理类似于在山坡上寻找最低点，通过不断朝着坡度最陡（也就是函数梯度最大）的反方向移动一小步，逐渐靠近最低点，如图4-10所示。在模型训练中，就是依据损失函数关于模型参数的梯度，朝着使损失函数减小的方向更新参数。

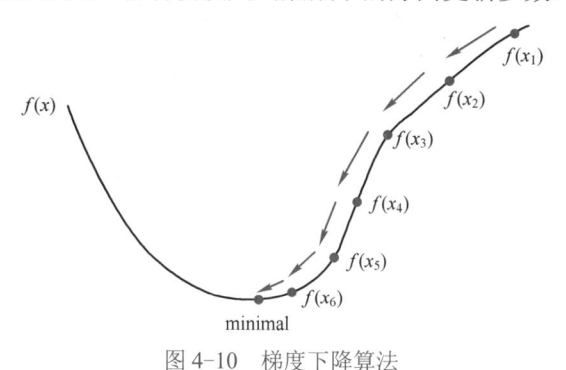

图 4-10　梯度下降算法

4.3.2　正则化与防止过拟合

在深度学习模型的训练进程中，过拟合是一个常见且棘手的问题。过拟合现象的发生如图 4-11 所示，过拟合现象表现为模型在训练数据上表现得近乎完美，能够精准预测训练数据中的结果，但在全新的、未参与训练的数据（测试数据）上，预测效果却一落千丈，模型的泛化能力严重不足。这主要是因为模型过度复杂，不仅学习到数据中的有用规律，还学习了训练数据中的噪声以及一些仅适用于特定训练样本、不具备普遍代表性的特征。

正则化是应对过拟合的有效手段，它通过对模型的复杂度加以约束，让模型更加简洁，能够增强其泛化能力。

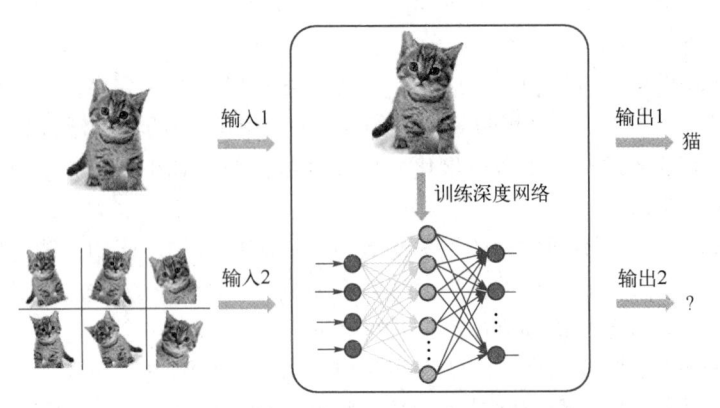

图 4-11　过拟合现象的发生

  L1 正则化和 L2 正则化是两种常用的正则化方式。L1 正则化是在损失函数中添加所有参数的绝对值之和作为正则化项。这一操作的显著特点是，它会促使部分参数变为 0，就像给模型做了一次"精简"，去除那些对模型影响不大的参数，从而实现了特征选择，简化了模型结构。
  L2 正则化是在损失函数中加入所有参数的平方和作为正则化项。它能让参数值整体变小，避免参数过大导致模型过于复杂。通过这种对参数的约束，使得模型变得更加平滑，并且对训练数据中的噪声不再那么敏感，从而有效提升了泛化能力。
  Dropout 也是防止过拟合的有效方法。在训练过程中，它会以一定概率随机"丢弃"一部分神经元。形象地说，它就好像在训练时每次都临时"关闭"一些神经元，使模型不再过度依赖某些特定神经元。
  数据增强在防止过拟合方面也效果显著，尤其在图像数据领域应用广泛。对于图像数据，数据增强通过对原始图像实施一系列变换，如旋转、翻转、缩放、裁剪、添加噪声等，生成全新的图像样本。例如，在训练一个识别猫、狗等动物的图像分类模型时，对原始的动物图像数据集进行数据增强，进行随机旋转一定角度、水平或垂直翻转、按比例缩放等操作，就能创造出大量新的图像。这不仅扩充了训练数据的数量，还能让模型学习到图像在不同变换下的特征，极大地提高了模型对各种情况的适应能力，有效减少了过拟合现象。

4.3.3　超参数调优与模型评估

  （1）超参数调优
  在深度学习中，超参数的合理选择对模型的性能有着至关重要的影响。超参数不同于模型通过训练数据学习得到的参数，它们是在训练过程开始之前设置的。超参数调优的过程就像是为模型找到最适合的"配方"，使它能够在数据上表现出色。超参数的选择直接影响模型的学习效果和泛化能力，一些常见的超参数及其含义如下。
  1）学习率（Learning Rate）：控制模型在每次迭代中更新权重的步长，也就是模型参数的调整程度。
  2）批次大小（Batch Size）：每次训练时使用的样本数量。
  3）迭代周期（Epoch）：模型需要学习整个数据集的次数。
  超参数调优的方法多种多样，常见的有网格搜索和随机搜索。网格搜索通过穷举预设的超参数组合，找到使模型性能最优的组合；随机搜索则在预设的超参数范围内随机选取组合进行尝试，这种方法在高维超参数空间中往往更高效。此外，还有更高级的方法如贝叶斯优化，它通过构建超参数与模型性能之间的概率模型，智能地选择最有潜力的超参数组合进行尝试，从而更快地找到接近最优的超参数。

（2）模型评估

模型评估是衡量深度学习模型性能的关键环节，不同的任务有着不同的常用评估指标。在分类任务中，准确率是最基础的评估指标，它表示分类正确的样本数在总样本数中所占的比例。然而，当样本类别不均衡时，准确率可能无法准确反映模型的真实性能。例如，在一个疾病诊断模型中，健康样本数量远多于患病样本数量，如果模型将所有样本都预测为健康，此时准确率可能很高，但显然这不是一个理想的模型。在这种情况下，召回率和 F1 值等指标更为重要。召回率是指预测为正类且实际为正类的样本数占实际正类总样本数的比例；F1 值则是精确率与召回率的调和平均数，综合考量了模型在正类样本上的性能表现。

4.4 深度学习的应用案例

深度学习作为一种前沿的人工智能技术，已经在多个领域展现出其强大的应用潜力和广泛的实际价值。从信息处理到智能决策，深度学习技术的广泛应用正在推动各行各业的创新与发展。

4.4.1 虚拟个人助理

虚拟个人助理是深度学习技术在自然语言处理和语音识别领域的重要应用之一。通过深度学习模型，虚拟个人助理能够理解用户的语音指令，并执行相应的任务，如设置提醒、播放音乐、查询天气等。该技术的核心在于语音识别、自然语言理解和对话生成。

虚拟个人助理的语音识别功能依赖于深度学习模型，如循环神经网络（RNN）和卷积神经网络（CNN），这些模型能够学习语音信号的特征，并将其映射到相应的文本。自然语言理解则通过深度学习模型（如 Transformer）捕捉文本中的长距离依赖关系，从而理解文本的上下文信息。对话生成则利用生成对抗网络（GAN）等模型，学习对话的语义和风格，以生成符合语境的文本回复。

以苹果的 Siri（见图 4-12）为例，Siri 诞生于 2007 年，2010 年被苹果收购，其最初以提供文字聊天服务为主，随后通过与全球最大的语音识别厂商 Nuance 合作，实现了语音识别功能。Siri 的语音合成系统通过预测特征值的分布来优化语音生成的质量，这种技术使得其语音更加自然、流畅，并能够更好地表达个性和情感。

图 4-12 苹果语音助手 Siri

亚马逊的 Alexa 也通过深度学习技术实现了语音识别和语句合成。其核心技术包括分布式深度学习训练，可以用于处理大规模数据，并优化语音识别的准确性和效率。

虚拟个人助理的广泛应用不仅提升了用户体验，还推动了智能家居、个人助理和客服机器人（见图4-13）等领域的智能化发展。随着深度学习技术的不断进步，虚拟个人助理将在更多场景中提供更加个性化和高效的服务。

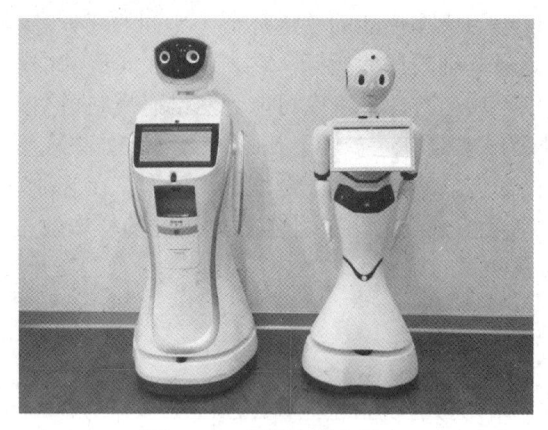

图4-13　智能客服机器人

4.4.2　医学诊断

深度学习在医学诊断中的应用正在迅速改变医疗行业的面貌。通过自动化的特征提取与模式识别，深度学习技术显著提高了诊断的准确性和效率，为医生提供了强大的辅助工具。

在医学影像分析中，深度学习模型能够自动识别病灶特征，如肺结节、乳腺癌病灶的定位和分级。这些模型通过学习大量的医学影像数据，能够捕捉到微小的病变，部分系统的检出率已超过90%。深度学习医学影像分析如图4-14所示。2025年，深圳市人民医院病理科与清华大学深圳国际研究生院联合研发的"AI+智能病理"系统正式应用于临床。该系统通过深度学习技术，可在1min30s内完成病理切片扫描，对肺非小细胞低分化癌的鉴别准确率达97%。此外，深度学习在脑肿瘤分割、眼科疾病筛查、心脑血管病变识别等方面也展现出卓越的性能。例如，基于U-Net和深度卷积神经网络（CNN）的模型能够准确分割脑部肿瘤区域，并提取肿瘤的大小和形态信息，从而辅助医生进行早期诊断。

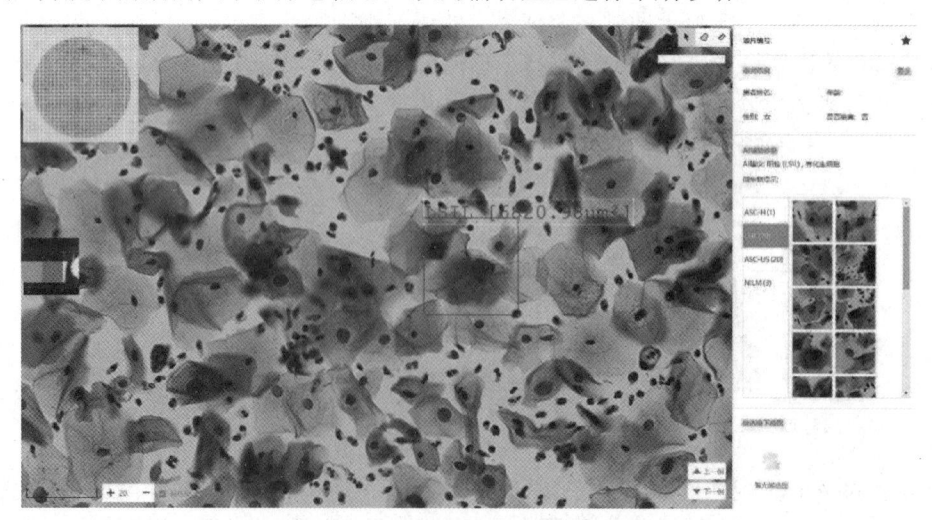

图4-14　深度学习医学影像分析

深度学习还通过多模态数据融合技术，将医学影像与患者的临床信息相结合，提供更全面的诊断支持。这种融合不仅提高了诊断的准确性，还为复杂病例的分析提供了新的视角。

此外，深度学习技术在实时诊断和远程医疗中的应用潜力巨大，如图4-15所示。通过构建实时诊断系统，医生可以在患者接受检查的同时获得初步诊断结果，从而缩短患者的等待时间并及时制定治疗方案。

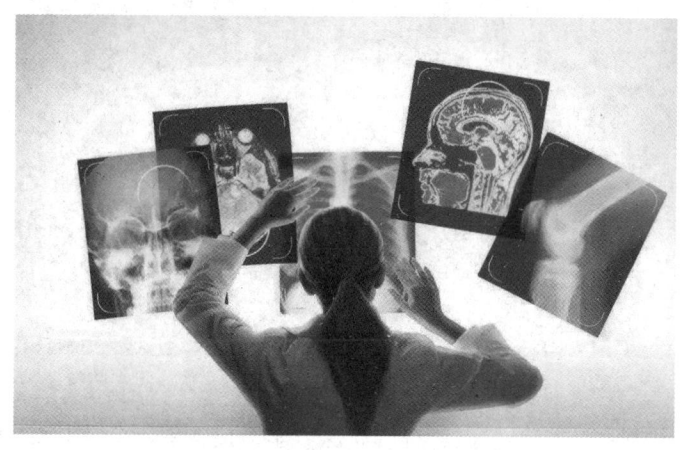

图4-15 深度学习辅助远程医疗诊断

深度学习在医学诊断中的应用正在推动医疗行业的智能化转型，为提高诊断效率和患者护理质量提供了强有力的支持。

4.4.3 人脸识别与身份验证

人脸识别与身份验证是深度学习技术在安全和身份识别领域的重要应用。通过深度学习模型，尤其是卷积神经网络（CNN），人脸识别技术能够高效地提取人脸特征，并进行身份验证，广泛应用于安防、支付、门禁系统等多个领域。

人脸识别技术的核心在于通过深度学习模型对人脸图像进行特征提取和分类，如图4-16所示。CNN能够自动学习人脸图像中的关键特征，如面部轮廓、眼睛、鼻子、嘴巴等，从而实现高效的人脸识别。这些模型通过大量的训练数据进行学习，能够适应不同的光照条件、角度和表情变化。

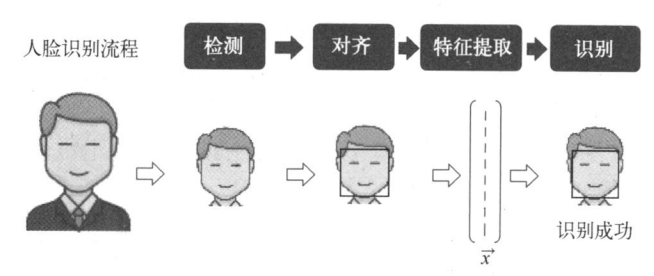

图4-16 人脸识别技术

在安防监控领域，人脸识别技术广泛应用于公共场所的监控系统中，用于识别和追踪特定人员，以提高公共安全。例如，在机场、火车站等人流密集的场所，人脸识别系统可以快速识别可疑人员，从而及时采取措施。在支付验证领域，人脸识别技术用于身份验证，以确保交易的安全性。例如，许多银行和支付平台采用人脸识别技术进行用户身份验证，防止欺诈行为。此外，企业和机构使用人脸识别技术作为门禁系统的一部分（见图4-17），确保只有授权人员才能进入特定区域，这种技术不仅提高了安全性，还减少了传统门禁卡或钥匙的使用。2014年，香港中文大学汤晓鸥团队研发的DeepID深度学习模型在LFW基准测试中取得99.15%的准确率，超越了人眼识别能力（97.52%）。

图4-17 人脸识别门禁系统

近年来，人脸识别技术取得了显著进展。深度学习模型的不断优化使得人脸识别的准确率和速度都有了大幅提升。同时，活体检测技术的应用也有效防止了照片或视频等伪造手段的攻击。然而，人脸识别技术也面临一些挑战，包括隐私保护和数据安全问题。随着技术的普及，如何确保人脸数据的安全存储和使用成为一个重要议题。此外，技术的公平性与准确性在不同种族和性别上的表现也引发了广泛讨论。

未来，人脸识别技术将继续发展，结合多因素身份验证和其他生物特征识别技术，进一步提高身份验证的安全性和准确性。同时，随着法律法规的完善，人脸识别技术的应用将更加规范，为社会安全和个人隐私保护提供更好的保障。

4.4.4 自动语言翻译

自动语言翻译是深度学习在自然语言处理领域的重要应用之一，它通过神经网络模型实现了从一种语言到另一种语言的自动转换。近年来，随着深度学习技术的不断进步，自动语言翻译的准确性和效率得到了显著提升，逐渐成为跨语言交流的重要工具。

自动语言翻译的核心技术是基于深度学习的神经机器翻译（Neural Machine Translation，NMT），如图4-18所示。与传统的统计机器翻译相比，神经机器翻译通过端到端的学习方式，能够更好地捕捉语言中的复杂模式和上下文信息。多模态翻译技术的兴起也为自动语言翻译开辟了新的方向，通过结合视觉模型，深度学习能够理解并翻译图像内容，为用户提供"眼耳口"俱全的智慧翻译体验。

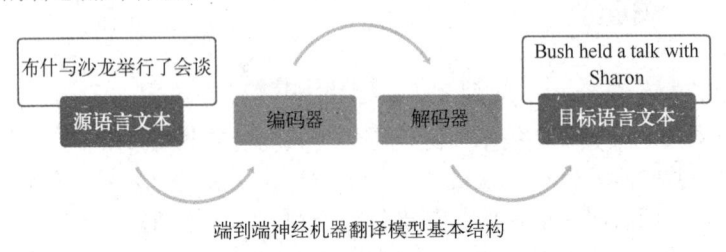

端到端神经机器翻译模型基本结构

图4-18 神经机器翻译

自动语言翻译技术已经广泛应用于多个领域，为人们的日常生活和工作带来了极大的便利。在跨境电商领域，自动语言翻译能够实时翻译商品描述、用户评价和客服对话，提升了用户体验和平台运营效率。在在线教育领域，自动语言翻译能够将课程视频和教材文本翻译成多种语言，打破了语言壁垒，扩大了教育资源的覆盖范围。此外，自动语言翻译还被广泛应用于翻译应用、搜索引擎、社交媒体、新闻报道和教育等多个场景。Google Translate 和百度翻译等应用能够实时将用户输入的文本翻译成目标语言，如图 4-19 所示。百度翻译于 2015 年 5 月上线全球首个互联网神经网络翻译系统，获得国际权威机器翻译评测 WMT2019 中英翻译冠军。此外，社交媒体平台（如 Facebook 和 Twitter）通过翻译功能实现了多语言沟通，新闻网站和报纸通过翻译技术提供多语言新闻报道。

图 4-19　文本翻译应用

未来，自动语言翻译技术将继续朝着智能化和个性化的方向发展。随着 5G 和边缘计算技术的普及，实时多语言交互将成为可能，自动语言翻译将为用户提供一个高质量的同声传译服务，使跨语言交流更加顺畅。此外，人机协同模式将逐渐普及，通过 AI 处理基础翻译、人工负责润色与校对，显著提升了翻译效率和质量。多模态交互和个性化定制也将成为未来翻译技术的重要发展方向。用户将通过优化提示词、思维链调优和上下文示例注入等方式，引导 AI 翻译生成最符合其需求的翻译结果，从而实现"千人千面"的个性化服务。

自动语言翻译技术正在不断推动跨语言交流的边界，为全球化的发展提供了强有力的支持。随着技术的不断进步，自动语言翻译将在更多领域发挥其独特的优势，为人们的生活和工作带来更多的便利。

本章小结

深度学习作为人工智能领域中最具活力和影响力的分支之一，已经在多个领域取得了令人瞩目的成就。通过本章的学习，对深度学习的基本概念、发展历程、核心架构、关键技术以及应用实践有了全面而深入的了解。同时，也明确了深度学习的目标，为后续的深入学习和实践奠定了坚实的基础。

【习题】

一、选择题

1. 以下关于深度学习的描述，哪项是正确的？（　　　）

A．深度学习只能处理结构化数据
　　　B．深度学习模型的训练不需要大量的数据
　　　C．深度学习是机器学习的一个分支
　　　D．深度学习模型的层数越少越好
2．以下哪种模型属于深度学习模型？（　　）
　　　A．决策树　　　　　　　　B．支持向量机
　　　C．卷积神经网络　　　　　D．线性回归
3．下列深度学习模型中，特别擅长处理图像数据的是（　　）。
　　　A．循环神经网络（RNN）　B．卷积神经网络（CNN）
　　　C．长短时记忆网络（LSTM）D．多层感知机（MLP）
4．在自然语言处理任务中，适合处理具有时序关系文本数据的深度学习模型是（　　）。
　　　A．卷积神经网络　　　　　B．生成对抗网络
　　　C．循环神经网络　　　　　D．自编码器
5．关于深度学习模型的训练，以下哪种说法是正确的？（　　）
　　　A．模型训练时间越长越好
　　　B．数据量越大，模型性能一定越好
　　　C．过拟合时模型在训练集和测试集上准确率都高
　　　D．合理调整超参数有助于提高模型性能

二、判断题

1．深度学习主要通过模拟人脑神经网络来实现强大功能。（　　）
2．在神经网络中，激活函数的主要作用是引入非线性，使模型能够学习复杂的模式。（　　）
3．在深度学习中，反向传播算法的主要作用是生成模型的输出。（　　）
4．深度学习模型的模型复杂度越高越好。（　　）
5．在训练深度学习模型时，损失函数值越大，模型性能越好。（　　）

三、填空题

1．深度学习是_____领域的一个分支，通过多层神经网络自动学习数据特征。
2．在神经网络中，常用的激活函数包括 ReLU、_____和 Sigmoid 等。
3．卷积神经网络中，用来提取图像特征的层是_____层。
4．处理时间序列数据（如文本）的经典网络是_____。
5．训练时，模型在训练集表现好但在测试集表现差，这种现象叫_____。

四、简答题

1．深度学习的核心优势有哪些？
2．前馈神经网络由哪些部分组成？各自起什么作用？
3．CNN 和 RNN 的主要区别是什么？
4．什么是过拟合？如何防止过拟合？
5．举例说明深度学习的典型应用。

第 5 章
强化学习——通过试错优化决策

想象你正在训练一只小狗学习新技能,你不会直接告诉它每个动作该怎么做,而是在它做出你期望的行为时给予奖励,比如给它爱吃的零食;要是它做错了,就给予小惩罚,比如短时间内不搭理它。小狗通过不断尝试不同行为,感受这些行为带来的奖惩反馈,慢慢学会在特定情境下做出最佳动作,这其实和强化学习的理念很相似——通过试错不断优化决策。

本章目标

- ❑ 理解强化学习的基本概念:掌握强化学习的定义、分类、核心要素(智能体、环境、状态、动作、奖励、策略等)。
- ❑ 了解强化学习的基础理论:了解马尔可夫决策过程的基本原理,以及强化学习的关键概念(奖励函数与策略优化)。
- ❑ 掌握强化学习的核心算法:熟悉基于价值的算法(如 Q-learning、深度 Q 网络)、基于策略的算法(如策略梯度方法)以及演员-评论家算法(Actor-Critic)的基本原理和适用场景。

5.1 强化学习概述

在人工智能的广阔天地中,强化学习犹如一位智慧的探险者,不断探索未知的环境,通过试错学习来寻找最优行动策略。它不仅赋予了机器自主决策的能力,还在机器人控制、游戏智能体开发、资源管理等领域展现出巨大的潜力。那么,强化学习究竟是如何工作的?

5.1.1 强化学习的定义

强化学习是机器学习领域中一个充满活力的分支,它关注的是智能体如何在环境中通过试错的方式学习最优行为策略。如图 5-1 所示的训练小狗学习,强化学习的基本原理类似于人类和动物通过经验积累实现目标的过程——智能体在环境中不断尝试不同动作,根据环境反馈的奖励信号(如成功时的正向激励或失败时的惩罚)调整策略,最终找到长期收益最大化的行为模式。例如,波士顿动力开发的机器人在学习行走时,会通过摔倒后的疼痛反馈(负奖励)和站立的稳定反馈(正奖励)不断调整关节角度,逐渐掌握在复杂地形上的移动能力。这与人类学习新技能的过程非常相似，例如，学习骑自行车时，我们会通过不断的摔倒和调整姿势来掌握平衡。这种"行动—评价—改进"的循环机制，使得强化学习在自动驾驶、机器人控制、游戏 AI 等领域展现出强大的应用潜力。

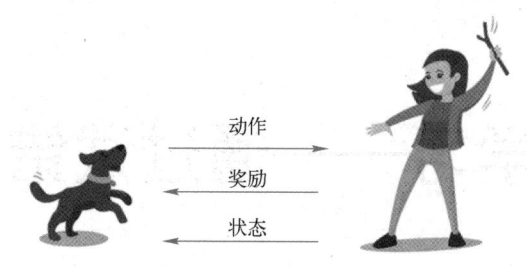

图 5-1　训练小狗学习

与其他机器学习方法相比，强化学习有以下鲜明特点。

1）试错学习：智能体不会预先知晓什么是最优策略，而是在不断尝试各种行动中，逐渐找到表现更好的策略。就像我们刚开始学习骑自行车，要经过多次歪歪扭扭的尝试，摔倒后再起来，才能慢慢掌握平衡骑行的技巧。

2）奖励驱动：智能体的学习过程围绕如何最大化累积奖励展开。奖励就如同指南针，引导智能体朝着对自身最有利的方向发展。在工业生产中，智能机器人在操作过程中，每完成一个正确高效的生产步骤，就会得到奖励，促使它不断优化操作流程以获取更多奖励。

3）环境通常充满不确定性和噪声：这要求智能体具备一定的鲁棒性和泛化能力。例如，自动驾驶汽车行驶在真实道路上时，路况复杂多变，且天气状况、其他车辆的随机行为等都是不确定因素，自动驾驶系统作为智能体，需要在这样的环境中学习可靠的驾驶策略，以应对各种可能的情况。

4）注重长期规划：智能体不能只看到眼前的即时奖励，还要考虑当前行动对未来状态和奖励的影响，学会进行长远的决策。

5）具有自适应性：当环境发生变化或者获取到新的数据时，智能体能够自动调整自身策略，以适应新的情况。例如，在电商推荐系统中，随着用户购物习惯和商品种类的动态变化，推荐算法（智能体）可以不断调整推荐策略，从而为用户提供更贴合需求的商品推荐。

5.1.2　强化学习的发展历史

强化学习的发展历程犹如一部跨越世纪的探索史诗，其核心思想的萌芽可追溯至人类对生物行为的观察与数学理论的突破。早在 19 世纪 50 年代，苏格兰哲学家亚历山大·贝恩（Alexander Bain）就提出"摸索与实验"是学习的基础机制，这一思想在 1894 年被英国动物学家康威·劳埃德·摩根（Conway Lloyd Morgan）进一步提炼为"试错学习"，用于解释动物行为的适应性。1911 年，心理学家爱德华·桑代克（Edward Thorndike）通过著名的桑代克的猫实验验证了这一理论——饥饿的猫通过随机尝试触发机关逃出箱子并获得食物，如图 5-2 所示。成功行为的频率随奖励逐渐增加，这一现象被总结为"效果律"（Law of Effect），成为强化学习最原始的理论基石。

图 5-2 桑代克的猫实验

20 世纪 50 年代，数学领域的突破为强化学习注入了新的生命力。美国数学家理查德·贝尔曼（Richard Bellman）在 1957 年提出动态规划理论，通过分解复杂问题为子问题并递归求解最优解，为机器决策提供了数学框架。同年，贝尔曼进一步将这一理论扩展至随机环境，提出马尔可夫决策过程，定义了"状态—动作—奖励"的三元组模型。这一模型至今仍是强化学习的核心范式。例如，自动驾驶系统通过传感器感知路况（状态），选择加速或转向（动作），并根据安全行驶距离（奖励）调整策略。1960 年，罗纳德·霍华德（Ronald Howard）开发的策略迭代算法，为马尔可夫决策过程的实际应用提供了高效解法，推动了最优控制理论与机器学习的融合。

关键算法的突破往往伴随着跨学科的灵感碰撞。1988 年，理查德·萨顿（Richard Sutton）和安德鲁·巴托（Andrew Barto）从动物学习理论中获得启发，提出时序差分（Temporal-Difference，TD）算法。该算法通过比较当前状态与下一个状态的价值差异来更新策略，解决了"信用分配"难题（例如，在象棋对弈中，胜利的奖励会被反向传播到关键的几步棋，而非仅归功于最后一步）。他们进一步将 TD 与试错学习结合，开发了演员—评论家（Actor-Critic）架构，并成功应用于经典的"杆平衡"控制问题：系统通过调整小车的推力，使直立的杆在重力作用下保持平衡，如图 5-3 所示。这一实验成为验证强化学习算法的基准测试。

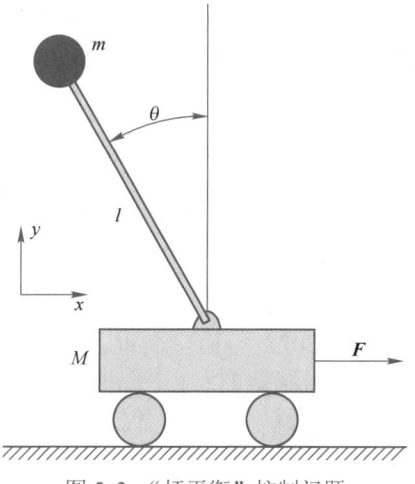

图 5-3 "杆平衡"控制问题

1989 年，克里斯·沃特金斯（Chris Watkins）提出了 Q-learning 算法，首次将时序差分与最优控制理论无缝整合。Q-learning 通过维护一个"状态-动作"表格（Q 表），让智能体在完全未知的环境中自主探索最优策略。例如，在仓库机器人分拣任务中，Q-learning 算法能够通过不断尝试不同的抓取角度和移动路径，逐步优化动作序列以提升效率。这种"无模型"特性使其在 Atari 游戏（见图 5-4）等复杂场景中大放异彩。2013 年，DeepMind 团队将 Q-learning 与卷积神经网络结合，开发出深度 Q 网络（Deep Q-Network，DQN），该系统在《太空侵略者》《乒乓》等 49 款经典游戏中超越了人类水平，甚至能够发现隐藏关卡和特殊技巧。

图 5-4 Atari 游戏

深度强化学习的爆发式发展彻底改变了 AI 的边界。2016 年，DeepMind 的 AlphaGo 通过"监督学习+强化学习+蒙特卡罗树搜索"的组合，以 4∶1 击败围棋世界冠军李世石。其核心创新在于"自我对弈"机制：AI 通过与自己下棋生成数百万局数据，并不断优化策略网络和价值网络。这种"从经验中学习"的模式，使 AlphaGo 在围棋这一拥有 10^{170} 种可能局面的领域实现了人类千年未有的突破。2017 年，升级版 AlphaZero 更进一步，仅用三天时间通过纯自我对弈就超越了人类棋谱，在围棋、国际象棋和日本将棋三大棋类中均达到顶尖水平。

强化学习与自然语言处理的结合催生了更具通用性的 AI 系统。2020 年，OpenAI 开发的 GPT-3 通过 1750 亿参数的语言模型生成连贯文本，但在直接使用时可能产生有害或不准确的内容。为解决这一问题，研究人员引入人类反馈强化学习（Reinforcement Learning from Human Feedback，RLHF）：首先让人类标注者对模型输出进行评分，然后训练奖励模型来预测这些评分，最后通过强化学习优化语言模型以最大化奖励。这一技术推动了 ChatGPT（见图 5-5）在 2022 年横空出世，其对话流畅度和内容合规性达到前所未有的高度。例如，当用户询问敏感话题时，ChatGPT 会基于 RLHF 学习到的安全策略，给出既符合伦理又有信息量的回答。

图 5-5　ChatGPT

从桑代克的猫实验到 ChatGPT，强化学习的百年历程揭示了一个深刻的规律：智能的本质在于通过环境交互实现适应性优化。这一规律不仅推动了机器人控制、金融投资、医疗决策等领域的革命，更引发了对智能定义的哲学思考。未来，随着离线强化学习、元学习等技术的突破，AI 或将在更复杂的社会系统中自主演化，开启人机协同的新篇章。

5.1.3　强化学习的分类

微视频 5.1.3　强化学习的分类

强化学习的分类体系基于环境建模、策略优化以及学习范式的差异，形成了多层次的技术架构。

（1）基于环境建模的分类

1）基于模型的强化学习：通过构建环境的动态模型（如状态转移概率、奖励函数）进行决策。例如，航天工程中卫星轨道调整策略的优化，需要基于牛顿力学方程建立太空环境的精确模型，并结合动态规划算法求解最优控制序列。其优势在于数据效率高，适用于样本稀缺的场景（如医疗手术机器人的训练），但对模型精度要求严格。当环境存在未建模干扰（如太空碎片）时，策略可能失效。

2）无模型强化学习：直接通过与环境交互积累经验，而无须预先构建模型。例如，DeepMind 的 DQN 算法在 Atari 游戏中仅依赖屏幕像素和得分反馈，通过试错学习实现《太空侵略者》等游戏的超人表现。该方法能够在复杂环境中表现出更强的适应性，但需要数百万次尝试才能收敛，计算资源消耗较大。

（2）基于策略优化的分类

1）基于价值的方法：通过评估每个动作的长期收益来指导决策。例如，Q-learning 算法在仓库机器人分拣任务中，为每个货架位置和货物类型维护"状态-动作"表格（Q 表），记录不同抓取角度的预期得分，最终通过查表实现动作选择。该方法适用于离散动作空间，在连续控制问题中需要结合函数近似（如深度神经网络）。

2）基于策略的方法：直接生成动作，而无须显式评估价值函数。例如，使用 PPO（Proximal Policy Optimization）算法训练机器人行走时，通过策略网络直接输出关节角度调整指令，即使摔倒也能快速恢复平衡。该方法适用于连续动作空间，但策略更新可能导致训练不稳定。

3）演员-评论家方法：融合价值与策略方法的优势。该架构通过分离策略优化与价值评估，提升了训练效率和稳定性。

（3）基于学习范式的分类

1）离线强化学习：利用已有的行为数据训练模型，避免与真实环境交互。例如，自动驾驶系统分析数百万公里的人类驾驶记录，并学习拥堵路段的变道策略，从而降低道路测试风险。其挑战在于数据分布偏差，例如，若训练数据缺乏极端天气场景，模型可能在暴雨中失效。

2）在线强化学习：实时与环境交互并更新策略。该方法需要大量计算资源，但能够适应动态环境变化。

现代强化学习系统常融合多种分类方法。例如，在自动驾驶系统中采用演员-评论家架构处理连续动作空间，并通过在线学习适应复杂路况。未来，随着元学习、因果推理等技术的介入，强化学习的分类体系将进一步演化，推动智能体从单一任务执行者向复杂系统决策者跨越。

5.2 强化学习的基础理论

强化学习通过智能体与环境的交互来实现自主决策。然而，要真正掌握强化学习的精髓，需要深入理解其背后的基础理论。这些理论不仅是强化学习的基石，更是设计和优化智能体行为策略的关键。

5.2.1 强化学习的核心要素

> 微视频 5.2.1
> 强化学习核心要素简介

强化学习是一种通过智能体与环境交互来学习最优策略的方法，其核心在于智能体如何在环境中做出决策以最大化累积奖励。要理解强化学习，首先需要掌握以下几个核心要素，如图5-6所示。

图5-6 强化学习核心要素

- 智能体（Agent）：是强化学习的主体，它负责感知环境并做出决策。智能体可以是机器人、软件程序，甚至是虚拟角色。例如，在迷宫探索任务中，机器人就是智能体，它需要通过不断尝试来找到通往出口的路径。
- 环境（Environment）：是智能体所处的外部系统，它为智能体提供状态信息并接收智能体的动作。环境可以是物理世界，也可以是虚拟模拟，比如在迷宫探索任务中，迷宫本身及其布局就是环境。
- 状态（State）：是智能体在某一时刻对环境的感知。状态可以是环境的完整描述，也可以是部分信息。在迷宫探索任务中，机器人的位置和方向就是状态。状态是智能体做出决策的依据，不同的状态可能需要不同的动作。

- 动作（Action）：是智能体在某一时刻对环境的干预。动作的选择会影响环境的状态，进而影响未来的奖励。在迷宫探索任务中，机器人的动作可能是向前走、向后走、向左转或向右转。动作的选择是智能体策略的体现。
- 奖励（Reward）：是智能体从环境中获得的即时反馈，用于指导智能体调整策略。奖励可以是正的（如成功找到出口获得高分），也可以是负的（如撞到墙扣分）。奖励信号是强化学习的核心驱动力，智能体的目标是最大化长期累积奖励。
- 策略（Policy）：是智能体根据当前状态选择动作的规则。策略可以是确定性的（给定状态总是选择相同动作），也可以是随机性的（给定状态以一定概率选择不同动作）。策略的好坏直接影响智能体的表现。
- 价值函数（Value Function）：用于评估某个状态或动作的价值，即从该状态或动作开始，按照当前策略所能获得的长期累积奖励的期望值。价值函数是强化学习中的重要工具，它帮助智能体判断当前决策的优劣。
- 模型（Model）：是智能体对环境的数学描述，包括状态转移概率和奖励函数。模型可以是已知的，也可以是通过学习得到的。有模型的强化学习方法利用模型进行规划，而无模型的方法则直接通过与环境交互来学习策略。

这些核心要素相互作用，共同构成了强化学习的基本框架。智能体通过不断与环境交互、感知状态、选择动作、获得奖励，并根据奖励信号调整策略，最终实现最优决策。

5.2.2 马尔可夫决策过程

强化学习的核心要素可以通过马尔可夫决策过程（Markov Decision Process，MDP）数学框架统一描述。MDP 的核心思想是，智能体在环境中处于某个状态，根据当前状态选择一个动作，然后转移到下一个状态，并获得相应的奖励，如图 5-7 所示。

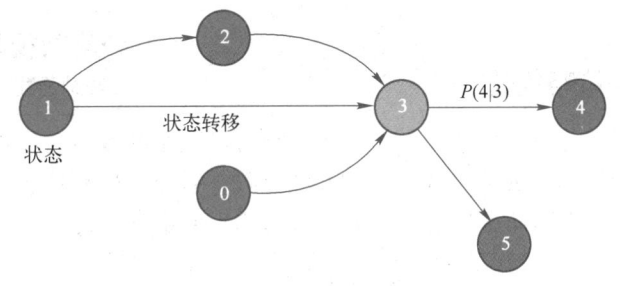

图 5-7 马尔可夫决策过程

马尔可夫决策过程是强化学习中极为重要的基础模型，它为描述和解决强化学习问题提供了强有力的数学框架。马尔可夫决策过程融合了马尔可夫过程理论和确定性动态规划，属于运筹学中数学规划的分支领域。

MDP 的核心特性是马尔可夫性质，即未来状态仅依赖当前状态和动作，而与历史无关。这一特性使得模型能够高效地处理状态转移问题。例如，在机器人抓取任务中，机械臂的当前关节角度（状态）和抓取动作（动作）直接决定了下一步能否成功抓取物体（状态转移），而无须考虑之前的运动轨迹。这种简化不仅降低了计算复杂度，还为算法设计提供了理论基础。

MDP 的四个基本要素如下。

1）状态空间（State Space）：智能体可能处于的所有状态的集合。例如，在迷宫探索任务中，状态空间就是迷宫的所有位置。

2）动作空间（Action Space）：智能体在每个状态下可以采取的所有动作的集合。例如，在迷宫探索任务中，动作空间可能是向左、向右、向前或向后移动。

3）状态转移概率（Transition Probability）：从一个状态通过某个动作转移到另一个状态的概率。例如，机器人在某个位置向右移动时，有90%的概率成功移动到右侧位置，有10%的概率留在原地。

4）奖励函数（Reward Function）：定义智能体在某个状态下采取某个动作后获得的奖励。例如，机器人成功移动到出口位置时获得正奖励，撞到墙时获得负奖励。

MDP的作用在于其为智能体提供了一个清晰的决策框架。通过MDP，智能体可以学习最优策略，即在每个状态下选择最优动作以最大化长期累积奖励。

MDP的应用场景广泛，可分为离散与连续、确定与随机等类型。离散MDP适用于状态和动作有限的场景，如棋盘游戏中的落子决策。例如，围棋AI通过MDP模型评估每个落子位置的胜率，并结合蒙特卡罗树搜索选择最优策略。连续MDP则适用于无限状态或动作空间，如机械臂关节角度的连续调整。

MDP的理论价值不仅在于解决具体问题，更在于其对智能行为的普适解释。它将心理学的行为主义理论、控制理论的最优决策方法与人工智能的自主学习机制统一于数学框架中。例如，人类学习驾驶的过程可视为一个MDP，通过观察路况（状态）选择操作（动作），并根据安全到达的奖励（如避免事故、准时到达）调整行为。这种类比为理解生物学习过程提供了计算模型。

MDP的局限性在于它假设环境是完全可观测的，并且状态转移具有马尔可夫性质。但在现实世界中，许多问题并不满足这些假设。例如，在部分可观测的环境中，智能体可能无法完全感知环境状态。为了解决这些问题，研究者们提出了部分可观测马尔可夫决策过程等扩展模型。

5.2.3 奖励函数与策略优化

奖励函数与策略优化是强化学习的两个核心概念。奖励函数定义了智能体的目标，而策略优化则是实现这一目标的关键过程。通过奖励函数，智能体能够感知环境的反馈；而通过策略优化，智能体能够不断调整自己的行为以最大化长期累积奖励。

1. 奖励函数

奖励函数（Reward Function）是强化学习中的核心驱动力，它定义了智能体在某个状态下采取某个动作后获得的即时奖励。简单来说，就是对智能体在环境中采取的每个行动给予一个数值反馈，这个数值代表了该行动的好坏程度。奖励函数就如同引导智能体前进的"灯塔"，告诉智能体什么样的行为是值得鼓励的，什么样的行为则应该尽量避免。

在设计奖励函数时，需要充分考虑任务的目标和环境特点。例如，在迷宫探索任务中（见图5-8），奖励函数可以设计为：当机器人成功到达出口时获得正奖励（如+100），当撞到墙时获得负奖励（如-10），而每一步移动获得一个小的负奖励（如-1），以鼓励机器人尽快找到出口。

奖励函数的作用是为智能体提供学习的信号。通过奖励信号，智能体能够判断当前决策的好坏，并调整策略以最大化长期累积奖励。奖励函数的设计需要平衡短期奖励和长期奖励，避免智能体只追求短期利益而忽略长期目标。

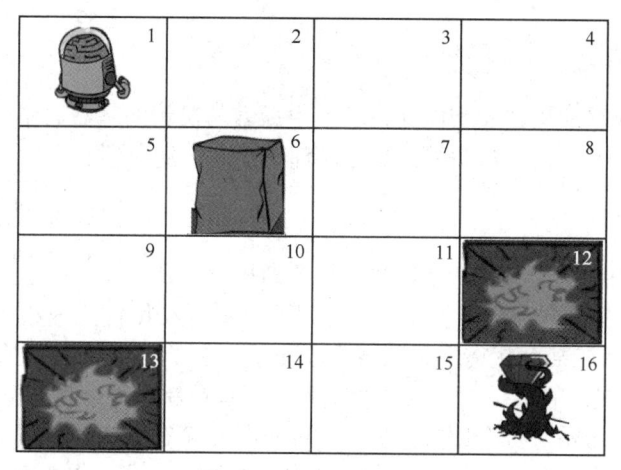

图 5-8　迷宫探索任务

2. 策略优化

策略优化是强化学习的核心任务，其目的是找到一个最优策略，使得智能体在与环境的交互过程中获得的累积奖励最大化。简单来说，策略就是智能体在不同状态下选择动作的规则。在初始阶段，智能体通常会采用随机策略进行探索，即随机选择行动来观察环境的反馈。随着与环境的不断交互，智能体开始逐渐学习到一些有用的信息，并基于这些信息对策略进行优化。

策略优化的方法有多种，常见的有基于价值函数的方法、基于策略梯度的方法以及演员-评论家方法。

策略优化的过程充满挑战。首先，智能体可能陷入局部最优解，这意味着它找到的策略虽然在局部范围内表现良好，但并非全局最优。例如，在机器人导航任务中，机器人可能学会了一种次优路径，而无法找到更优的路径。其次，智能体需要在探索新策略和利用已知策略之间找到平衡。如果过度探索，学习效率会降低；而如果过度利用已知策略，智能体可能陷入局部最优，无法进一步改进。此外，奖励误导也是一个常见问题，如果奖励函数设计不当，智能体可能会找到一种看似合理但实际上偏离任务目标的行为。例如，在机器人导航任务中，如果奖励函数仅奖励到达目标而不惩罚路径长度，机器人可能会选择绕远路来到达目标。这些挑战要求研究者在设计奖励函数和优化策略时，既要考虑算法的性能，也要关注任务的实际需求和潜在问题。

奖励函数与策略优化之间存在紧密的联系。奖励函数为策略优化提供了优化方向，智能体通过不断调整策略，能够在给定的奖励函数下获得更多的累积奖励。而策略优化的效果又反过来影响奖励的获取。智能体通过优化策略能够更有效地完成任务，获得的奖励自然也会增加。例如，在一个资源管理的场景中，智能体负责分配服务器资源以满足不同用户的需求。合理的奖励函数会鼓励智能体高效分配资源，避免资源浪费和过载。智能体在不断尝试不同的分配策略的过程中，根据奖励反馈优化策略，当它找到更优的资源分配策略时，就能更好地满足用户需求，从而获得更高的奖励。这种相互促进的关系，使得智能体在复杂环境中不断进化，逐渐趋近于最优行为模式。

5.3 强化学习的经典算法

强化学习的经典算法构建起智能体在环境中探索与决策的基石,不同的算法在优化策略与学习价值函数上各有千秋,推动强化学习从理论走向广泛应用。

5.3.1 Q-learning

微视频 5.3.1 Q-learning 算法原理

Q-learning 算法诞生于 1989 年,由沃特金斯提出。Q-learning 是一种无模型的强化学习算法,它通过学习最优动作价值函数(Q 函数)来找到最优策略。Q 函数表示在某个状态下采取某个动作后,智能体能够获得的预期累积奖励。Q-learning 的核心思想是,智能体通过与环境交互,逐步更新对每个状态-动作对的预期奖励的估计,从而找到最优策略。打个比方,假如智能体是一个在城市里送餐的外卖员,城市地图上的各个地点就是状态,从一个地点到另一个地点的行动就是动作。例如,Q-learning 算法帮助外卖员了解在每个送餐地点选择不同前往路径(动作),最终能得到多少收益(奖励),这里的收益可能和送餐速度、获得的小费等相关。

Q-learning 算法的步骤如下:首先,智能体需要初始化一个 Q 表,用于存储每个状态-动作对的 Q 值,如图 5-9 所示。初始时,Q 表中的所有值可以设为 0 或随机值。然后,智能体感知到当前环境的状态,并根据当前策略(如 ε-贪心策略)选择一个动作。ε-贪心策略在大部分情况下选择当前 Q 值最大的动作,但在小概率情况下随机选择动作,以平衡探索和利用。接着,智能体执行选择的动作,并从环境中获得奖励和下一个状态。根据获得的奖励和下一个状态的 Q 值,智能体更新当前状态-动作对的 Q 值。这个过程不断重复,直到达到终止条件(如完成任务或达到最大步数)。

图 5-9 Q-learning 算法中的 Q 表

Q-learning 算法的一个关键特性是无模型,这意味着它不需要环境的数学模型,所有 Q 值都是通过与环境交互直接学习得到的。Q-learning 还采用贪心策略,在更新 Q 值时,总是选择下一个状态下的最大 Q 值,这使得它能够逐步逼近最优策略。同时,通过 ε-贪心策略,Q-learning 算法能够在探索新动作和利用已知最优动作之间找到平衡。

Q-learning 算法有如下关键设计要素。

1)状态与动作的离散化:高维或连续状态需转化为有限类别。例如,自动驾驶中车辆与障碍物的距离可分为"近、中、远",机器人关节角度可划分为离散区间,以降低计算复杂度。

2)奖励函数设计:奖励需明确反映任务目标。例如,在迷宫导航中"到达终点"奖励设为+100,"撞墙"惩罚-50,而"移动一步"给予-1 以鼓励最短路径。在避障游戏中,奖励设计需平衡存活奖励(+1)、碰撞惩罚(-20)和移动成本(-2),避免智能体因过度规避碰撞而完全停滞。

3)探索与利用的平衡:采用 ε-贪心策略,初期以高概率随机探索(如 ε=0.5),后期逐渐降低随机性(如 ε=0.01),优先选择 Q 值最高的动作。例如,游戏 AI 在训练早期会频繁尝试不同走位,后期则稳定执行已验证的最优路径。

Q-learning 算法的优点包括无模型,适用于未知环境;算法简单,易于实现。然而,它也有一些缺点,如在状态空间较大时,Q 表的存储和更新可能变得不切实际;若奖励信号极少(如航天器着陆仅在成功时得正分),智能体难以有效学习。

Q-learning 算法通过"试错—反馈—更新"的机制,将复杂决策问题转化为状态-动作价值映射,成为强化学习领域的基石算法。其简洁性使其在游戏、机器人等领域广泛应用,而结合深度学习后的改进版本(如 DQN)进一步拓展了其在复杂场景中的潜力。

5.3.2 深度 Q 网络

深度 Q 网络(Deep Q-learning Net,DQN)是强化学习领域的重大突破,它创新性地将深度学习与 Q-learning 相结合,解决了传统 Q-learning 在处理高维复杂状态空间时的难题,如图 5-10 所示。传统 Q-learning 在面对简单离散状态空间时表现出色,通过构建状态-动作 Q 表,能够逐步摸索出最优行动策略。然而,当状态空间维度急剧增加,例如,在游戏场景中,游戏画面由大量像素构成,状态数量近乎天文数字时,传统 Q 表根本无法存储如此庞大的信息,Q-learning 便陷入困境。DQN 正是为解决这类问题而诞生的。

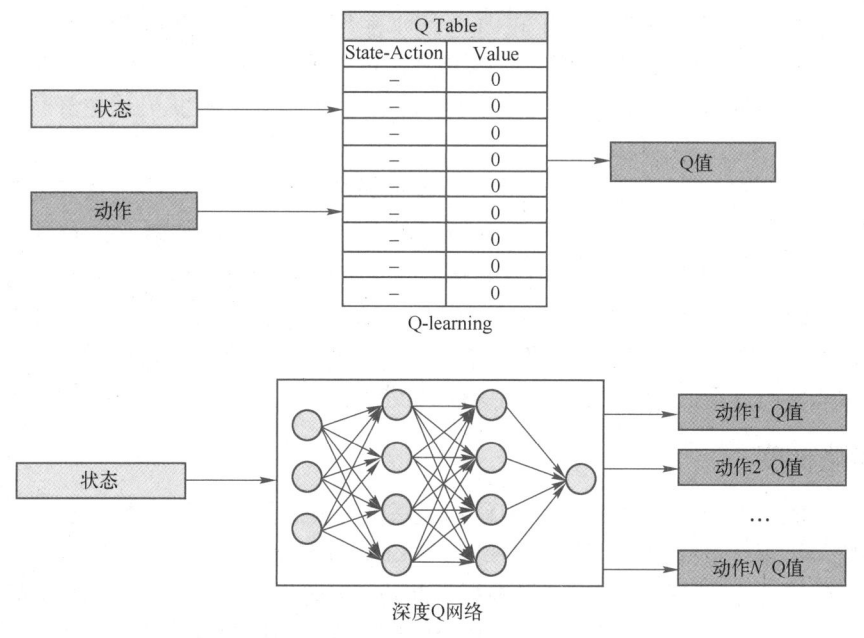

图 5-10 Q-learning 与深度 Q 网络

DQN 的核心在于利用深度神经网络替代传统 Q 表。以《太空侵略者》游戏为例，智能体将游戏画面的连续帧作为输入传递给神经网络。神经网络凭借其强大的特征提取能力，对画面中的各种元素，如敌机的形状、位置，我方飞船的状态，以及子弹的轨迹等进行分析。网络的输出层则对应每个可能动作的 Q 值，如移动飞船的上下左右动作，以及发射子弹动作。通过不断与游戏环境交互，智能体依据 Q-learning 的更新规则，利用获得的奖励反馈来调整神经网络的参数。每次游戏结束，智能体根据最终得分以及过程中的奖励情况，判断哪些动作选择是有利的，而哪些需要改进。例如，若某次发射子弹成功击中敌机并获得高分奖励，那么对应发射子弹动作的 Q 值会得到提升，神经网络参数也会朝着强化这一动作选择倾向的方向调整。

DQN 通过两个重要的机制提升学习效果。一个机制是经验回放机制，它构建了一个记忆库，智能体在与环境的交互过程中，将经历的状态、动作、奖励和下一个状态等信息存储到记忆库中。在训练时，随机从记忆库中抽取一批样本进行学习，这种方式打破了样本间的相关性，提高了神经网络训练的稳定性和效率。另一个机制是目标网络机制，DQN 使用两个结构相同但参数更新不同步的神经网络，其中目标网络是独立于主网络的副本，通过定期同步参数以稳定 Q 值估计。例如，每隔一定步数（如每 1000 步）将主网络参数复制到目标网络，以避免因频繁更新导致的训练振荡。这种机制有效减少了训练过程中的振荡，使学习过程更加稳定，让 DQN 能够在复杂环境中高效学习，从而超越人类在某些游戏中的表现。

DQN 在许多实际应用中表现出色，尤其是在游戏 AI 领域。例如，在 Atari 游戏中，DQN 通过处理游戏画面（图像输入）来学习如何玩游戏。智能体通过不断尝试和学习，逐渐掌握游戏的策略，最终在许多游戏中取得了超越人类的表现。在机器人控制领域，DQN 也崭露头角。例如，训练机器人在复杂地形条件下行走，机器人通过摄像头获取周围环境的视觉信息，并将其作为状态输入 DQN 网络，输出控制机器人关节运动的动作指令。经过大量训练，机器人能够学会在崎岖路面、台阶等不同地形条件下稳定行走。在智能家居控制方面，DQN 可依据房间的温度、光线强度、人员活动情况等多种环境状态，智能控制空调、灯光、窗帘等设备，实现家居环境的自动化与智能化调节，提升居住舒适度与能源利用效率。

不过，DQN 也并非完美无缺。尽管它在处理高维状态空间上取得了重大进展，但在复杂动态环境中，泛化能力仍有待提升。例如，在不同天气、路况频繁变化的自动驾驶场景下，DQN 训练出的模型可能难以快速适应新情况并做出安全准确的决策。并且，DQN 对计算资源的需求较大，深度神经网络的训练需要强大的算力支持，这在一定程度上限制了其在资源受限设备上的应用。尽管存在这些挑战，深度 Q 网络也为强化学习的发展注入了强大动力，推动智能体向更复杂、更真实的应用场景迈进。

5.3.3 策略梯度

前面提到的 Q-learning 和 DQN 等算法属于基于价值的强化学习方法，它们先估算状态-动作的价值，再据此选择动作。而策略梯度（Policy Gradient，PG）算法则开辟了另一条路径，省略了中间估算价值的步骤，直接根据当前的状态来选择动作。它直接对策略函数进行建模和优化，而策略函数决定了智能体在每个状态下选择动作的概率分布。

例如，在机器人抓取任务中，策略网络可以根据当前机械臂的关节角度和传感器数据，输出不同抓取动作的概率分布（如向左移动 30%概率，向右移动 70%概率）。训练时，智能体通过与环境交互收集轨迹数据，并根据轨迹的整体奖励调整策略参数：若某动作序列成功抓取物体（奖励+100），则提升该动作的概率；若碰撞（奖励-50），则降低其概率。这一过程通过梯度上升实现，目标是最大化累积奖励的期望值。

策略梯度算法的优势在于其能够处理连续动作空间，例如，在机器人控制场景中，机器人关节的转动角度等动作是连续变化的，策略梯度算法可以直接输出连续动作的概率分布。然而，策略梯度算法在学习过程中也可能存在收敛速度慢、方差较大等问题。

5.3.4 Actor-Critic

Actor-Critic 算法是一种融合了基于价值和基于策略两种方法优点的算法。它由两个关键组件构成：Actor 和 Critic，如图 5-11 所示。Actor 负责根据当前状态生成动作，它基于策略梯度来更新策略参数，不断优化动作选择策略；Critic 则承担评估价值的任务，它通过学习状态的价值函数，来评判 Actor 生成动作的质量。

图 5-11 Actor-Critic 算法

Critic 就像一个评论家，告诉 Actor 它的动作是好是坏，Actor 则依据 Critic 的反馈调整自身策略。这种相互协作的方式，既利用了策略梯度直接优化策略的能力，又借助价值函数评估来指导策略更新，从而加快了学习收敛速度。

Actor-Critic 算法的发展，标志着强化学习从单一策略优化向"策略-价值"协同进化的跨越。随着深度学习、分布式计算和神经科学的交叉融合，它将在自动驾驶、医疗手术、智能制造等领域实现更复杂的智能决策，推动人机协作迈向新高度。

5.4 强化学习的应用案例

强化学习作为一种强大的自主决策技术，已经在众多领域展现出巨大的潜力和实际价值。从机器人控制到游戏竞技，从智能交通到金融投资，强化学习的应用场景广泛且多样。本节将通过一系列精彩的应用案例，展示强化学习如何在不同领域解决复杂问题，实现智能决策，并推动技术的创新与发展。

5.4.1 游戏 AI

在游戏 AI 领域，强化学习展现出令人惊叹的实力，其中 AlphaGo 的表现尤为夺目。在围棋这项古老的棋类游戏中，棋盘上有 361 个交叉点，理论上的局面变化数量高达 10^{170}，复杂程度超乎想象。谷歌旗下的 DeepMind 公司推出的 AlphaGo，借助强化学习技术，彻底改写了围棋界与人工智能领域的格局。AlphaGo 通过构建深度卷积神经网络来分析棋局，能够精准提取棋局特征，理解复杂局面。它将强化学习与蒙特卡罗树搜索相结合，在每一步决策时，模拟海量对局并评估每个可能行动，极大地提升了决策准确性，同时缩短了计算时间。在训练过程中，AlphaGo 采用自我对弈的方式，通过与自己反复对弈，利用强化学习思想不断调整策略网络和价值网络，棋力得以飞速提升。

2016 年 3 月，AlphaGo 在韩国首尔与人类围棋冠军李世石展开五番棋对决（见图 5-12），这场被称为"世纪之战"的较量标志着人工智能在复杂策略游戏领域的历史性突破。比赛中，AlphaGo 以 4∶1 获胜，成为人工智能发展史上的标志性事件。此次胜利不仅证明了强化学习在解决高维状态空间问题的潜力，更引发了全球对 AI 能力的广泛讨论。

图 5-12　AlphaGo 与李世石的对决

2017 年 5 月，升级版 AlphaGo 通过纯自我对弈训练，完全摒弃人类棋谱数据，在与世界排名第一的柯洁对决中以 3∶0 完胜。随后，AlphaGo 的算法被应用于蛋白质结构预测（AlphaFold）和能源优化，展现出游戏 AI 研究对科学探索的反哺价值。

强化学习在其他游戏中同样成绩斐然。以《星际争霸》为例，它是一款即时战略游戏，游戏过程充满动态变化与不确定性，玩家需要在资源采集、基地建设、兵种训练、战斗指挥等多个方面迅速做出决策。基于强化学习开发的《星际争霸》AI，通过不断与游戏环境交互，在大量游戏对局中尝试不同策略，并依据奖励反馈来优化自身决策。2019 年 1 月，DeepMind 的 AlphaStar 在《星际争霸 2》中以 5∶0 击败虫族职业选手 TLO（当年世界排名 68）和神族选手 MaNa（2018 年 WSC 奥斯汀站亚军），标志着 AI 在即时战略游戏领域的重大进展，如图 5-13 所示。AlphaStar 采用多智能体协作训练，通过 10 万局自我对弈积累经验，其 APM（每分钟操作数）峰值达到 600，远超人类平均水平（200～300）。AI 出色的表现，使游戏中的电脑对手变得更加智能，给玩家带来更具挑战性和趣味性的游戏体验的同时，也推动着游戏 AI 技术不断向前发展。

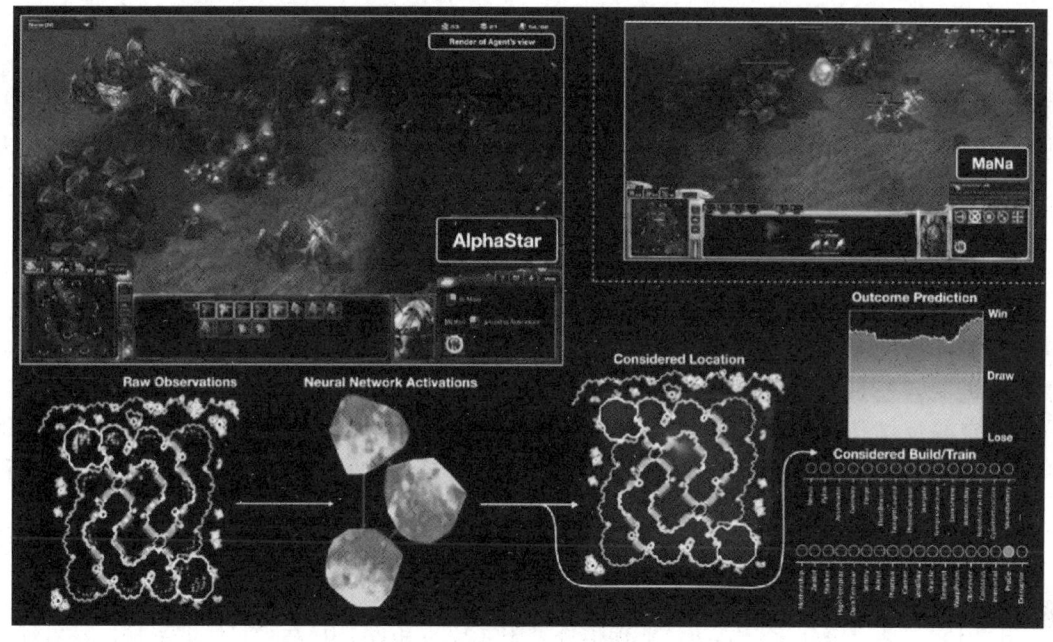

图 5-13　AlphaStar《星际争霸 2》

5.4.2　机器人控制

机器人控制的核心在于将感知信息转化为精准的运动指令，其核心挑战包括动态环境下的路径规划与复杂任务中的动作执行。随着强化学习算法的突破，机器人已能在未知场景中实现自主决策与高精度操作，并在工业、医疗、物流等领域形成规模化应用。2017 年 2 月 4 日，谷歌母公司 Alphabet 旗下机器人公司波士顿动力（Boston Dynamics）曝光了一款两轮人形机器人 "Handle"，它能载重、下蹲，甚至还能跳跃以跨过障碍物，如图 5-14 所示。

图 5-14　波士顿动力的 "Handle" 机器人

对于移动机器人而言，在复杂环境中实现高效路径规划是一大挑战。例如，在仓库环境里，仓库中堆满了各种货物，通道狭窄且布局复杂。强化学习算法让机器人能够在这个环境中不断探索，通过尝试不同的移动方向和路线，每执行一次动作，就根据环境反馈得到奖励或惩罚信号。如果选择的路径让机器人顺利避开障碍物并快速到达目标地点，就能获得正奖励；如果发生碰撞或者偏离最优路径，就会得到负奖励。通过长期反复的尝试与学习，机器人逐渐掌握了在该仓库环境下的最优路径规划策略，能够自如地穿梭在货物之间，高效完成搬运等任务。

在动作执行方面，强化学习助力机器人精准完成复杂操作。以机械臂为例，在工业生产线上，机械臂需要完成抓取、装配等精细动作。强化学习使机械臂能够根据目标任务与当前环境状态，学习到最佳的动作序列和参数。例如，在抓取一个形状不规则的零件时，机械臂通过不断尝试不同的抓取角度、力度和位置，并依据每次抓取是否成功、是否稳定等反馈信息，调整自身动作策略。经过大量学习后，机械臂能够准确、稳定地抓取各类零件，提高生产线上的操作精度和效率，降低次品率，从而提升整个生产流程的质量和稳定性。

人形机器人的发展也离不开强化学习。近年来，强化学习在人形机器人领域取得了显著进展，为机器人提供了更强大的运动控制和适应能力。例如，特斯拉的 Optimus 人形机器人（见图 5-15），通过强化学习算法，在模拟环境中完成了超过 10 万次的行走实验，显著提升了步态的稳健性。这种训练方式不仅缩短了现实世界的调试周期，还降低了硬件损耗成本，使得 Optimus 在工业场景中执行精密任务成为可能。

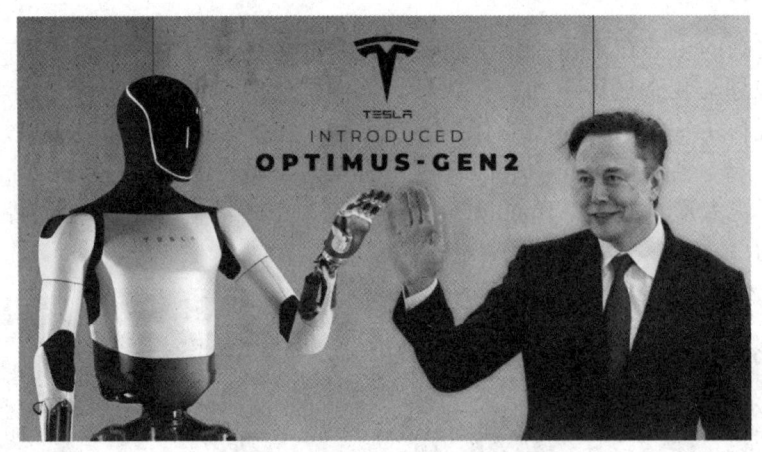

图 5-15　特斯拉的 Optimus 人形机器人

5.4.3　自动驾驶

自动驾驶技术的实现离不开强化学习在环境感知和决策控制方面的深度应用。在环境感知方面，车辆配备的各种传感器（如摄像头、雷达等）持续收集周围环境信息，这些信息构成了强化学习中的"状态"。强化学习算法帮助车辆对这些信息进行分析理解，识别出道路上的行人、其他车辆、交通标志和信号灯等目标物体，如图 5-16 所示。通过对摄像头捕捉到的图像进行处理，强化学习模型能够准确判断图像中是否存在行人，并确定行人的位置、运动方向和速度等信息。在复杂的交通场景中（如十字路口），车辆能够利用强化学习快速识别交通信号灯的状态，以及周围车辆的行驶意图，为后续决策提供准确依据。

图 5-16 自动驾驶的环境感知

决策控制是自动驾驶的核心，强化学习对其发挥着关键作用。车辆就如同一个智能体，在行驶过程中需要不断做出决策，如加速、减速、转弯等动作。强化学习通过设计合理的奖励函数，引导车辆学习到最优驾驶策略。当车辆遵守交通规则、保持安全车距或平稳行驶时，会获得正奖励；一旦出现危险行为，如闯红灯、追尾等，就会得到负奖励。车辆在与环境的持续交互中，根据这些奖励反馈不断优化决策策略。在面对前方车辆突然刹车的情况时，基于强化学习的自动驾驶系统能够迅速做出合理反应，及时减速避让，以保障行车安全。强化学习让自动驾驶车辆能够适应各种复杂多变的交通环境，朝着更加安全、高效的方向发展。

近年来自动驾驶技术正从封闭场景向开放道路加速渗透，如百度 Apollo 自动驾驶（见图 5-17）、特斯拉 FSD、华为乾崑智驾等。同时，自动驾驶技术为智慧城市的建设提供了新的动力。随着技术的成熟和政策的支持，自动驾驶有望在未来几年内实现更大规模的商业化应用。

图 5-17 百度 Apollo 自动驾驶

本章小结

强化学习作为人工智能领域中一个极具挑战性和创新性的分支,已经在理论研究和实际应用中取得了显著成就。通过本章的学习,对强化学习的基本概念、基础理论、核心算法以及广泛应用有了全面而深入的理解,同时也对强化学习面临的挑战和未来发展方向有了清晰的认识。希望读者能够将所学知识应用到实践中,激发个人在更多领域探索其应用的热情。

【习题】

一、选择题

1. 以下不属于强化学习基本组成要素的是（　　）。
   A. 智能体（Agent）
   B. 监督信号（Supervision Signal）
   C. 环境（Environment）
   D. 奖励（Reward）
2. 演员-评论家（Actor-Critic）算法结合了（　　）。
   A. 基于模型的强化学习和无模型的强化学习
   B. 策略梯度算法和价值函数算法
   C. 深度强化学习和传统强化学习
   D. 在线学习和离线学习
3. 以下哪种场景不适合使用强化学习（　　）。
   A. 自动驾驶汽车的决策控制
   B. 图像分类任务
   C. 机器人的路径规划
   D. 游戏 AI 的策略学习
4. 以下哪项是强化学习的核心组成部分？（　　）
   A. 输入层、隐藏层、输出层
   B. 状态、动作、奖励、策略
   C. 训练集、测试集、验证集
   D. 准确率、召回率、F1 值
5. 以下哪项属于强化学习的典型应用场景？（　　）
   A. 文本情感分析　　　　　　B. 图像风格迁移
   C. 机器人路径规划　　　　　D. 语音识别

二、判断题

1. 在强化学习中,智能体根据当前状态选择行动的规则被称为策略。（　　）
2. 深度 Q 网络（DQN）的创新之处在于将深度学习与 Q-learning 相结合。（　　）
3. Q-learning 是一种基于策略的强化学习算法。（　　）
4. 强化学习的核心目标是优化数据分类精度。（　　）
5. 无模型的强化学习算法通过与环境的直接交互来学习。（　　）

三、填空题

1. 在强化学习中，智能体通过与_____交互来学习最优策略。
2. 有模型的强化学习需要对环境的_____。
3. 无模型的强化学习算法通过_____来学习。
4. 强化学习中，_____用于评估智能体的动作。
5. 演员-评论家（Actor-Critic）算法结合了基于_____和基于_____的方法。

四、简答题

1. 简述强化学习的基本原理。
2. 简述基于策略优化的强化学习分类。
3. 什么是 Actor-Critic 算法？
4. 有模型的强化学习和无模型的强化学习有什么区别？
5. 列举几个强化学习的典型应用场景。

第 6 章
群体智能——集体智慧的涌现

当你仰望天空，看到成千上万只鸟在空中划出优美的弧线时，你可能会感到惊叹。鸟群在飞行时，没有明确的领导者，也没有中央指挥，却能以惊人的协调性改变方向、避开障碍物，甚至形成复杂的图案。它们是如何做到这一点的？答案在于群体智能。

本章将深入探讨群体智能的原理和应用。从鸟群飞行的简单规则出发，逐步揭示群体智能的数学模型和算法设计。本章将介绍如何通过模拟鸟群的飞行行为设计出高效的优化算法、如何让机器人通过协作完成复杂任务，以及群体智能如何帮助理解和优化社会系统、生态系统等复杂网络。

本章目标

- 理解群体智能的基本概念：掌握群体智能的定义、基本原则与特点，了解群体智能的灵感来源（如自然界中的蚁群、鸟群等群体行为）。
- 掌握群体智能的主要算法：包括蚁群算法、粒子群优化算法、人工蜂群算法等，熟悉它们的基本操作步骤以及适用场景。
- 了解群体智能的应用领域：认识群体智能在蜂群无人机、交通与物流优化、机器人协同作业等领域中的典型应用案例。

6.1 群体智能的基本概念

鸟群的飞行并不是依赖于某只鸟的"高智商"，而是通过每只鸟遵循简单的规则来实现的。例如，每只鸟会根据周围几只同伴的位置和速度调整自己的飞行方向。这种简单的局部规则，最终导致了整个群体的复杂行为。这种现象被称为涌现（Emergence），即整体行为无法从单个个体的行为中直接预测，而是通过个体之间的交互自然产生。

6.1.1 群体智能的生物学启发

在自然界中，许多简单生物通过协作展现出令人惊叹的复杂行为。例如，蚁群能够高效地找到食物源并规划出最优路径，鸟群能够在空中以惊人的协调性飞行，鱼群能够快速避开捕食者等，如图 6-1 所示。这些现象的共同点在于，它们并非依赖于某个"领导者"或"中央指挥"，而是通过大量简单个体的去中心化协作实现的。群体智能的核心在于，其通过大量简单个体的去中心化协作，实现了超越个体能力的集体智慧。这种智慧不仅存在于自然界，还广泛应用于人工智能领域，用于解决路径优化、资源分配、分布式计算等复杂问题。

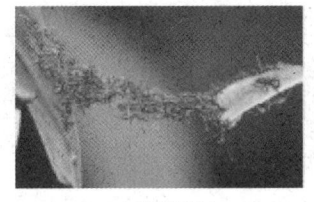

第6章 群体智能——集体智慧的涌现

a) 蚁群搭桥 　　　　b) 鸟群觅食 　　　　c) 蜂群筑巢

图 6-1　生物群体智能

群体智能的发展深受生物学现象的启发。以蜜蜂群体为例，单个蜜蜂的智能有限，但整个蜂群却能有条不紊地完成采蜜、筑巢、育幼等复杂任务，如图6-2所示。在蜜蜂选择新巢穴的过程中，当蜂巢因拥挤或其他原因不再适合居住时，蜂群会启动一个复杂而高效的群体决策过程来选择新的巢穴。这一过程不仅展示出蜜蜂群体智能的自组织性和涌现性，还体现了它们在没有中央控制的情况下，可以通过简单的规则和局部交互来达成集体共识。

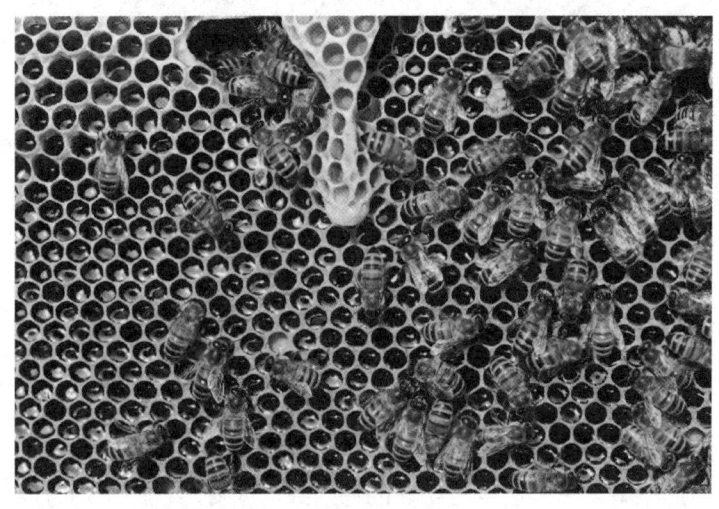

图 6-2　自然界中的蜜蜂

首先，侦察蜂会被派出，在周围约 $70km^2$ 的区域内寻找潜在的新巢穴。这些侦察蜂会评估每个候选地点的质量，包括空间大小、保护性等因素。一旦发现合适的地点，侦察蜂会返回蜂群，通过著名的"八字舞"或"摇摆舞"向其他蜜蜂传递信息，如图6-3所示。舞蹈的方向和持续时间分别指示巢穴的方向和距离，而舞蹈的频率和强度则表达了侦察蜂对候选地点的偏好程度。

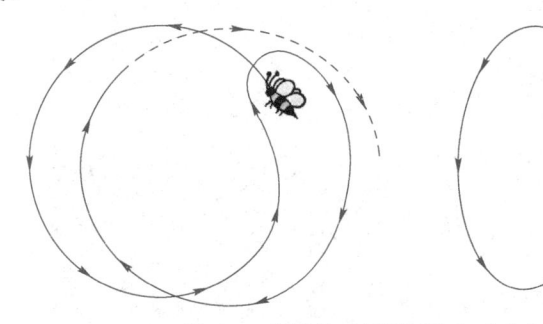

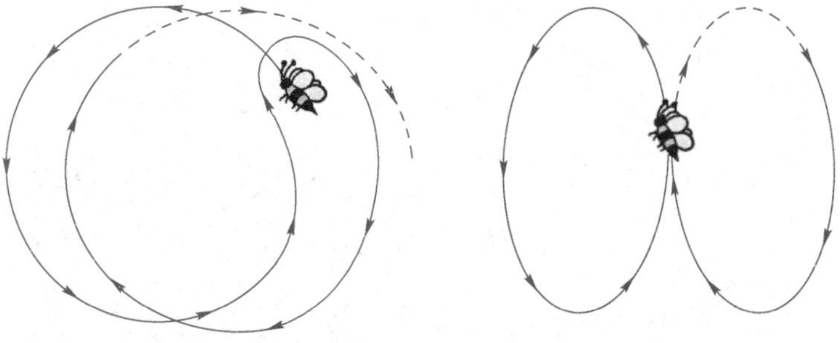

图 6-3　蜜蜂的"摇摆舞"和"八字舞"

其他工蜂会根据侦察蜂的舞蹈信息前往候选地点进行验证。这个过程类似于人类社会中的选举，不同个体基于自己的判断做出选择。尽管蜂群中没有明确的领导者，但通过侦察蜂之间的竞争和协作，群体能够从多个选项中选出最优解。这种决策过程完全是分散和自组织的，体现了群体智能的强大能力。一旦达成共识，整个蜂群会集体迁移到新巢穴，整个过程高效且有序，展现出蜂群在复杂环境中的适应性和协作能力。

蚂蚁群体同样如此。蚂蚁在寻找食物时，会派出大量蚂蚁向不同方向进行探索，如图 6-4 所示。当一只蚂蚁发现食物后，它会在返回巢穴的路径上留下信息素。其他蚂蚁在外出时，能够感知到信息素的存在，并倾向于沿着信息素浓度高的路径行走。随着越来越多的蚂蚁沿着这条路径往返，信息素浓度不断提高，从而形成一条从巢穴到食物源的高效路径。此外，蚂蚁群体还能根据环境变化（如遇到障碍物）迅速调整路径，展现出其强大的适应性。这种基于简单个体行为规则实现复杂任务的方式，为群体智能算法的设计提供了重要灵感。

图 6-4 蚂蚁寻找食物

再回过头来看鸟群的飞行。如图 6-5 所示，鸟群在飞行过程中能够保持紧密的队形，灵活地改变飞行方向，躲避障碍物等。研究发现，鸟群中的每只鸟只需遵循几个简单规则：与相邻的鸟保持合适的距离，飞行速度与相邻的鸟一致，朝着鸟群的平均方向飞行。通过这些简单规则，鸟群就能够展现出复杂而有序的飞行模式，实现高效的迁徙和生存活动。这种群体行为机制也为研究群体智能中的分布式协调与控制提供了借鉴。

图 6-5 鸟群保持飞行队形

这些看似简单的过程不仅展示出生物群体智能的复杂性，还为人类在分布式系统、优化算法和群体机器人等领域提供了重要启示。通过模仿蜜蜂的这种集体决策机制，科学家们开发出了多种算法，用于解决路径规划、任务分配和网络设计等复杂问题。

6.1.2 群体智能的定义

群体智能（Swarm Intelligence）是一种基于去中心化协作的智能行为，最早由 Beni 和 Wang 于 1989 年提出，用于描述自然界中群体协作现象以及受其启发的人工智能系统。其核心思想是，通过大量简单个体的局部交互，涌现出复杂的集体行为。这种智能形式并不依赖于单个个体的高智商，而是通过个体之间的协作和信息共享实现整体的智能。

简单来说，群体智能指的是那些本身无智能或者仅具备简单智能的个体，在相互合作的过程中，呈现出更高智能行为的特性。这里的个体"无智能"或"简单智能"，是相对于群体最终展现出的智能而言的。当众多这样的个体处于合作或竞争状态时，一些原本不存在于单个个体的智慧和行为模式会迅速涌现出来。

6.1.3 群体智能的基本原则与特点

群体智能遵循 Millonas 提出的五项基本原则，这些原则既是自然生物群体智慧的凝练，也是工程算法设计的核心准则。

1）邻近原则（Proximity Principle）：个体基于时空邻近性进行交互，而无须全局信息。例如，蚂蚁通过感知周围信息素浓度选择路径，蜜蜂通过舞蹈强度判断蜜源质量。该原则确保系统在局部信息下实现高效协作，从而降低通信成本。

2）品质原则（Quality Principle）：群体优先响应环境中的关键品质因子（如资源质量、路径效率）。例如，蜂群迁徙时，侦察蜂通过舞蹈强度来量化巢穴容量与安全性，通过群体选择累计品质最高的候选地。该原则驱动系统向全局最优解收敛。

3）多样性反应原则（Principle of Diverse Response）：群体行为需覆盖足够广泛的可能性，以避免模式单一化。例如，蚂蚁觅食时保留多条路径，通过信息素挥发机制防止固化；区块链网络中，节点通过随机验证避免共识僵化。该原则保障了系统探索与开发的平衡。

4）稳定性原则（Stability Principle）：群体行为需在环境变化中保持核心功能的稳定。例如，蜂群即使遭遇天敌干扰，仍能通过动态调整舞蹈参数维持迁徙决策的准确性。该原则确保系统在扰动下的鲁棒性。

5）适应性原则（Adaptability Principle）：群体需以合理代价灵活调整策略。例如，黏菌在食物匮乏时聚集成团迁移，京东物流系统通过实时数据更新动态优化分拣路径。该原则赋予系统动态演化能力。

群体智能的特点既包含自然生物系统的共性规律，也体现了人机协同系统的创新突破。

1）分布式与去中心化：无中央控制器，个体仅依赖局部交互（如信息素、舞蹈信号）协作，如图 6-6 所示。例如，蚂蚁群通过触角感知完成路径优化，区块链节点通过共识算法维护账本。这一特性使系统更加适应网络化环境，以避免单点故障风险。

2）鲁棒性与容错性：系统对个体失效具有强容忍性。例如，蜂群中部分工蜂死亡并不影响采蜜效率，无人机集群中单机故障可通过动态重组维持任务的连续性。

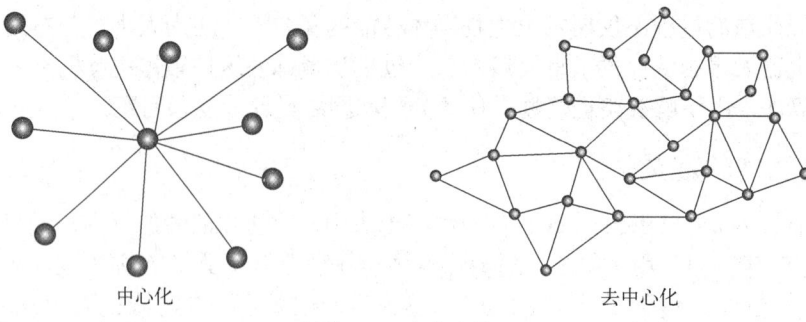

图 6-6 去中心化

3）自组织与涌现性：简单规则叠加产生复杂宏观行为。例如，蜜蜂通过局部舞蹈交互触发群体迁徙决策，开源社区开发者通过提交代码形成复杂的软件系统。这种"整体大于部分之和"的特性是群体智能的本质特征。

4）可扩展性：群体智能系统具有良好的可扩展性。随着个体数量的增加，系统的整体性能通常会提高，而不是下降。

6.1.4 群体智能的挑战与未来

群体智能的发展正经历从实验室理论到产业实践的跃迁，但这一过程伴随着技术瓶颈、伦理困境与生态重构等多重挑战。与此同时，其底层逻辑的颠覆性潜力正在重塑人工智能的技术路径，推动人类社会向"生态智能"时代迈进。

（1）技术挑战：从个体协同到系统级瓶颈

1）动态环境下的稳定性难题：群体智能的去中心化特性在提升鲁棒性的同时，也会导致系统行为难以预测。例如，美军"郊狼"无人机集群在电磁干扰下虽能维持编队，但任务完成效率下降 37%。上海人工智能实验室的多智能体系统在化学反应优化中发现，当环境扰动超过 15%时，群体决策收敛速度下降 50%。这种局部灵活与全局失控的矛盾，要求在算法设计中引入动态阈值调节机制。

2）通信与计算的双重瓶颈：传统群体智能依赖于邻近个体的信息交互，当智能体规模超过千级时，通信延迟可能引发"决策雪崩"。南京大学实验显示，300 架无人机集群的指令同步时间从 1.2s 增至 4.7s，导致路径规划误差率上升 28%。此外，群体智能的分布式计算架构对边缘算力提出了更高要求，现有硬件平台的能效比难以支撑。

3）能源效率与可持续性挑战：群体智能的大规模应用面临能源消耗的指数级增长。群体智能与深度学习的结合使得模型的训练和运行需要大量计算资源，通常需要使用高性能的硬件。这些硬件的运行需要大量电能，增加了电网负荷。随着智能体数量激增，全球人工智能相关用电量可能在 2027 年超过荷兰全国一年的用电量。这要求从硬件设计（如低功耗传感器）、算法优化（如动态任务分配）到能源供给（如边缘光伏供电）进行全链条创新。

（2）伦理与安全：从个体责任到群体博弈

1）责任归属的模糊地带：群体智能的去中心化特性导致事故责任难以追溯。群体智能系统通常由多个智能体组成，这些智能体包括人类、算法和机器人等。由于这些智能体在没有中央控制的情况下协同工作，导致责任难以追溯到单个实体。

2）数据隐私与算法偏见：群体智能的自组织特性可能会放大数据偏差。上海交通大学研究发现，基于城市数据训练的交通优化模型，在农村地区的通行效率预测误差率高达

42%。更隐蔽的风险在于"数据共谋"——多个智能体通过环境交互间接共享敏感信息，例如，某电商平台的推荐系统通过用户行为数据进行群体分析，可能泄露用户个人隐私。

3）对抗性攻击的脆弱性：群体智能的涌现行为易受恶意干扰。根据美军测试显示，通过伪造信息素信号，可使蚂蚁机器人集群的路径规划错误率提升73%。类似地，工业场景中的机器人群体可能因电磁脉冲攻击导致"集体失联"，例如，极氪工厂的32台机器人在模拟干扰下，任务中断率达19%。

（3）未来趋势：从技术突破到生态重构

1）技术融合：群体智能与其他前沿技术（如区块链、量子计算、边缘计算和人工智能）的融合将为其带来新的发展机遇。例如，区块链可以提高系统的安全性和透明性，而量子计算可以加速复杂问题的求解。

2）应用场景拓展：群体智能在智能城市、医疗、农业、交通和环境监测等领域的应用将不断拓展。例如，群体智能可以用于优化智能城市中的交通流量，或在医疗领域中用于诊断和制订治疗计划。

3）伦理和安全考量：在开发群体智能技术时，必须考虑伦理和安全问题，特别是在军事和监控应用中。确保系统的透明性和可审计性是未来研究的重要方向。

6.2 群体智能的经典算法

群体智能的核心在于通过简单个体的协作涌现出复杂的智能行为。在人工智能领域，这种思想激发了一系列经典算法的设计与应用。群体智能自20世纪80年代崭露头角，便迅速吸引了多学科领域研究人员的目光，成为人工智能及众多交叉学科的前沿热点。1991年，意大利学者Dorigo提出蚁群算法，正式拉开了群体智能系统性研究的大幕，此后相关研究如雨后春笋般蓬勃发展，如图6-7所示。1995年，Kennedy等学者提出粒子群优化算法，进一步丰富了群体智能的理论与实践体系。

图6-7 群体智能算法

本节将深入探讨具有代表性的群体智能算法，包括蚁群算法、粒子群优化算法和人工蜂群算法。通过介绍这些算法的原理、实现和应用案例，揭示群体智能如何在实际问题中展现出强大的优势，并为解决复杂问题提供新的思路和方法。

6.2.1 蚁群算法

微视频6.2.1 蚁群算法原理

蚁群算法，又称蚁群优化算法（Ant Colony Optimization，ACO），诞生于对蚂蚁群体觅食行为的精妙模拟。蚂蚁虽个体渺小，看似缺乏复杂智能，却能在寻找食物的过程中，神奇地发现从巢穴到食物源的最短路径，如图6-8所示。意大利学者M.Dorigo、V.Maniezzo和

A.Colomi 等人受此启发，于 20 世纪 90 年代初期提出了蚁群算法。

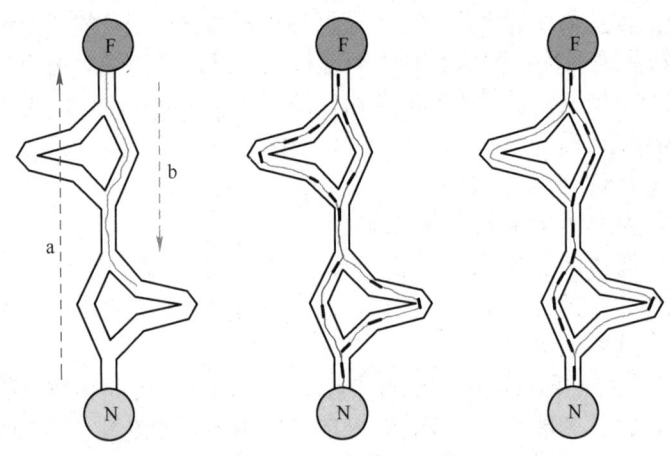

图 6-8 蚂蚁觅食最短路径

在蚁群的觅食过程中，每只蚂蚁在行进时会释放一种名为"信息素"的化学物质。信息素如同无形的"路标"，指引着同伴前行。当众多蚂蚁在不同路径上穿梭时，较短的路径上由于蚂蚁往返速度快，单位时间内经过的蚂蚁数量更多，因此路径上积累的信息素浓度也就更高。后续蚂蚁在选择路径时，会更倾向于信息素浓度高的路径，这就形成了一种正反馈机制。随着时间的推移，几乎所有蚂蚁都会聚集到最短路径上。

蚁群算法通过模拟蚂蚁觅食行为，将蚂蚁的行走路径映射为优化问题的可行解，整个蚂蚁群体的路径构成解空间，较短路径上的蚂蚁释放更多的信息素。随着时间的推移，较短路径上的信息素浓度逐渐增加，吸引更多蚂蚁选择该路径。最终，通过正反馈机制，蚂蚁群体集中到最佳路径上，对应优化问题的最优解。蚂蚁觅食行为和蚁群优化算法基本定义的对照关系如表 6-1 所示。

表 6-1 蚂蚁觅食行为和蚁群优化算法基本定义的对照关系

蚂蚁觅食行为	蚁群优化算法
蚂蚁的行走路径	优化问题的可行解
蚂蚁群体的所有路径	优化问题的解空间
信息素的释放与累积	解的质量反馈与强化
最佳路径	优化问题的最优解

在路径优化问题中，蚁群算法有着广泛应用。以旅行商问题为例，一位旅行商需要前往多个城市推销商品，如何规划一条总路程最短的路线，是一个复杂的组合优化难题。蚁群算法将城市视为蚂蚁路径上的节点，蚂蚁在城市间的移动模拟为路径选择。初始时，蚂蚁随机选择城市顺序。在遍历过程中，蚂蚁依据路径上的信息素浓度和启发式信息（如城市间距离）来决定下一步走向。每只蚂蚁完成一次遍历后，会在其走过的路径上留下信息素，信息素浓度与路径长度成反比，即路径越短，留下的信息素越多。经过多轮迭代，信息素逐渐在最优路径上积累，引导更多蚂蚁选择该路径，即最终找到近似最优解。

在资源分配场景中，蚁群算法同样大显身手。例如，在云计算环境下，众多虚拟机需要分配有限的计算资源，如 CPU、内存等。可以把虚拟机看作蚂蚁，资源类型和数量当作不同的路径。蚂蚁（虚拟机）在选择资源分配方案时，依据资源的使用情况（类似信息素浓度，资源利用率低的方案，信息素浓度相对较高）和任务需求（启发式信息）来做出决策。通过不断迭代，最终实现资源的高效合理分配，从而提高整个云计算系统的性能和资源利用率。

6.2.2 粒子群优化算法

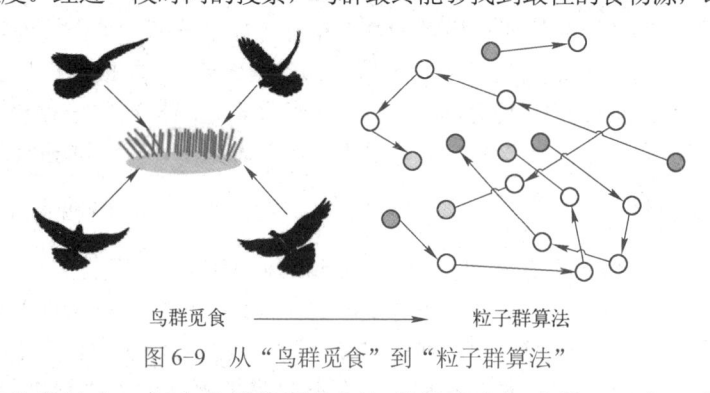

粒子群优化算法（Particle Swarm Optimization，PSO）也称微粒群算法，由美国心理学家 Kennedy 和 Eberhart 于 1995 年提出，其灵感源于对鸟群觅食行为的细致观察，如图 6-9 所示。想象在一片森林中，一群鸟儿随机分布，它们共同寻找食物源。每只鸟根据自己的判断选择搜索方向，并记录自己找到过食物最多的位置。同时，通过相互传递每次发现食物的位置及食物量，让其他的鸟知道当前食物量最多的位置。每只鸟在飞行过程中，会参考自身曾经找到的食物最多的位置以及整个鸟群目前发现的食物最多的位置来调整飞行方向和速度。经过一段时间的搜索，鸟群最终能够找到最佳的食物源，即全局最优解。

图 6-9 从"鸟群觅食"到"粒子群算法"

在粒子群优化算法中，每个优化问题的解都是搜索空间中的一只鸟，称之为"粒子"。每个粒子都有自己的位置和速度，位置代表问题的一个潜在解，速度决定粒子移动的方向和步长。粒子通过不断更新自身位置，逐渐靠近最优解，如图 6-10 所示。在函数优化问题上，以求解一个复杂函数的最小值为例，假设函数是一个多维空间中的复杂曲面，粒子就像是在这个曲面上探索的点。粒子根据个体最优位置（即粒子在之前搜索过程中找到的函数值最小的位置）和群体最优位置（整个粒子群目前找到的函数值最小的位置）来调整自己的速度和位置。经过多次迭代，粒子们会逐渐聚集在函数的最小值附近，最终找到近似最优解。鸟群觅食行为和粒子群优化算法基本定义的对照关系，如表 6-2 所示。

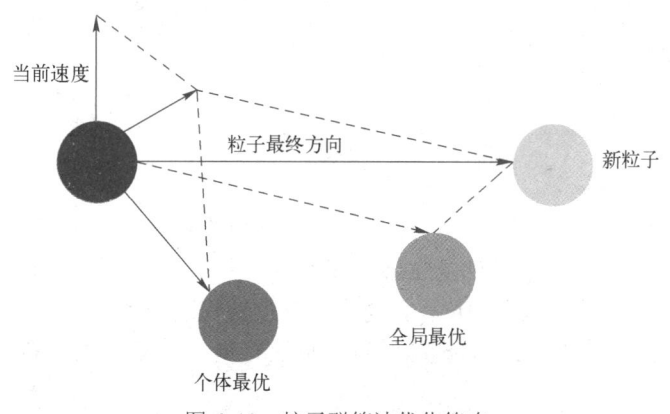

图 6-10 粒子群算法优化策略

表 6-2 鸟群觅食行为和粒子群优化算法基本定义的对照关系

鸟群觅食行为	粒子群优化算法
鸟	粒子（代表一个可能的解）
森林	搜索结果空间（求解空间）
食物量	目标函数值
每只鸟所处的位置	空间中的一个解（粒子位置）
食物量最多的位置	全局最优解（最优解）
每只鸟记忆中食物量最多的位置	个体最优解
鸟群共享的食物量最多的位置	群体最优解

在参数调优方面，粒子群优化算法也发挥着重要作用。例如，在训练一个神经网络模型时，需要调整众多参数，如学习率、隐藏层神经元数量、权重等，以获得最佳模型性能。可以将这些参数组合看作粒子的位置，模型的性能指标（如准确率、均方误差等）当作目标函数值。粒子群优化算法通过不断调整粒子位置（即参数组合），并根据模型性能反馈，朝着使模型性能最优的参数组合方向搜索。与传统的网格搜索、随机搜索等参数调优方法相比，粒子群优化算法能够更快地找到较优的参数组合，以节省大量计算时间和资源。

6.2.3 人工蜂群算法

微视频 6.2.3 人工蜂群算法原理

人工蜂群算法（Artificial Bee Colony Algorithm，ABC 算法）由 Karaboga 于 2005 年提出，是对蜜蜂群体行为的模拟。在蜜蜂群体中，虽然单个蜜蜂的行为相对简单，但整个蜂群却能展现出复杂而高效的协作能力。人工蜂群算法通过模拟蜜蜂群体在觅食过程中的分工协作机制，将优化问题的解映射为"食物源"，并利用不同角色的蜜蜂在搜索空间中进行动态探索与开发，最终收敛至全局最优解。人工蜂群算法主要由三种角色构成：引领蜂、跟随蜂和侦察蜂，如图 6-11 所示。引领蜂与特定食物源对应，储存着食物源的相关信息，并通过摇摆舞与其他蜜蜂分享；跟随蜂在蜂巢内，依据引领蜂分享的信息选择食物源；侦察蜂则负责在蜂巢附近探索新的食物源。

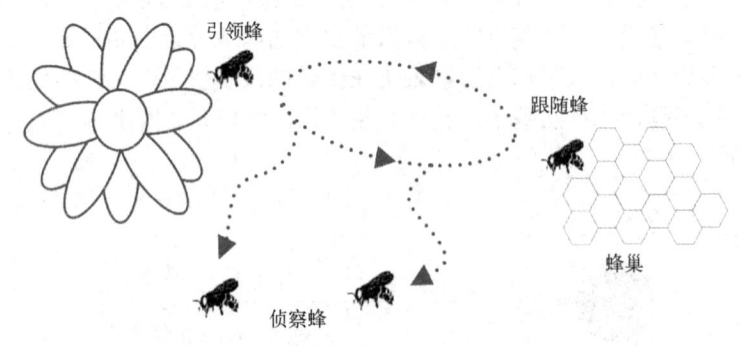

图 6-11 人工蜂群算法中的主要角色

如图 6-12 所示，人工蜂群算法的实现步骤如下。
- 初始化：随机生成一组蜜源位置，每个蜜源位置代表一个可能的解。
- 引领蜂搜索：引领蜂在当前蜜源位置附近进行局部搜索，生成新的蜜源位置，并更新花蜜量。

- 跟随蜂选择：跟随蜂根据蜜源的花蜜量选择蜜源，并在选中的蜜源附近进行进一步的搜索。
- 侦察蜂探索：如果某个蜜源在多次尝试后没有被改进，则丢弃该蜜源，同时侦察蜂在搜索空间中随机生成新的蜜源位置。
- 迭代优化：重复上述步骤，直到达到终止条件（如最大迭代次数或解的收敛）。

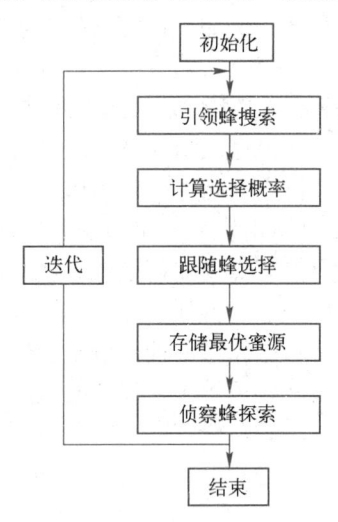

图 6-12　人工蜂群算法的实现步骤

在任务分配场景下，以一个多机器人协作完成任务的场景为例。不同的机器人有着不同的能力和资源，当需要完成一系列复杂任务（如在一个大型仓库中）时，有的机器人擅长搬运重物，有的机器人适合进行货物分拣。可以把机器人看作蜜蜂，任务当作食物源。引领蜂（可指定部分机器人作为初始引领蜂）根据自身对任务的适应性和执行情况，将任务信息传递给跟随蜂（其他机器人）。跟随蜂根据这些信息，并结合自身状态，选择合适的任务执行。在执行过程中，如果发现当前任务分配不合理或者有更好的任务机会，侦察蜂（部分机器人）会探索新的任务分配方案。通过这种不断的信息交流和任务调整，最终实现任务在机器人之间的高效分配，从而提高整体工作效率。

在组合优化问题中，蜂群算法也有出色的表现。例如，在生产调度问题中，工厂需要安排不同产品在多台机器上的加工顺序，以最小化生产周期或最大化生产效率。蜂群算法将不同的加工顺序组合视为不同的食物源，蜜蜂通过不断尝试不同的加工顺序，依据生产结果（如生产周期长短、资源利用率等）来评估食物源的"收益率"。收益率高的食物源（加工顺序）会吸引更多蜜蜂（即更多尝试），经过多轮搜索和调整，逐渐找到最优的生产调度方案，从而提升工厂的生产管理水平。

6.3　群体智能的应用案例

群体智能在众多领域都有着广泛且重要的应用。在优化算法领域，基于群体智能的算法（如蚁群优化算法和粒子群优化算法），被大量应用。蚁群优化算法模拟蚂蚁寻找食物的过程，用于解决旅行商问题等组合优化问题。在旅行商问题中，一个商人计划访问多个城市，要求找到一条总路程最短的路线。蚁群优化算法通过模拟蚂蚁在城市间的路径选择行为，利用信息素的更新机制,逐渐搜索出最优路径。粒子群优化算法则模拟鸟群觅食行为,将问题的解看作空间中的粒子,粒子通过追随自身历史最优位置和群体历史最优位置来更新自己的位置,从而寻找问题的最优解。在工程设计中,粒子群优化算法可用于优化机械结构的参数,使机械性能达到最优。

在机器人领域,群体智能助力多机器人协作系统的发展。多个机器人组成的群体,能够完成单个机器人难以胜任的复杂任务。例如,在灾难救援场景中,多机器人协作系统可以进入危险区域,进行搜索和救援工作。每个机器人根据自身传感器获取的局部信息,以及与其他机器人的协作信息,自主决定行动策略。它们可以协作搜索幸存者、搬运救援物资、搭建临时避难所等。在工业生产线上,多机器人协作系统能够实现高效的生产流程,不同的机器人负责不同的生产环节,通过相互协作提高生产效率和产品质量。

在通信网络领域,群体智能可用于优化网络路由和资源分配。在一个复杂的通信网络中,数据包需要从源节点传输到目的节点,如何选择最优的传输路径,以避免网络拥塞和提高数据传输效率,是一个关键问题。基于群体智能的算法可以模拟生物群体的行为,让数据包在网络中"探索"不同路径,并根据路径的拥塞情况和传输延迟等信息,逐渐形成最优的路由策略。在无线网络中,群体智能还可用于合理分配频谱资源,以提高频谱利用率,保证通信质量。

6.3.1 蜂群无人机

蜂群无人机(Drone Swarm)是一种基于群体智能的分布式系统,由多架小型或微型无人机组成,如图 6-13 所示。这些无人机通过简单的局部规则和信息共享,可以实现复杂的群体行为,如编队飞行、目标搜索和协同作业。蜂群无人机的设计灵感来源于自然界中的蜂群、鸟群和鱼群等社会性生物的群体行为,其在军事和民用领域展现出广泛的应用潜力。

图 6-13 蜂群无人机

在军事领域,美国海军研究局积极推进无人机蜂群侦察技术,其"郊狼"项目是一个典型案例。自 2015 年起,美国海军研究局完成了长 0.91m、翼展 1.47m、重 5.9kg 的"郊狼"无人机的单机测试,如图 6-14 所示。2016 年 5 月,完成了 30s 内发射 30 架"郊狼"无人机的试验,验证了由"郊狼"组成的"蜂群"的编队飞行、队形变换和协同机动能力。这些小型无人机通过分布式、多角度和全方位侦察,覆盖大片复杂区域,能够前赴后继地穿越复杂电磁环境与高威胁防空区域，并实时回传战场态势，为后续打击行动开辟通道。这一项目展示出群体智能在军事侦察中的应用，通过多无人机的协同工作，实现了高效的情报收集和战场监控。

图 6-14 "郊狼"无人机

在民用领域，蜂群无人机的应用同样广泛，如参与灾害救援（见图6-15）。2023 年 7 月，河南郑州发生特大暴雨，导致洪涝灾害，蜂群无人机在灾害救援中发挥了重要作用。无人机群通过群体智能技术，快速构建三维灾情模型，投送物资至交通中断区域，并通过自组网恢复通信。这些无人机搭载红外热成像和生命探测设备，支持夜间搜救，极大提高了救援效率。在灾害救援中，蜂群无人机通过群体智能算法实现自主编队、动态调整和协同工作，展现出强大的适应性和应变能力。

图 6-15 蜂群无人机参与灾害救援

6.3.2 交通与物流优化

群体智能在交通与物流领域的应用日益广泛，其通过模拟自然界中的群体协作行为，能够有效解决交通拥堵、物流配送效率低下等问题。

车路协同系统是一种基于群体智能的交通优化技术，通过车辆与道路基础设施之间的信息交互，实现交通流量的动态优化，如图 6-16 所示。2019 年，阿里巴巴、百度等互联网公司先后发布了车路协同的战略发展目标和计划，推动了该技术的快速发展。车路协同系统通过车辆之间的实时信息共享（如位置、速度、行驶方向）以及道路智能设施提供的路况信息，使车辆能够提前做出更明智的决策。例如，车辆可以根据实时交通信息选择更通畅的路线或调整速度，从而避免不必要的刹车或加速，合理分配交通流量，缓解拥堵问题。

图6-16 车路协同系统

在物流运输领域，群体智能算法（如蚁群优化、粒子群优化）广泛用于路径规划和任务调度，如图6-17所示。例如，国内的顺丰速运和菜鸟裹裹，整合了来自各个环节的海量数据，包括订单信息、车辆位置、交通路况、客户地址等。通过大数据分析技术，对这些数据进行深度挖掘和分析，为配送路径优化提供了坚实的数据基础。同时，运用机器学习算法，如遗传算法、蚁群算法等，并综合考虑多种因素，实现了路径的智能规划。在确定配送路径时，充分考虑运输距离、运输时间、车辆载重、配送时间窗口等因素。最终使运输成本得到有效控制，降低车辆的空驶率，减少燃油消耗和车辆损耗，企业的经济效益得以提升。

图6-17 物流运输优化

6.3.3 机器人协同作业

机器人协同作业是群体智能在工业和物流领域的重要应用之一，通过多台机器人之间的协作，能够高效完成复杂任务，如图6-18所示。

图 6-18 机器人协同作业

2025 年 3 月，优必选科技在极氪 5G 智慧工厂（见图 6-19）开展了全球首例多台、多场景、多任务的人形机器人协同实训，展示出群体智能在复杂工业环境中的应用。在协同分拣环节，优必选工业人形机器人 Walker S1 通过跨场域纯视觉感知技术，实现动态目标的跨场域连续感知与跟踪，机器人群体协作构建全局地图并实现"群建群享"。在协同搬运场景中，人形机器人协同搬运大负载、大尺寸工件面临诸多难点，如负载分布不均、运动轨迹复杂以及动态环境适应等。优必选通过多机协同控制技术，构建了联合规划控制系统，实现轨迹规划、负载辨识与柔顺控制的多机协同，确保机器人在搬运过程中能够动态调整姿态与力度，显著提升了搬运大尺寸及大负载工件的稳定性。

图 6-19 极氪 5G 智慧工厂

仓储机器人协同作业也离不开群体智能，京东"亚洲一号"仓库是全球规模领先的智能物流仓群之一，采用了大规模的 AGV 集群和多智能体系统，实现了仓储自动化与机器人协同作业。2022 年"618"期间，长沙"亚洲一号"智能物流园区内，百余台应用 5G 技术的"地狼"AGV 智能拣选机器人正式投用，标志着物流行业首次实现上百台 5G"地狼"AGV 的大规模并发作业。多智能体系统通过博弈论算法，动态分配任务与调整路径，协调 AGV、机械臂和无人机的协同工作。例如，当 AGV 搬运货物到达机械臂的工作区域时，机械臂会根据任务优先级和自身状态，快速抓取货物并进行分拣。同时，无人机负责实时监控仓库内的货物分布和设备运行状态，为系统提供实时数据支持。

本章小结

群体智能作为人工智能领域中一个独特而富有启发性的分支，已经在理论研究和实际应用中展现出巨大的潜力。通过本章的学习，对群体智能的基本概念、核心原理、主要算法以及广泛应用有了全面而深入的理解，同时也对群体智能的优势和面临的挑战有了更清晰的认识。

【习题】

一、选择题

1. 群体智能的核心思想来源于以下哪种自然现象？（ ）
   A．鸟群觅食行为　　　　　　　B．蚂蚁觅食行为
   C．鱼群觅食行为　　　　　　　D．以上都是
2. 蚁群优化算法中，蚂蚁选择路径的概率与什么成正比？（ ）
   A．信息素浓度
   B．启发式信息
   C．信息素浓度和启发式信息
   D．以上都不是
3. 粒子群优化算法模拟的是以下哪种自然现象？（ ）
   A．鸟群觅食行为　　　　　　　B．蚂蚁觅食行为
   C．鱼群觅食行为　　　　　　　D．蜜蜂觅食行为
4. 在蜂群算法中，哪种角色负责探索新的蜜源？（ ）
   A．引领蜂　　　　　　　　　　B．跟随蜂
   C．侦察蜂　　　　　　　　　　D．以上都不是
5. 群体智能算法中的个体通常具有什么特点？（ ）
   A．简单规则和行为　　　　　　B．复杂规则和行为
   C．高智商　　　　　　　　　　D．以上都不是

二、判断题

1. 群体智能算法需要中央控制器来协调个体行为。（ ）
2. 粒子群优化算法中的粒子根据个体最优位置和群体最优位置来调整自己的速度和位置。（ ）
3. 人工蜂群算法中的侦察蜂负责在已知蜜源附近进行局部搜索。（ ）
4. 群体智能算法的鲁棒性较差，容易受到个体失效的影响。（ ）
5. 群体智能算法中的个体行为简单，但群体行为复杂。（ ）

三、填空题

1. 群体智能的核心思想是通过_____的交互涌现出复杂的集体行为。
2. 人工蜂群算法中，_____负责在已知蜜源附近进行局部搜索。
3. 粒子群优化算法中，粒子的速度更新公式包含_____和_____两个部分。
4. 蚁群算法中，路径越短，信息素浓度越_____。

5．群体智能的五项基本原则包括：邻近原则、品质原则、多样性反应原则、稳定性原则和_____。

四、简答题

1．简述群体智能的五项基本原则。
2．简述蚁群优化算法的基本原理。
3．什么是群体智能的"去中心化"特征？
4．人工蜂群算法中有哪几种角色？各自负责什么任务？
5．简述粒子群优化算法的基本原理。

第 7 章
生成式人工智能——创造内容的新引擎

生成式人工智能（Generative Artificial Intelligence）是人工智能领域中一个快速发展且极具影响力的分支，它旨在通过对大量数据的学习，生成全新的、具有类似训练数据特征的内容，涵盖图像、文本、音频、视频等多种形式。这一技术突破了传统人工智能仅进行分析和预测的局限，赋予机器"创造"的能力。本章将详细介绍生成式人工智能的基本概念、基本原理以及应用案例。

本章目标
- 了解生成式人工智能的定义及其发展历程。
- 了解生成式人工智能的未来发展方向及其典型应用。
- 掌握生成式人工智能的生成对抗网络、变分自编码器、扩散模型以及基于 Transformer 的大语言模型的基本原理。

7.1 生成式人工智能概述

生成式人工智能是指基于深度学习技术，通过分析海量数据自主创造文本、图像、音频等新型数字内容的人工智能范式。本节介绍生成式人工智能的定义、发展历程以及未来的发展方向。

7.1.1 生成式人工智能的定义

生成式人工智能是人工智能（AI）领域的重要分支，它是一种基于算法和模型来生成文本、图像、声音、视频、代码等内容的技术。不同于传统的人工智能仅对输入数据进行处理和分析，生成式人工智能可以学习并模拟事物的内在规律，根据用户的输入资料生成具有逻辑性和连贯性的新内容。这一技术的核心依托于多模态模型，能够针对用户需求实现异构数据的生成式输出。

生成式 AI 打破了传统 AI 的界限，不再局限于对已有信息的解读和反馈，而是能够主动创造，赋予机器以"创造力"。通过深度学习算法和大规模数据集的训练，生成式 AI 能够捕捉到数据中的潜在模式和规律，从而生成既符合逻辑又富有创新性的内容。这种技术的出现极大地丰富了人工智能的应用场景，为各行各业带来了前所未有的变革和机遇。

1）在内容生成领域，OpenAI 的 GPT 系列模型能够根据用户输入的提示生成连贯的文章或对话，DALL-E 能将文本描述转化为逼真的图像。这种能力源于生成式 AI 对海量数据的学习，使其能够捕捉语言、视觉或声音中的复杂模式，并通过概率分布生成符合逻辑的新内容。

2）在生物科技领域，DeepMind 的 AlphaFold 系统在蛋白质结构预测领域取得了突破性进展，它能够准确预测蛋白质的三维结构（见图 7-1），这对于药物设计和生物医学研究具有重大意义。

3）在音乐创作领域，Amper Music 和 AIVA（Artificial Intelligence Virtual Artist）能够根据给定的风格和参数创作出全新的音乐作品。它们不仅能够模仿经典作曲家的风格，还能创作出全新的曲风，为音乐创作提供无限的可能性。

4）在医疗健康领域，IBM Watson Health 通过分析医学文献与患者数据，帮助医生给出更准确的诊断和治疗决策。AI 在影像识别方面也取得了显著进展，能够辅助放射科医生识别 X 光片、CT 扫描和 MRI 图像中的异常情况。

这些例子展示出生成式 AI 在不同领域的应用潜力，它们正在改变人们处理信息、创造内容和解决问题的方式。随着技术的不断进步，生成式人工智能的应用将更加广泛和多样，可以期待 AI 在未来带来更多的创新和突破。

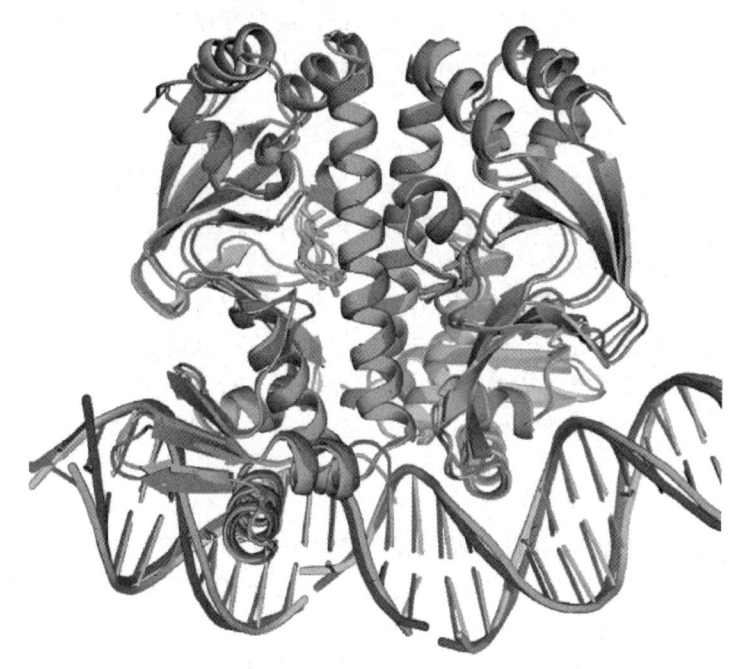

图 7-1 蛋白质的三维结构

从技术本质来看，生成式 AI 的核心架构包括生成对抗网络（GAN）、变分自编码器（VAE）、扩散模型（Diffusion Model）以及基于 Transformer 的大语言模型（LLM）。这些模型通过不同的机制实现内容生成，具体如下。

1）生成对抗网络（GAN）：由生成器和判别器组成，生成器负责创建数据，判别器负责评估数据真实性。通过两者的对抗学习，生成器生成数据的逼真度逐渐提升。

2）变分自编码器（VAE）：通过编码器将数据映射到潜在空间，再利用解码器从潜在空间生成数据。VAE 通过优化潜在空间的分布，确保生成数据的多样性和逼真性。

3）扩散模型（Diffusion Model）：模仿物理扩散过程，逐步向数据中加入噪声，再学习逆向的去噪过程，最终生成清晰的数据。模型通过这一过程实现了高效的数据生成与数据创造。

4）基于 Transformer 的大语言模型（LLM）：利用 Transformer 架构处理序列数据，通过大量文本数据的预训练，模型能够高效理解和生成自然语言，广泛应用于文本翻译、问答和文本创作等领域。

7.1.2 生成式人工智能的发展历程

生成式 AI 的发展可划分为四个阶段，分别为基于规则的生成式系统、基于统计模型的生成算法、深度生成式算法和预训练大模型时代，每一阶段的突破均推动了技术的质变。

（1）基于规则的生成式系统（1950—1980）

早期生成式 AI 依赖人工设计的规则和逻辑，它们主要依靠人类专家提前设定好的规则和逻辑来工作。例如，20 世纪 60 年代的聊天机器人 ELIZA 通过模式匹配模拟心理治疗对话，它通过识别人们输入的关键词，然后从预设的对话模板中找到合适的回答。但其输出严格受限于预设规则，因此缺乏灵活性和创造力。这一阶段的系统主要用于完成简单任务，如机器翻译和基础对话，但由于其高度依赖专家知识，需要专家提前考虑到所有的规则和可能的情况，这使得系统很难被改进以及扩展到更复杂的任务上。

（2）基于统计模型的生成算法（1980—2010）

随着统计学和概率模型的发展，生成式 AI 开始利用隐马尔可夫链和贝叶斯网络等工具。例如，语音合成系统通过统计声学模型生成自然语音。这一阶段的技术在文本生成和语音处理领域取得了初步成功，但生成内容的质量和多样性仍有局限。

（3）深度生成式算法（2010—2018）

深度学习的兴起彻底改变了生成式 AI。2014 年，生成对抗网络（GAN）的提出标志着深度学习技术进入新纪元。GAN 通过生成器与判别器的对抗训练，首次实现了高质量图像的生成。同期，变分自编码器（VAE）和循环神经网络（RNN）也在文本与音频生成中崭露头角。这一阶段的技术突破了传统模型的瓶颈，生成内容达到类人水平，但模型规模较小，且通用性有限。

（4）预训练大模型（2018 年至今）

以 Transformer 架构为核心的预训练大模型（如 GPT-3、BERT）开启了生成式 AI 的通用化时代。这些模型通过海量数据预训练，展现出强大的多任务处理能力。例如，GPT-3 不仅能生成文本，还能完成代码编写、翻译和问答任务。2022 年后，多模态模型（如 DALL-E、Stable Diffusion）进一步整合文本、图像和视频生成能力，推动技术从单一模态向跨模态协同演进。

这些多模态模型不仅提升了生成内容的丰富性和逼真性，还极大地拓宽了生成式 AI 的应用场景。例如，Stable Diffusion 能够根据用户输入的文本描述生成相应的图像，如图 7-2 所示。这些进步使得生成式 AI 在艺术创作、娱乐设计、虚拟体验等领域展现出前所未有的潜力。同时，随着技术的不断成熟，生成式 AI 在语义理解、逻辑推理等方面的能力也在持续提升，进一步推动了其在自然语言处理、智能问答、个性化推荐等领域的广泛应用。

图 7-2　Stable Diffusion 生成的图片

7.1.3　生成式人工智能的未来发展

生成式人工智能的未来将围绕技术突破、应用深化与伦理治理三大主线展开，具体如下。

（1）多模态融合与复杂场景适配

未来的生成式 AI 将实现更深度的跨模态整合。具身机器人通过安装强大的多模态大模型作为"大脑"，可以完成货物的搬运、打扫卫生、唱歌等一系列操作，如图 7-3 所示。多模态模型将突破单一内容形式的限制，在影视制作、虚拟现实等领域提供沉浸式体验。

微视频 7.1.3　生成式人工智能未来的发展趋势

图 7-3　大模型与复杂场景适配

（2）上下文理解与长程逻辑连贯性

当前模型在处理长文本或多轮对话时，常因上下文窗口限制而丢失关键信息。未来，通过扩展上下文窗口（如 GPT-4 支持数万 token 输入）和优化记忆机制，AI 将能更精准地捕捉用户意图。例如，在医疗咨询中，AI 可基于患者数年的病史生成个性化诊疗建议，而非仅依赖片段化信息。

（3）偏见消除与伦理对齐

生成式 AI 的偏见问题源于训练数据中的社会文化偏差。未来，AI 将结合数据清洗、公平性约束算法和人类反馈强化学习（RLHF），确保输出内容符合伦理标准。例如，微软开发的"负责任 AI 框架"通过嵌入道德准则，限制模型生成歧视性言论。

（4）行业专用模型的普及

通用大模型将逐步向垂直领域细化。例如，金融领域可训练专用于市场预测与风险评估的模型，医疗领域则开发支持病理分析和药物发现的模型。这类模型通过结合行业知识库（如医学文献、法律条文），提供更高精度的专业服务。

（5）人机协同与创造力增强

生成式 AI 将逐步从"工具"演变为"创作伙伴"。例如，设计师可通过 AI 生成数百种设计方案，再从中筛选优化；作家则利用 AI 扩展叙事框架，突破灵感瓶颈。这种协作模式不仅提升了效率，还催生了全新的艺术形式，如 AI 与人类共同创作的交互式小说或动态艺术装置。

（6）实时生成与边缘计算

随着算力优化和边缘设备的性能提升，生成式 AI 将向实时化与轻量化发展。例如，智能手机可直接运行本地化 AI 模型，实时生成 AR 滤镜或翻译对话。这一趋势将推动技术从云端向终端渗透，从而增强隐私保护，提升响应速度。

7.2 生成式人工智能的基本原理

生成式人工智能是一种能够生成新的数据（如文本、图像、音频等）的人工智能技术，其基本原理包括生成对抗网络、变分自编码器、自回归模型以及扩散模型。

7.2.1 生成对抗网络（GAN）

生成对抗网络（GAN）的全称是 Generative Adversarial Network，它是两个网络的组合，如图 7-4 和图 7-5 所示。生成器网络负责生成模拟数据，判别器网络则负责判断输入的数据是真实的还是生成的。生成器网络要不断优化自己生成的数据让判别器网络无法判断，判别器网络也要优化自己使其判断得更准确。二者形成对抗关系，因此叫作对抗网络。

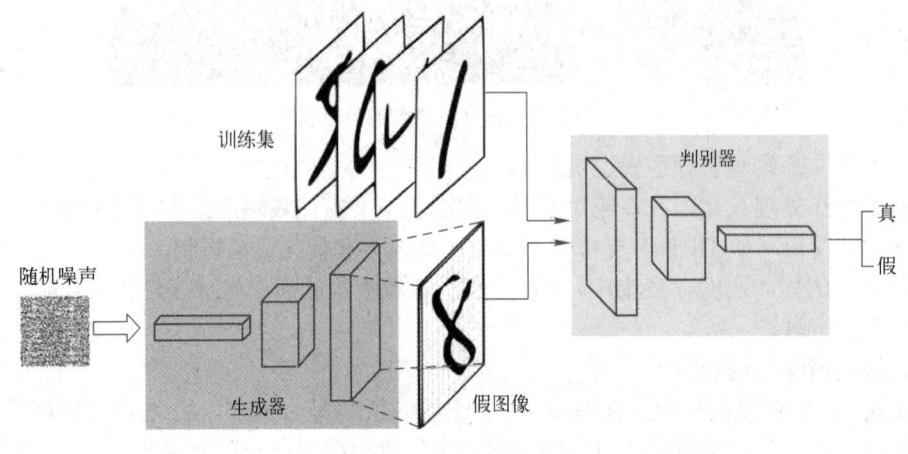

图 7-4 GAN 示意图

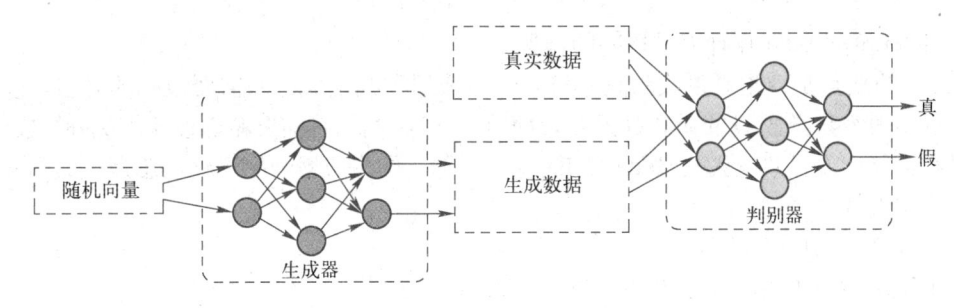

图 7-5　GAN 的基本组成

（1）生成对抗网络的基本结构

GAN 由两个重要的部分构成：生成器（Generator，简写作 G）和判别器（Discriminator，简写作 D），如图 7-6 所示。生成器的作用是通过机器生成数据，目的是尽可能"骗过"判别器，其生成的数据记作 $G(z)$。判别器的作用是判断数据是真实数据还是生成器生成的数据，目的是尽可能找出生成器生成的"假数据"。它的输入参数是 x，x 代表数据，输出 $D(x)$ 代表 x 为真实数据的概率，如果为 1，代表 100%是真实的数据，而输出为 0，则代表不可能是真实的数据。这样，G 和 D 构成了一个动态对抗（或博弈过程），随着训练（对抗）的进行，G 生成的数据越来越接近真实数据，D 鉴别数据的水平越来越高。在理想的状态下，G 可以生成足以"以假乱真"的数据；而对于 D 来说，它难以判断生成器生成的数据究竟是否是真实的，因此 $D(G(z))=0.5$。训练完成后，得到一个生成模型 G，它可以用来生成以假乱真的数据。

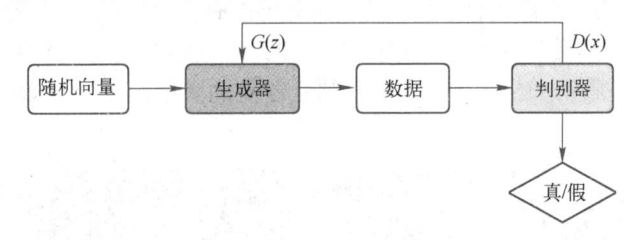

图 7-6　GAN 工作流程

（2）基本训练过程

1）第一阶段：固定判别器 D，训练生成器 G。使用一个性能较好的 D，G 不断生成"假数据"，然后给这个 D 去判断。开始时，G 还很弱，所以很容易被判断出来。但随着训练不断进行，G 的性能不断提升，最终骗过了 D。这时，D 基本属于"瞎猜"的状态，判断为假数据的概率为 50%。

2）第二阶段：固定生成器 G，训练判别器 D。通过第一阶段后，继续训练 G 就没有意义了。这时固定 G，然后开始训练 D。通过不断训练，D 提高了自己的鉴别能力，最终可以准确判断出假数据。

3）第三阶段：重复第一阶段和第二阶段。通过不断循环，生成器 G 和判别器 D 的能力都越来越强。最终得到一个效果非常好的生成器 G，可以用它来生成数据。

（3）GAN 的优缺点

GAN 的优点是能更好建模数据分布（图像更锐利、清晰）。理论上，GAN 能训练任何一种生成器网络。而其他的框架需要生成器网络有一些特定的函数形式，如输出是高斯分布。GAN 无须利用马尔可夫链反复采样，无须在学习过程中进行推断，且没有复杂的变分下界，可以避开近似计算棘手的概率的难题。

GAN 的缺点是模型难以收敛且不稳定。生成器和判别器之间需要很好的同步，但是在实际训练中很容易导致 D 收敛，G 发散，因此 D 和 G 的训练需要精心设计。此外，GAN 的学习过程可能出现模式缺失（Mode Collapse）问题，即生成器开始退化，总是生成同样的样本点，无法继续学习。

（4）GAN 常见的应用场景
- 图像生成：如生成人脸图像、艺术作品等。
- 图像修复：修复老照片或遮挡的图片。
- 风格迁移：将照片转为梵高画风。
- 数据增强：生成更多训练数据供其他模型使用。

7.2.2 变分自编码器（VAE）

变分自编码器（VAE）是一种让计算机既能"压缩"数据又能"创造"新数据的技术。它像一位既能模仿又能创新的画家——先学会观察真实画作的特征，再基于这些特征创作出全新的作品。

传统自编码器就像一台"复印机"，只能把输入数据压缩后再还原，但无法生成新数据。例如，输入一张猫的照片，它只能生成几乎相同的猫的图片，缺乏多样性。

变分自编码器相较于传统自编码器做了较大改进，例如，在压缩数据时，不仅记录特征，还记录这些特征的"不确定性"（如猫的姿势可能有多种）。它把数据编码成一个概率分布（如均值和方差），然后从这个分布中随机采样，生成略有差异的新数据。例如，画家不仅可以记住猫的毛发颜色，还能记住"毛发颜色覆盖的大小范围"，从而画出不同颜色和姿态的猫，如图 7-7 所示。

图 7-7 不同猫的颜色和姿态

（1）变分自编码器的关键步骤

1）编码（观察特征）：编码器将输入数据（如图片）转换为潜在空间中的两个参数：均值（μ）和方差（σ^2）。这相当于告诉解码器："数据特征大致在 μ 附近波动，波动幅度由 σ 决定"。

2）采样（引入随机性）：从均值为 μ、方差为 σ^2 的正态分布中随机采样一个点。通过重参数化技巧（见图 7-8），确保梯度可计算。

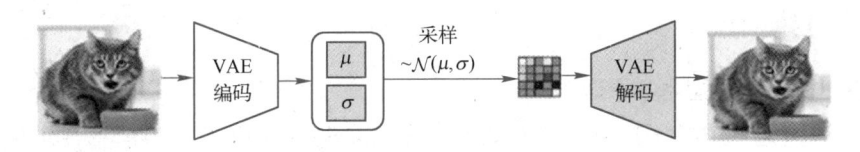

图 7-8　变分自编码器示意图

3）解码（生成新数据）：解码器将采样点 z 转换回数据空间，生成新样本。例如，从潜在空间的"猫特征区域"采样，生成不同姿态的猫的图片。

想象你是一个新手厨师，想学会烤饼干。师傅给你 100 张饼干照片（形状、花纹不同），但不会直接告诉你配方。你的任务是通过观察这些照片，总结出一套"通用配方"，并能用它烤出新的饼干。

这个例子的变分自编码器的运算步骤如下。

1）观察饼干（编码）：仔细观察每张照片，总结出配方的"关键参数"，如均值（μ）表示"糖的标准量是 50g"，方差（σ^2）表示"糖可以±10g 随机调整"。这一步相当于 VAE 的编码步骤，把图片压缩成潜在参数（μ 和 σ^2）。

2）随机调整配方（采样）：你不想烤出完全一样的饼干，所以每次动手前，在师傅给的糖量（50g）基础上，随机加一点或减一点（如这次加 5g，下次减 3g）。这就相当于 VAE 的采样步骤。

3）烤新饼干（解码）：用调整后的配方烤饼干，可能使糖多的饼干变得更焦脆，糖少的饼干变得更松软。这就相当于 VAE 的解码步骤，把采样后的配方（z）变成新数据（图片）。

(2) 变分自编码器的训练目标

其训练目标在于平衡"像"与"多样"，VAE 通过两种损失函数平衡生成质量与多样性，具体如下。

- 重构损失：确保生成的图片与原图相似（像不像）。
- KL 散度损失：约束潜在空间的分布接近标准正态分布（避免模型只生成固定样本，缺乏多样性）。

例如，老师既要学生临摹名画（重构损失），又要鼓励学生尝试不同风格（KL 散度损失），最终学生既能画得像，又可以有创造力。

(3) 变分自编码器的应用场景

- 生成新数据：如人脸图像、手写数字图像等。
- 数据补全：修复模糊或缺失的图像。
- 推荐系统：分析用户偏好，生成个性化推荐（如网易云音乐的歌曲推荐）。
- 异常检测：识别不符合常规分布的数据（如工业零件缺陷）。

(4) 变分自编码器的优缺点

变分自编码器的优点是生成数据多样化，适合需要随机性的任务；潜在空间连续，方便插值（如生成"介于猫和狗之间的动物"图片）。其缺点是生成图像可能比 GAN 生成的模糊（因 KL 散度的约束），训练需要平衡重构和 KL 散度，调参较复杂。

7.2.3 自回归模型

1. RNN 自回归模型基本原理

自回归模型是一类基于序列的统计模型，其核心思想是基于历史信息逐步生成当前输出，用来描述某个变量的当前值与其自身历史值之间的关系。这种模型广泛应用于时间序列数据分析，其中一个变量的历史值被用来预测其未来值。RNN（循环神经网络）是一类适用于序列数据的神经网络，其内部隐藏状态可捕获序列中的时序依赖关系。RNN 自回归模型则是将 RNN 与自回归思想结合，通过 RNN 的隐藏状态建模序列的历史信息，并用历史信息预测下一时刻的值，其广泛应用于时间序列预测、自然语言处理（如文本生成）等领域。

在生成式 AI 的发展初期，循环神经网络（RNN）被广泛用于构建自回归生成模型。它通过隐藏状态 h_t 来捕获序列中的历史信息。

（1）RNN 的基本结构

RNN 的核心思想是通过循环连接来传递信息，使得网络能够记住之前的输入信息，并将其用于当前的决策。RNN 的基本结构如图 7-9 所示。

- 输入层：接收当前时刻的输入 x_t。
- 隐藏层：包含一个或多个隐藏单元，用于处理输入并传递信息。隐藏层的状态 h_t 不仅依赖于当前输入 x_t，还依赖于前一时刻的隐藏状态 h_{t-1}。
- 输出层：根据隐藏状态 h_t 生成输出 y_t。

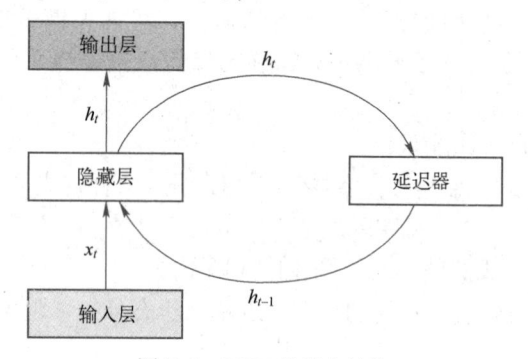

图 7-9 RNN 的基本结构

（2）RNN 的主要流程

1）给定初始输入（如起始词），RNN 计算第一个输出和隐藏状态。
2）将上一步的输出作为下一步的输入，继续生成后续内容。
3）重复该过程，直到生成完整序列（如句子、音乐）。

例如，假设要用 RNN 生成句子 "The cat sat on the mat"：
1）输入起始符 <START>，RNN 预测第一个词 "The"。
2）输入 "The"，RNN 预测下一个词 "cat"。
3）输入 "cat"，RNN 预测 "sat"。
4）依此类推，直到生成终止符<END>。

（3）RNN 的局限性

尽管 RNN 在处理序列数据方面具有优势，但它也存在一些局限性。一方面，在长序列中，RNN 的梯度可能会随着时间步的增加而呈指数级衰减（梯度消失）或增长（梯度爆炸），导致训练困难。另一方面，梯度消失问题会使网络"忘记"早期的信息，导致 RNN 难以捕捉序列中的长距离依赖关系。

（4）RNN 的应用
- 自然语言处理：如语言模型、机器翻译、文本生成等。
- 语音识别：将语音信号转换为文本。
- 时间序列预测：如股票价格预测、天气预测等。
- 视频分析：处理视频序列数据。

> 微视频 7.2.3
> Transformer 生成内容的基本过程

2．Transformer 与自回归生成

Transformer 模型是由 Google 在 2017 年提出的一种基于注意力机制（Attention Mechanism）的深度学习架构，最初用于机器翻译任务。与传统的循环神经网络（RNN）和卷积神经网络（CNN）不同，Transformer 完全依赖于注意力机制来捕捉序列中的依赖关系，摒弃了 RNN 的循环结构和 CNN 的局部卷积操作。由于其高效的并行计算能力和强大的建模能力，Transformer 迅速成为自然语言处理（NLP）领域的核心架构，并被广泛应用于各种任务。

（1）Transformer 的基本结构

Transformer 模型由编码器（Encoder）和解码器（Decoder）两部分组成，每部分都由多个相同的层堆叠而成。每层包含两个主要子层：多头自注意力机制和前馈神经网络。此外，每个子层后都接有残差连接和层归一化，以缓解梯度消失问题并加速训练。

1）编码器（Encoder）。编码器负责将输入序列编码为一系列连续的向量表示。每个编码器层包含以下子层。
- 多头自注意力机制：计算输入序列中每个位置与其他位置的关联性，生成上下文感知的表示。
- 前馈神经网络：对每个位置的向量进行非线性变换。

2）解码器（Decoder）。解码器负责生成输出序列。每个解码器层包含以下子层。
- 掩码多头自注意力机制（Masked Multi-Head Self-Attention）：防止解码器在生成当前词时看到未来的词。
- 编码器-解码器注意力机制（Encoder-Decoder Attention）：解码器关注编码器的输出，以获取输入序列的相关信息。
- 前馈神经网络：对每个位置的向量进行非线性变换。

（2）Transformer 的整体架构

Transformer 的整体架构如图 7-10 所示。

（3）Transformer 的工作原理

Transformer 的编码器的工作流程如下。

1）将输入句子（如"猫追老鼠"）的每个词转为向量（数字形式），并添加"座位号"（位置编码）。

2）通过自注意力机制分析词间关系。例如，"它"会关联到"猫"而非"老鼠"，因为"饿"更可能是描述"猫"。

3）每个词的信息经过多层加工，每层都重新提炼重点（如底层学习语法，高层学习语义）。

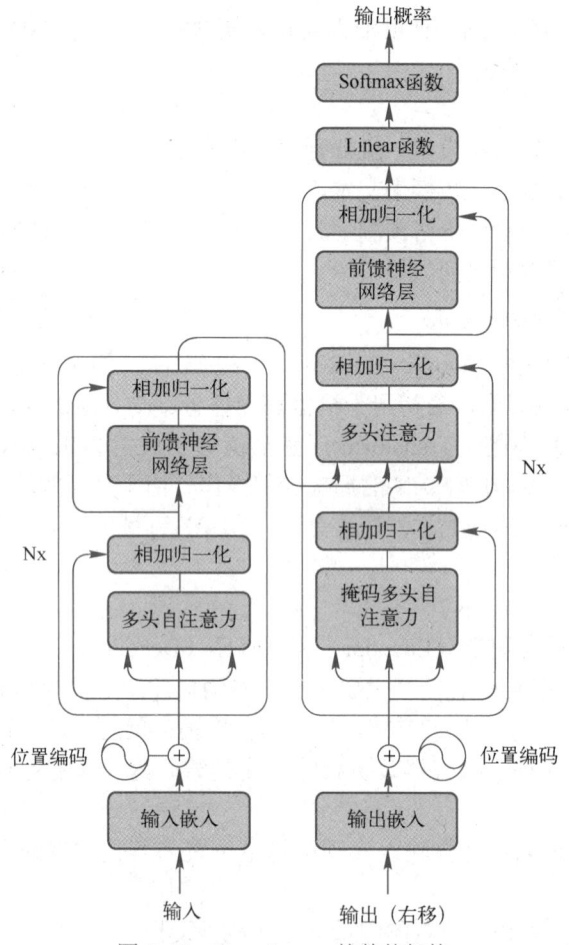

图 7-10 Transformer 的整体架构

Transformer 的解码器的工作流程如下。

1）生成输出时（如翻译成英文），先遮住未来词，避免作弊（只能看到已生成的内容）。

2）通过编码器-解码器注意力查询输入句子的重点（例如，翻译"苹果"时，根据上下文判断是指手机还是水果）。

3）逐词生成结果，类似接龙游戏（如"I → love → you"）。

假设回复："好的，明天见！"，模型的工作流程具体如下。

1）输入"好"，模型预测下一个字可能是"的""像""吗"……选择概率最高的"的"。

2）输入"好的"，模型预测下一个字可能是"，""！""明"……选择"，"。

3）输入"好的，"，模型预测下一个字可能是"我""你""明"……选择"明"。

4）输入"好的，明"，模型预测下一个字可能是"天""白""年"……选择"天"。

5）依此类推，直到生成完整的句子。

（4）Transformer 的优势

- 并行计算：由于没有循环结构，Transformer 可以充分利用现代硬件的并行计算能力，训练速度远超 RNN。
- 长距离依赖：自注意力机制能够直接捕捉序列中任意两个位置之间的依赖关系，有效地解决了 RNN 中的梯度消失问题。
- 灵活性：Transformer 架构可以灵活应用于各种任务，如文本分类、机器翻译等。

（5）Transformer 的应用
- 机器翻译：Transformer 最初是为机器翻译任务提出的，如 Google Translate。
- 文本生成：如 GPT 系列模型，用于生成连贯的文本。
- 文本分类：如 BERT 模型，用于情感分析、垃圾邮件检测等任务。
- 问答系统：用于理解上下文并回答问题。

7.2.4 扩散模型

> 微视频 7.2.4
> 扩散模型生成图片的基本过程

扩散模型作为一种先进的生成模型，在过去几年里已经成为机器学习领域的一个关键进展。自 21 世纪 20 年代以来，一系列具有里程碑意义的研究向世界证明了扩散模型的强大能力，尤其是在图像合成领域超越了传统的生成对抗网络（GAN）。其中最引人注目的例子是 OpenAI 发布的 DALL-E3，这是一个高级的图像生成模型，进一步展现出扩散模型在实际应用中的巨大潜力。

扩散模型是一种基于概率和统计学原理的机器学习方法，旨在生成与训练数据在统计特征上相似的新数据样本。其核心思想是通过模拟数据生成过程中的噪声扩散过程和逆过程，从而实现数据的重建和生成。

1）扩散模型通常包含两个主要阶段：前向扩散过程和反向生成过程。
- 在前向扩散过程中，模型逐步向原始数据引入噪声，直至数据完全转化为噪声状态。这一过程是确定性的，可以视为数据的逐步退化。
- 在反向生成过程中，模型则学习如何逐步消除噪声，恢复数据的原始结构和特征。这一过程是概率性的，依赖于模型对数据内在分布的学习。

2）扩散模型工作过程包括以下几个步骤，如图 7-11 所示。

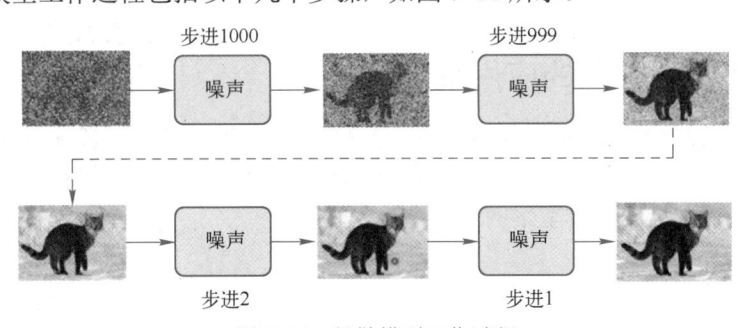

图 7-11 扩散模型工作过程

- 数据预处理：数据首先需要标准化，以确保具有统一的尺度和中心。这一步骤是为了使模型能够更好地处理数据，并为接下来的步骤做准备。
- 前向扩散：模型从一个简单的分布（如高斯分布）开始，逐渐引入噪声，使数据复杂化。这个过程涉及一系列可逆的变换，以逐步增加数据的复杂性。
- 模型训练：在这个阶段，模型学习如何进行可逆转换。训练涉及优化一个损失函数，该函数用于衡量模型如何将简单的数据样本转换成复杂的数据分布。

- 逆向扩散：在完成前向扩散后，模型通过逆向操作将复杂的数据样本转换回简单的初始状态。这个过程允许模型从简单分布中的一个点出发，逐渐生成与原始数据分布相似的新样本。

生成图片的过程类似艺术家雕刻雕像的过程。艺术家从一块石头开始，逐渐雕刻出优美的雕像。同样地，扩散模型从全是噪声的图片开始，逐渐还原出想要的图片。

3）扩散模型的应用领域十分广泛，具体如下。
- 图像生成：扩散模型能够生成高质量的图像，如自然景观、人物肖像和艺术作品等。这些图像在视觉上与真实图像高度相似，适用于艺术创作、游戏开发、虚拟现实等领域。
- 文本生成：扩散模型可用于生成自然语言文本，如新闻稿件、故事和诗歌等。生成的文本在语义上连贯、语法准确，适用于内容创作、聊天机器人和自动摘要等领域。
- 音频生成：扩散模型还可以生成音频信号，如音乐和语音等。这些音频在听觉上与真实音频相近，适用于音乐创作、语音合成和虚拟助手等领域。
- 数据增强：在机器学习和深度学习中，扩散模型可用于生成新的样本，以增加训练数据的多样性，从而提升模型的泛化能力和鲁棒性。
- 无监督学习：扩散模型适用于无监督学习任务，如特征提取和数据聚类等。通过学习数据的内在分布，模型能够帮助揭示数据中的潜在结构和模式。

4）扩散模型的应用
- 计算机视觉领域：图像生成、图像修复与超分辨率以及视频生成等。
- 多模态生成领域：文本到图像、文本到音频转换等。
- 科学领域：分子结构生成、气象预测等。

5）扩散模型的优缺点

扩散模型最大的优点是生成质量高、多样性好且训练稳定。其缺点在于生成速度慢（需多步迭代）和计算成本高，制约了扩散模型的发展。

微视频 7.3
常见的 AI 工具分享

7.3 生成式人工智能的应用案例

生成式人工智能通过深度学习技术自主创造文本、图像、音频、视频等内容，颠覆了传统 AI 的分析预测模式，其应用已渗透到多个领域，推动产业变革与创新。本节介绍生成式人工智能的核心应用场景及典型案例。

7.3.1 图像生成

2024 年，甘肃启动了敦煌莫高窟 AI 修复工程，在河西走廊的戈壁深处，敦煌研究院联合腾讯启动了史上最大规模的壁画修复计划，如图 7-12 所示。针对莫高窟第 275 窟严重氧化的北魏《尸毗王本生图》，修复团队采用了最新的 AI 技术，结合高分辨率扫描和图像识别算法，对壁画的每一个细节进行数字化记录。AI 系统通过学习大量的壁画修复案例，能够自动识别出壁画上的病害类型，并提出相应的修复建议。在 AI 的辅助下，修复专家们首先对《尸毗王本生图》表面的氧化层进行了细致的分析，确定了氧化程度和成分。随后，AI 系统根据分析结果，模拟出壁画的原始色彩，并指导修复人员使用与原画风格相匹配的颜料进行局部色彩恢复。此外，AI 还帮助修复团队构建了一个虚拟现实环境，让研究者和修复专家能够通过 VR 技术深入到壁画的微观世界中，观察到肉眼难以察觉的细节，如颜料颗粒的分布、裂纹的走向等。整个修复工程历时数年，期间敦煌研究院和腾讯团队不断优化 AI 算法，确保修复工作既尊重历史原貌，又符合现代保护标准。

图 7-12　敦煌莫高窟 AI 修复工程

技术团队采用多模态生成技术，修复流程如图 7-13 所示。

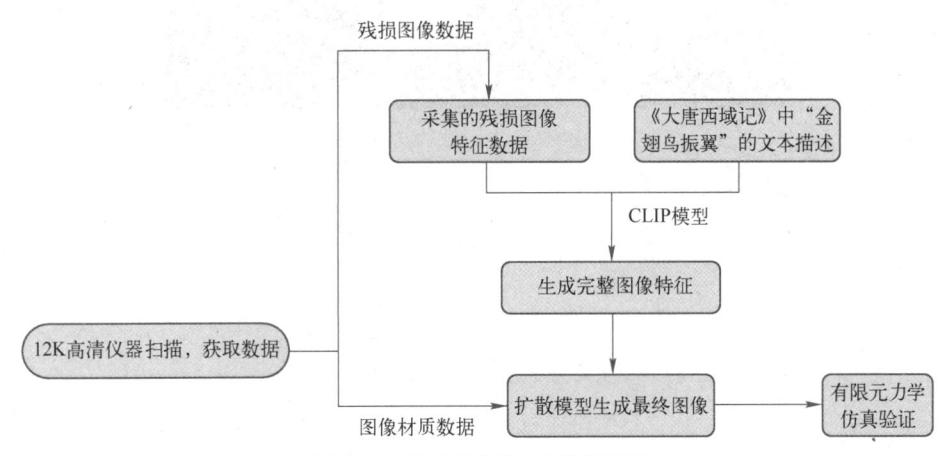

图 7-13　敦煌莫高窟 AI 修复流程

1）使用 12K 超高清扫描仪捕捉壁画表面 0.01mm 精度的裂缝数据，通过 CLIP 模型将《大唐西域记》中"金翅鸟振翼"的文本描述与残损图像特征对齐。

2）运用扩散模型预测颜料层原始分布。例如，根据历史文献记载的朱砂（HgS）与孔雀石（$Cu_2(CO_3)(OH)_2$）配比，在虚拟画布上重建出氧化前的青绿色渐变效果。

3）通过有限元力学仿真验证修复方案，确保新绘区域不会因温湿度变化导致墙体剥落。

7.3.2　视频生成

2024 年 12 月，可灵 AI 携手 9 位导演，共同打造了 9 部 AI 电影短片，其中包括科幻题材的《雏菊》，如图 7-14 所示。在《雏菊》的制作过程中，可灵 AI 不仅负责生成连贯的视频帧，还深入参与了影片的创意构思、场景设计以及角色动作模拟等关键环节。导演团队首先提供了电影的基本剧本和风格指导，随后可灵 AI 根据这些信息生成初步的视觉效果预览。影片中的每一帧都经过精心设计和多次迭代，以确保场景的真实感以及角色的生动性。可灵 AI 通过模拟物理世界的规则，如重力、光线折射和物体碰撞等，使得生成的画面在视觉上更加逼真。此外，AI 还能够根据角色的情感表达和剧情发展，自动调整动作和表情，从而赋予角色更加丰富的生命力。

在拍摄过程中，导演团队与可灵 AI 紧密合作，对生成的画面进行实时调整和优化。他们利用 AI 生成的视频帧作为参考，并结合传统的拍摄手法和特效技术，共同创作出这部独特的 AI 电影短片。《雏菊》的成功上映标志着 AI 在电影制作领域的重要突破，它不仅展示出 AI 在视觉生成方面的强大能力，还为电影创作带来了新的可能性和想象空间。观众在观看这部影片时，不仅能够欣赏到精美的画面和感人的故事，还能够感受到 AI 技术为电影艺术带来的全新变革。

图 7-14　AI 电影短片《雏菊》

其具体创作流程如图 7-15 所示。

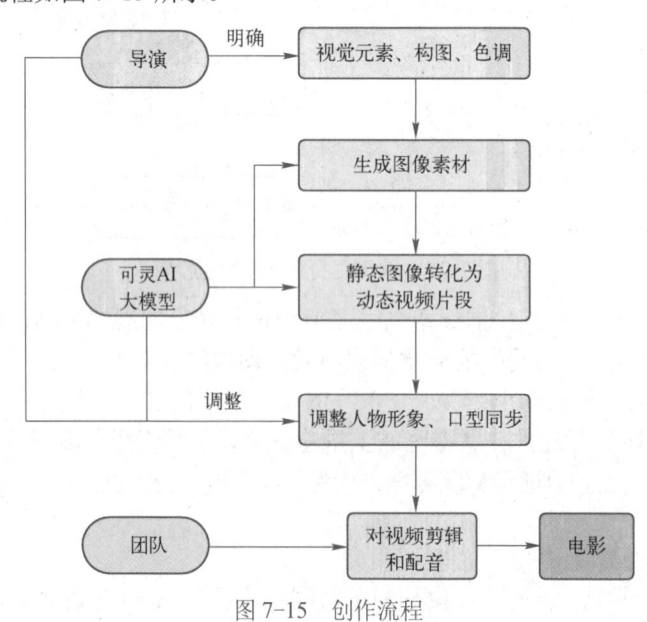

图 7-15　创作流程

1）前期策划：导演团队需明确每帧画面的视觉元素、构图、色调等，由 AI 生成高质量图片素材。

2）视频生成：AI 将静态图像转化为动态视频片段，并通过精细化调整人物形象、口型同步等细节提升流畅度。

3）后期制作：团队仅需完成剪辑和配音，替代了传统拍摄、置景等环节，大幅降低成本和制作周期。

7.3.3 跨模态生成

2025 年 3 月，新疆石河子市第五中学精准把握人工智能教育发展趋势，迅速行动，积极投身相关建设。在物理课程《汽车电路工程设计师》中，学生通过智能终端 AI 课桌与生成式人工智能协作设计电路，如图 7-16 所示。模型将抽象的欧姆定律转化为可视化的电路模拟，学生输入文本指令（如"串联电路参数调整"），系统会生成动态电路图并实时反馈数据。同时，在科学课程《声音的高与低》中，AI 将声音波形可视化，学生通过调整材质、振动幅度等参数，生成对应的声波图像和音频效果。

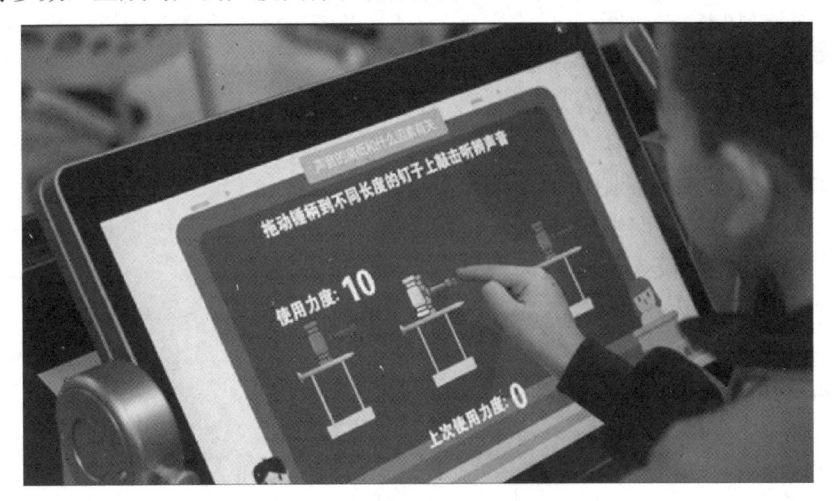

图 7-16　智能终端 AI 课程模拟

本章小结

生成式人工智能是基于深度学习的 AI 分支，突破传统数据分析的局限，赋予机器创造文本、图像、音频等新内容的能力。其核心技术包括生成对抗网络（GAN）、变分自编码器（VAE）、扩散模型和 Transformer 大语言模型（LLM）。GAN 通过生成器与判别器的对抗训练生成逼真图像，但存在模式缺失问题；VAE 利用潜在空间概率分布生成多样化数据，但输出较模糊；Transformer 凭借自注意力机制处理长序列，支撑 GPT 系列生成连贯文本；扩散模型通过噪声添加与去噪迭代生成高精度内容，如 DALL-E 3 的文本转图像，但生成速度较慢。

生成式人工智能的发展历程历经规则系统、统计模型、深度学习到预训练大模型四个阶段，以 GPT-3 和 Stable Diffusion 为代表，推动 AI 向多模态、通用化演进。在应用场景中，敦煌壁画修复结合 CLIP 模型与扩散模型还原历史原貌；AI 电影《雏菊》通过生成物理仿真视频帧降低制作成本；教育领域 AI 课桌将物理定律转化为动态模拟，提升学习效率。生成式 AI 正重塑内容创作、文化遗产保护以及教育创新，平衡创造力与效率，开启人机协作新范式。

【习题】

一、选择题

1. 生成式人工智能的核心能力是（　　）。
   A. 数据分析与预测　　　　　　B. 创造新内容
   C. 语音识别　　　　　　　　　D. 图像分类
2. 以下（　　）是生成对抗网络（GAN）的组成部分。
   A. 编码器与解码器　　　　　　B. 生成器与判别器
   C. 卷积层与池化层　　　　　　D. 输入层与输出层
3. 变分自编码器（VAE）的核心改进是（　　）。
   A. 直接复制输入数据
   B. 引入潜在空间的概率分布
   C. 仅使用单一神经网络
   D. 依赖规则生成内容
4. 扩散模型生成高质量图像的关键步骤是（　　）。
   A. 前向扩散与反向生成
   B. 对抗训练与模式匹配
   C. 随机采样与梯度下降
   D. 文本编码与图像解码
5. Transformer 模型的核心机制是（　　）。
   A. 循环连接　　　　　　　　　B. 注意力机制
   C. 卷积核　　　　　　　　　　D. 隐马尔可夫链

二、判断题

1. 在生成对抗网络（GAN）的训练过程中，生成器和判别器需要同步优化。（　　）
2. 变分自编码器（VAE）生成的图像通常比 GAN 生成的图像更模糊。（　　）
3. 扩散模型的生成速度通常比 GAN 更快。（　　）
4. 基于 Transformer 的模型无法处理长文本的上下文依赖。（　　）
5. 敦煌莫高窟 AI 修复工程主要使用了扩散模型技术。（　　）

三、填空题

1. GAN 的全称是_____。
2. VAE 的两种损失函数是_____和_____。
3. 扩散模型的逆向生成过程需要逐步_____。
4. Transformer 模型中用于避免梯度消失的技术是_____和_____。
5. 敦煌壁画修复工程中，AI 通过_____模型将文本描述与图像特征对齐。

四、简答题

1. 简述生成对抗网络（GAN）的基本训练过程。
2. 对比 GAN 和 VAE 的优缺点。
3. 扩散模型如何通过"前向扩散"和"反向生成"实现图像生成？
4. Transformer 模型如何解决 RNN 的长距离依赖问题？
5. 生成式 AI 在敦煌壁画修复工程中的具体技术应用有哪些？

第 8 章
智能体与智能代理——构建自主决策的虚拟体

智能代理（Intelligent Agent）是定期地收集信息或执行服务的程序，它不需要人工干预，具有高度智能性和自主学习性，可以根据用户定义的准则，主动地通过智能化代理服务器为用户搜集最感兴趣的信息，然后利用代理通信协议把加工过的信息按时推送给用户，并能推测出用户的意图，自主制订、调整和执行工作计划。本章将学习智能体的定义及其特征、智能代理的定义与分类、智能代理的工作原理以及相关的应用案例。

本章目标
- 了解智能代理的相关定义及其分类。
- 了解智能代理的工作原理，了解其他智能代理的工作原理。
- 了解智能代理的相关应用。

8.1 智能体与智能代理

智能体与智能代理通过模拟人类智能决策和执行能力，可以高效处理复杂任务、优化资源分配并提升系统自动化水平，实现人机协作效率的突破，推动智能系统在工业、服务、医疗等多领域的深度应用。本节将介绍智能体与智能代理的定义、智能体的核心特征以及智能代理的分类。

8.1.1 智能体的定义及特征

1. 智能体的定义

智能体（Agent）是指能够自主感知环境、做出决策并执行动作的系统或实体。它可以是软件程序、硬件设备或两者的结合体，具备自主性、适应性和交互能力。智能体通过感知环境中的变化（如通过传感器或数据输入），并根据自身学习到的知识和算法进行判断与决策，进而执行动作以影响环境或达到预定的目标。

例如，在智能家庭环境中，一个智能体可以是房间内的智能温控系统，如图 8-1 所示。它通过内置的温度传感器实时监测房间温度，并与用户预设的理想温度区间进行对比。一旦发现温度超出设定范围，智能体便会依据其内置算法决定是否启动空调或加热设备，以调整至适宜的温度。此外，智能体还能通过学习用户的日常使用习惯，自动优化温度调节策略，从而提升能源利用效率和居住舒适度。通过与用户的多样化交互，如接收语音指令或通过手机应用进行远程控制，智能体能够更精准地满足用户的个性化需求。

图 8-1　智能温控系统

2. 智能体的核心特征

智能体的核心特征主要体现在以下 6 个方面，涵盖其技术架构、交互能力和应用特性。

微视频 8.1.1　智能体的核心特征

（1）自主决策与执行能力

智能体能够独立感知环境并做出决策，无须人类全程干预。例如，自动驾驶汽车通过传感器实时分析路况，能够自主规划路线并控制车辆操作。这种自主性源于其内置的推理规划模块，结合大语言模型（LLM）的思维链（Chain of Thought）技术，可将复杂任务分解为子目标并动态调整策略。当自动驾驶汽车遇到交通拥堵时，它会利用其推理模块分析当前的交通状况，并结合思维链技术，将"安全抵达目的地"这一复杂任务分解为"寻找替代路线""优化行驶速度"和"避免潜在冲突"等子目标。然后，智能体将根据实时数据动态调整其策略，如选择一条较少拥堵的路线，或者在必要时减速以保持安全距离。整个过程无须驾驶员干预，智能体就能够自主地处理各种突发情况，以确保乘客的安全和舒适。

（2）持续学习与进化能力

智能体通过机器学习技术从数据中优化决策，例如，医疗诊断系统可以通过病例库提升准确率。其架构包含短期记忆（处理即时上下文）和长期记忆（通过向量数据库存储经验），并结合自我反思机制实现持续迭代。例如，AutoGPT 在执行任务时通过失败经验调整后续的操作路径。智能体能够通过深度学习算法分析大量医疗数据、识别疾病模式，并在诊断过程中应用这些模式。它还可以通过强化学习不断改进其策略，以达到更高的诊断效率和准确性。在处理复杂病例时，智能体能够利用其短期记忆快速响应最新的医疗信息和患者状况，同时利用长期记忆中的历史数据来辅助决策。自我反思机制允许智能体在完成任务后评估其性能、识别错误，并通过模拟和调整策略来避免未来的错误。这种自我改进的能力使得智能体在医疗诊断等需要高度精确和适应性的领域中变得越来越有价值。

（3）多模态感知与响应能力

智能体整合视觉、听觉、文本等多源数据感知环境。例如，一个智能安防系统可以通过摄像头捕捉到室内的实时画面，同时通过麦克风（送话器）监听环境声音。它能够识别画面中的异常活动和声音中的异常声响，并通过自然语言处理技术理解用户的语音指令，如"启动夜间模式"或"检查门窗是否关闭"。此外，智能体还可以通过分析用户的日程安排、电子邮件和即时通信等文本信息，预测用户的需求并提供相应服务。例如，如果智能体检测到用户在日程上标注了"重要会议"，它会自动调整闹钟时间，确保用户能准时起床，并在会议前发送提醒。同时，它还可以根据用户的邮件内容和语气，分析出用户的情绪状态，从而在适当的时候提供舒缓的音乐或激励的话语。这种能力使智能体能够像人类一样综合处理信息，从而提供更加个性化和智能的服务。

（4）目标导向的任务规划能力

智能体行为围绕预设目标展开，通过分层规划将复杂任务拆解，分为各个可执行的模块。以一个虚拟的个人助理为例，当用户向其发出"订机票"的指令时，智能体首先会激活其任务规划模块，该模块负责将复杂任务分解为一系列子任务。在这个例子中，子任务可能包括以下方面。

1）查询航班：智能体首先会访问航空公司的数据库或使用第三方航班查询服务 API 来获取可用航班信息。

2）比价：在获取航班选项后，智能体将调用比价工具或 API，比较不同航班的价格、时间、航空公司评分等，以找到最佳选项。

3）预订机票：智能体将用户选定的航班信息输入到预订系统中，并处理支付流程，这可能涉及信用卡验证和支付网关 API 的调用。

4）发送确认：一旦预订成功，智能体会生成电子机票，并通过电子邮件或其他通信渠道发送给用户。

在执行这些步骤的过程中，智能体的规划模块会持续监控任务执行情况，并根据实时数据进行动态调整。例如，如果在比价过程中发现用户偏好的航空公司突然降价，智能体可以实时调整预订策略，以确保用户获得最佳交易体验。

（5）工具调用与协作能力

智能体通过 API、插件等扩展功能边界，实现跨系统操作。例如，OS Agent 可以模拟人类点击图形界面，操作办公软件来完成文档处理；多智能体协同网络中，仓储机器人与物流系统联动可以提升效率。这种协作能力使其能够突破单一模型限制，形成生态化服务网络。

（6）实时适应与安全伦理机制

智能体具备毫秒级响应速度，例如，金融风控系统利用智能体技术，能够以毫秒级的速度实时监测每一笔交易，及时发现并响应潜在的风险。这些系统通过分析交易模式、用户行为以及市场动态，能够迅速识别出异常活动（如欺诈交易或洗钱行为），并立即采取措施（如冻结账户或通知监管机构）。然而，智能体技术的应用也带来了新的伦理挑战。以自动驾驶汽车为例，在行驶过程中可能会遇到所谓的"电车难题"——在无法避免伤害的情况下，系统必须做出选择，决定牺牲哪一方以减少总体伤害。为了解决这类伦理问题，一些智能体框架引入了规则引擎，这些引擎内置了预设的伦理规范和决策逻辑，以确保智能体在面对道德困境时能够做出符合人类伦理标准的决策。智能体技术在提高效率和响应速度的同时，必须考虑到安全性和伦理问题。通过综合运用加密技术、透明算法和伦理规则引擎，智能体技术正在逐步成为人们生活中不可或缺的一部分，同时确保了其在各种应用中的安全与道德责任。

8.1.2 智能体的一般运行过程

智能体的运行过程是一个动态循环的感知-决策-执行系统，其核心在于通过多模块协同实现自主任务处理,包括以下几个方面。

1)感知与数据获取:智能体通过其感知模块来获取环境中的信息和数据。这一过程可能使用各种传感器来捕捉感知数据,如图像、声音、位置信息或其他传感器所提供的输入。

2)状态理解与推理:在获取感知数据之后,智能体会进行状态理解和推理,以解读环境的当前状态。智能体利用先前学习的知识或特定推理算法对感知数据进行解释和分析,进而形成对环境状态的认知。

3)决策制定与优化:基于对环境状态的理解,智能体会进行决策制定。它会评估不同的选项和策略,并挑选出最佳的行动方案。这一过程可能涉及运用优化算法、规则系统或强化学习等技术来生成决策。

4)行动执行与反馈:决策一旦制定完成,智能体将执行相应的行动。通过行动模块,智能体能够与环境互动,并改变环境状态。行动执行后,智能体会继续感知环境中的反馈信息,包括奖励、惩罚或其他形式的反馈,以评估行动的效果。

5)强化学习与适应:智能体具备学习和适应的能力。通过持续的感知、推理、决策和行动过程,智能体能够从经验中学习并优化其性能,包括采用强化学习、监督学习、迁移学习等技术来改进智能体的决策过程和行为策略。

6)循环迭代与提升:智能体的运行是一个循环迭代的过程。在每个时间步,智能体通过感知、推理、决策和行动与环境进行交互。随着时间的推移,智能体通过学习和经验积累不断提升自身的性能和适应能力。

以图 8-2 和图 8-3 所示的自动驾驶汽车智能体为例,说明其运行过程的 6 个阶段。

图 8-2 自动驾驶全景感知

图 8-3 自动驾驶汽车自主推理

1)感知与数据获取:自动驾驶汽车通过多模态传感器(如摄像头捕捉车道线图像、雷达探测前方车辆距离、激光雷达生成 3D 环境点云)实时采集道路信息。例如,在雨天行驶时,雷达会因雨滴干扰获取带噪数据,此时智能体会同步调用高精度地图来辅助定位。

2)状态理解与推理:系统将传感器数据输入神经网络模型来完成图像识别(通过卷积神经网络判断交通信号灯颜色)和语义分割,用于区分道路上的车辆、行人和障碍物。再通过多源融合策略,结合 GPS 定位、惯性导航数据生成车辆精确位置。

3)决策制定与优化:基于环境认知,决策模块采用分层架构。战略层采用蒙特卡洛树搜索(MCTS),模拟人类下棋时"走一步看十步"的能力。系统会像棋手一样,在虚拟地图中随机模拟成千上万条可能的行车路线(如绕远但畅通的高架路线,或距离近但拥堵的市区路线),最终统计出成功率最高、耗时最短的全局路线。战术层运用强化学习算法,通过海量驾驶数据训练出变道时机的"直觉"。系统每 0.5s 会对周围 200 种交通场景进行风险推演,从而选择安全系数最高的变道策略。执行层采用 Q-learning 算法,通过"试错学习"掌握微操技巧。系统会像赛车手反复练习弯道一样,在模拟器中学习不同车速、路面条件下方向盘的细微角度调整,最终实现毫米级精准控制。

4)行动执行与反馈:电控单元将决策信号转化为机械动作,从而对车辆进行控制。例如,决策信号是紧急制动时,当毫米波雷达检测到前车急刹,决策层会发出紧急制动信号,此时控制动系统在 150ms 内触发最大减速度 $9.8m/s^2$,执行后通过其他通信方式获取周边车辆反馈,确认是否引发连锁反应(如后车是否同步减速)。

5)强化学习与适应:系统采用学徒学习机制,模仿人类学习情况(如记录人类驾驶员在雪天路面的操控数据)。此外,还采用离线强化学习策略,利用历史事故数据重构决策树,优化雨天轮胎打滑时的扭矩分配策略。

6)循环迭代与提升:每完成一定公里的道路测试后,通过对抗生成网络(GAN)创建极端场景(如暴雨天或行人突然闯红灯),在数字孪生系统中进行百万量级仿真测试,将新策略的碰撞概率从 0.001%降至 0.0003%,并不断迭代改进。类似原理也可应用于仓储物流机器人(如亚马逊 Kiva 机器人路径优化)、工业质检机械臂(通过缺陷样本增量学习提升检测精度)等领域。

8.1.3 智能代理的分类

1. 智能体与智能代理的核心区别

智能体与智能代理的核心区别如表 8-1 所示。

表 8-1 智能体与智能代理的核心区别

	智能体(AI Agent)	智能代理(Intelligent Agent)
自主性	高度自主,可独立决策(如自动驾驶)	依赖预设规则,执行固定任务(如邮件过滤)
学习能力	通过强化学习、多模态数据持续优化(如 Meta ImageBind)	基于规则引擎或历史数据调整策略(如股票交易程序)
应用场景	复杂动态环境(如灾害救援、开放世界游戏)	结构化任务(如客服问答、日程管理)
技术复杂度	多模态融合、跨领域推理(如 PaLM-E 机器人)	自然语言处理、规则匹配(如聊天机器人)

2. 智能代理的分类

(1)简单反射代理(Simple Reflex Agent)

简单反射代理通过条件-动作规则(Condition-Action

微视频 8.1.3
学习型智能代理

Rule）实现即时决策。当传感器检测到特定条件时，代理直接执行预设动作，而不依赖环境历史或内部模型。例如，智能家居温控系统检测到室温超过阈值时立即启动空调，客服自动回复、识别用户消息中的"密码重置"关键词后，发送预设操作指南。

简单反射代理的决策流程可概括为：感知环境→匹配规则→执行动作，全程耗时极短（毫秒级），适用于完全可观察且规则明确的环境。

简单反射代理的特征是仅基于当前感知信息触发预定义规则，而不考虑历史记忆。垃圾邮件过滤器、简单聊天机器人都是简单反射代理的应用场景。其局限性在于无法处理部分可观察环境、规则库庞大且难以动态更新。

（2）基于模型的反射代理（Model-Based Reflex Agent）

基于模型的反射代理是一种能通过内部知识库应对复杂环境的智能体，可以理解为自带"记忆本"和"计算器"的升级版机器人助手。它的核心原理是"边观察边思考"，不仅能够根据当前情况做出反应，还能结合过去的经验和环境变化的规律来调整策略。例如，一个外卖员送餐的情景，普通外卖员（简单反射代理）只会按照导航走最近路线，一旦遇到修路或封路就傻眼，必须等人工重新规划路线。聪明外卖员（基于模型的反射代理）自带地图和交通经验（内部模型），知道哪些路段常堵车、哪些小区有门禁，实时观察路况（感知），看到前方堵车时，立刻掏出"计算器"分析，综合历史和现状做出决策（推理）以绕开拥堵路段，并提前联系客户确认门禁密码，动态调整路线（执行）最终高效送达。

基于模型的反射代理的原理类似人类"先看、再想、后做"的逻辑，具体如下。

1）感知（看）：利用传感器或数据接口收集信息（如温度计读数、用户聊天内容）。

2）建模+推理（想）：更新知识库，并结合新信息来调整对环境的理解（如发现最近三天同一时间都堵车，则推测这是常态）。同时，预测未来变化，计算不同行动的可能结果（如绕路可能多花5min，但能避免迟到扣钱）。

3）执行（做）：选择最优方案并执行（如启动空调降温、发送订单确认邮件）。

基于模型的反射代理的特征是通过内部模型跟踪环境状态变化，并结合历史感知数据进行决策。典型的应用场景是智能恒温器（根据室内外温差调整温度）、机器人吸尘器（构建房间地图避障）等。其优势在于适应性更强，可处理非实时感知的复杂环境。

（3）基于目标的代理（Goal-Based Agent）

基于目标的代理具备明确的目标导向性，其决策过程旨在优化目标实现的概率。它们会评估不同行动方案的潜在效果，并选择预期效用最高的方案来执行。与仅对当前状态做出反应的简单反射代理不同，基于目标的代理能够进行长期规划，制定并实施更为复杂和全面的行动计划。例如，一个以目标为导向的智能家居系统代理，会综合考虑当前的室内环境参数、居住者的偏好、能源消耗效率以及未来天气变化的预测，从而制定出既节能又能够提升居住舒适度的环境调节方案。

基于目标的代理的特征是以预设目标为导向，规划行动路径并动态调整策略。其典型的应用场景有物流路线优化系统、高级国际象棋引擎等。

（4）基于效用的代理（Utility-Based Agent）

基于效用的代理是依据预设目标或奖励函数，对不同行动的效用值进行评估，以做出决策。它们运用内部模型预测各种行动可能产生的结果，并选择预期效用最高的行动方案。这种代理能够更高效地利用有限资源，因为它们始终致力于最大化长期或短期的收益。在实际应用中，基于效用的代理在资源分配、决策优化和风险管理等领域展现出显著的应用价值。

例如，在金融投资系统中，基于效用的代理能够根据市场动态和投资者偏好，实时调整投资组合，以实现收益最大化。

基于效用的代理的特征是通过效用函数量化多目标优先级，选择最优解以平衡效率与风险。其典型的应用场景有自动驾驶系统（权衡安全与速度）、投资组合管理系统（优化收益与风险）等。其优势在于适合存在冲突目标的复杂场景。

（5）学习型代理（Learning Agent）

学习型代理具备自我学习与改进的能力，通过与环境的互动，持续调整和优化其行为策略。它们能够从过往经验中学习、识别模式并预测未来事件，从而做出更为明智的决策。学习型代理的核心在于其学习机制，包括强化学习、监督学习和无监督学习等多种方法。例如，在金融交易领域，学习型代理能够分析历史交易数据、识别市场趋势，并自动调整交易策略以提高盈利能力。此外，在自动驾驶和机器人控制等复杂环境中，学习型代理通过学习不断适应新环境，能够提升任务的执行效率和安全性。这类代理的优势在于其适应性和灵活性，能够在不断变化的环境中持续进步。

学习型代理的特征是通过机器学习（如强化学习）从经验中改进策略，其包含性能元素、学习元素、评估者、问题生成器等组件。如图8-4所示的医疗诊断系统就是学习型代理的典型的应用场景。

图8-4 医疗诊断系统

微视频8.2
智能代理的工作原理

8.2 智能代理的工作原理

智能代理通过模块化架构与多技术协同，能够实现复杂任务的自主感知、决策与执行。例如，智能家居系统可以利用模块化架构和多技术协同来实现家庭环境的智能管理。该系统包括温度控制模块、照明控制模块、安全监控模块和能源管理模块等。智能代理通过收集来自家庭中各种传感器的数据（如温度、光线强度、门窗状态等），并结合用户设定的偏好和规则，自主地进行决策。如果系统检测到室内温度过高，它会自动启动空调以降低温度。如果检测到异常声响或运动，它会启动安全摄像头进行监控并通知用户。通过这种方式，智能代理能够高效地管理家庭环境，确保居住的舒适性和安全性。

8.2.1 核心架构

智能代理的核心模块包括 3 个部分：感知模块、决策模块以及执行模块，如图 8-5 所示。

感知模块 —数据→ 决策模块 —决策→ 执行模块

图 8-5 智能代理的核心模块流程

（1）感知模块

感知模块分为多模态输入和环境感知，具体如下。

- 多模态输入：支持文本、语音、图像等多源数据输入，通过语义解析（如 NLU 技术）提取用户意图。
- 环境感知：利用传感器或 API 接口获取实时环境数据（如无人机群的 GPS 定位、供应链库存状态等）。

例如，让家庭机器人"把冰箱里的牛奶拿给我"，它将执行以下步骤。

1）用麦克风听到语音指令（听觉）后将其转成文字。

2）用摄像头扫描冰箱内部（视觉）从而定位牛奶的位置。

3）将这两部分信息传递给决策模块处理。

（2）决策模块

决策模块分为 LLM 推理引擎和动态规划，具体如下。

- LLM 推理引擎：利用大型语言模型（如 GPT-4、Claude-3）进行任务分解和策略制定，结合思维链、树状推理等认知架构，以增强逻辑性。

例如，炒菜机器人（见图 8-6）请求 LLM 协助烹饪，它将执行以下步骤。

1）查询菜谱（调用搜索工具）。

2）分解步骤（如洗菜 5min、炒菜 10min）。

3）动态调整（如发现缺少盐，则自动用酱油替代）。

图 8-6 炒菜机器人

- 动态规划：将复杂任务细分为多个子任务，并通过优先级队列来调度这些子任务（如 Manus 规划模块的应用）。

例如，用零用钱购买游戏机，它将执行以下步骤。

1）分解目标：每月储蓄 100 元（作为子任务）。
2）确定优先级：先储蓄，余下的钱用于购买零食。
3）动态调整：若某月超支，则下月增加储蓄以弥补差额。

（3）执行模块

执行模块分为调用工具和多智能体协同作业，具体如下。

- 调用工具：将外部 API、数据库或实体设备连接起来。

例如，让 AI 帮忙订机票，它将执行以下步骤。

1）调用订票网站 API：自动访问携程或飞猪，就像手动打开网页一样。
2）查数据库：从历史订单里查找常用航班偏好。
3）操控实体设备：帮助完成订单支付，再提醒出门。

- 多智能体协同作业：通过消息队列或共享存储（如任务目录）来同步代理间的信息，如 MetaGPT 中角色化的代理分工。多智能体协同就像公司里的不同部门协作，每个 AI 代理负责专长任务，通过"开会"和"共享文件"达成目标。它们通过共享任务列表同步进度，避免重复工作。

例如，让 AI 团队开发一个 App，MetaGPT 中的分工可能如下。

1）产品经理代理：写需求文档（调用文档工具）。
2）程序员代理：写代码（调用编程接口）。
3）测试员代理：发现 Bug（调用测试工具）。

8.2.2 关键技术

智能代理的核心技术包括工具扩展、多智能体协作以及学习与优化。

1．工具扩展

（1）函数调用（Function Calling）

函数调用将 LLM 生成的指令转换为结构化 API 请求（如航班查询、支付接口调用），以确保安全性与可扩展性。其核心作用是把 AI 生成的文字指令变成计算机能直接执行的代码或 API 请求，就像教 AI 使用各种"工具"。

例如，让语音助手订奶茶，它会做以下两件事。

1）语义理解：把"我要一杯三分糖的珍珠奶茶"拆解成"品类：奶茶""甜度：三分糖""配料：珍珠"。
2）调用工具：把这些参数转换为奶茶店小程序的 API 请求，并自动下单付款。

函数调用的优点是解决了智能体功能不足的问题，例如，智能体不会操作订票系统和支付接口，但通过函数调用，它能"指挥"其他程序工作。此外，智能体不需要直接访问系统密码，只需调用系统 API，以提高安全性。

（2）检索增强生成（RAG）

检索增强生成是指结合向量数据库实现动态知识检索。其核心作用是让智能体在回答问题时，能实时查阅最新资料（如企业内部文档、行业报告），避免出现内容错误的情况。

例如，问客服机器人"今天天气怎么样"，RAG 会做以下两件事。

1）查资料：从浏览器中获取当地实时的天气数据。
2）生成回答：结合查到的信息，生成"今天天气为晴天，适合出行"。

检索增强生成的优点是解决了智能体"知识过时"的问题，有些大模型的训练数据具有时效性，但 RAG 能够让它实时查到当年的相关信息。此外，检索生成还有利于精准回答专业问题，如医疗智能体结合最新论文给出诊断建议，而不是仅依赖旧数据。

2. 多智能体协作

（1）角色化分工

角色化分工为不同智能体代理分配专业化能力（如 Manus 的搜索代理、代码代理、数据分析代理）。其核心作用是给每个智能体分配专属技能，避免"一个人干所有活"的混乱。

例如，开发一个购物 App，多智能体团队的分工可能如下。

1）搜索代理：像"产品经理"，专门查找用户需求和竞品信息（调用搜索引擎 API）。

2）代码代理：像"程序员"，根据需求写代码（调用编程接口）。

3）测试代理：像"测试员"，发现 Bug 并反馈（调用测试工具）。

多智能体协作的优点在于将专业的事交给专业的人，如搜索代理擅长查资料，代码代理擅长写程序，从而避免让一个 AI "既当厨师又当司机"。此外，其有利于提高智能体的工作效率，分工后并行处理任务，如数据分析代理整理数据时，代码代理已经在开发下一个模块。

（2）通信协议

通信协议采用星形拓扑或消息池订阅机制，降低协作复杂度。其核心作用是让多个智能体高效传递信息，避免"你说东我说西"的混乱。两种常见的协作模式如下。

1）星形拓扑：一个核心智能体+多个协助智能体，如图 8-7 所示。

一个核心智能体接收所有消息，再分发给相关成员智能体。例如，自动驾驶车队中，头车作为"协调者"收集路况，指挥后车跟车或变道。

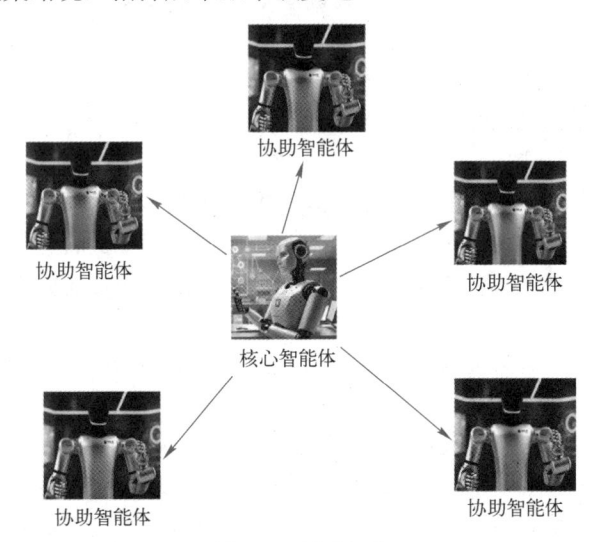

图 8-7 星形拓扑

2）消息池订阅：所有智能体共享的数据

所有智能体把信息丢进一个共享消息池，"谁需要就自己取"。例如，MetaGPT 中智能体把任务进展写在共享池里，其他成员按需查看，如程序智能体只关注需求文档更新、测试智能体只关注 Bug 列表。

通信协议的优点是减少信息干扰，如测试代理不会被搜索代理的无关数据打扰，而可以专注自己的任务。此外，核心智能体可以动态调整优先级，遇到紧急任务（如服务器崩溃）时，协调者可以插队处理。

3．学习与优化

（1）联邦学习机制

在联邦学习机制中，多个代理在本地训练后共享模型参数，既提升模型能力又保护数据隐私（如跨企业供应链风险评估），如图8-8所示。

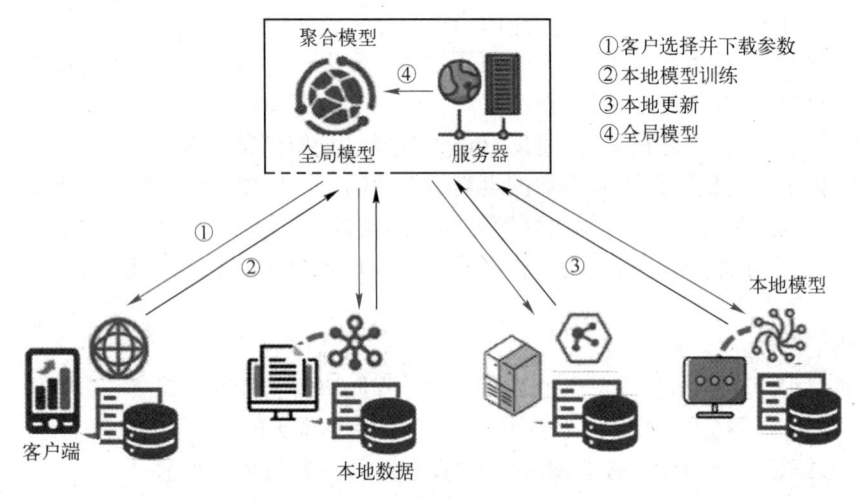

图8-8 联邦学习机制

例如，三家医院想联合研发一个癌症诊断智能体，但患者数据涉及隐私不能共享，联邦学习的做法如下。

1）每家医院用自己的数据训练一个"本地模型"。

2）把训练后的模型参数加密上传到中央服务器。

3）服务器汇总所有参数，生成一个全局模型。

联邦学习机制的优点是不会泄露数据，医院不需要共享患者病历，就能让智能体学到更多的病例特征。此外，其有利于跨行业合作，例如，银行和电商合作风控模型，银行提供信用数据，电商提供消费记录，即使双方数据特征不同，也能联合建模。

（2）动态验证机制

动态验证机制通过交叉验证减少幻觉风险。核心作用是通过交叉检查防止智能体生成虚假的内容，尤其在医疗、金融等高风险场景。

例如，医疗AI诊断某患者为肺炎，动态验证机制会做以下两件事。

1）内部交叉验证：让多个智能代理（如影像分析代理、病历文本代理）分别独立判断，再投票确定结果（类似多位医生会诊）。如果影像代理说"肺部有阴影"，但病历代理发现"患者无咳嗽症状"，系统会标记矛盾点并要求人工复核。

2）外部反馈修正：引入人类医生审核智能代理的诊断建议，错误结果会被反馈给模型重新学习（类似老师批改作业）。例如，智能代理误判肿瘤性质，医生纠正后，模型下次遇到类似案例会自动调整判断逻辑。

动态验证机制的优点是可以减少智能体幻觉，防止智能体自信地编造错误结论（如虚构法律判例或医疗方案）。此外，它还能实时纠偏，例如，在金融风控中，若多个代理对同一交易风险评估差异过大，系统会触发人工介入调查。

8.2.3 规划与优化

智能代理的规划需要平衡效率与准确性，优化方向包括任务分解策略、资源分配算法、动态调整机制与多目标优化。

1．任务分解策略

任务分解是项目管理与智能系统设计的核心环节，其核心逻辑是将复杂目标拆解为可独立执行的子任务，并通过结构化流程实现全局优化。以下是典型策略及实现路径。

（1）工作分解结构（WBS）方法论

1）分解原则：遵循"横向到边、纵向到底"原则，确保无漏项且细化至可操作层级。例如，供应链优化可拆解为需求预测、物流调度、风险评估等模块，每个模块进一步分解为数据清洗、模型训练、结果验证等具体活动。

2）动态调整机制：结合实时监控与反馈，如物流调度模块在遇到交通中断时自动触发应急预案，调整优先级并重新分配资源。

（2）代理导向规划（AOP）的智能协作

1）子任务独立化：通过多智能体分工实现并行处理。例如，需求预测由数据代理完成，物流调度由路径规划代理执行，风险评估则由仿真代理模拟不同场景处理的情况。

2）通信与协调：采用星形拓扑结构（如中央协调器）或消息池机制，确保子任务间数据同步。例如，物流调度代理需实时获取需求预测结果，并通过共享数据库更新库存状态。

2．资源分配算法

资源分配需平衡效率与公平性，尤其在动态竞争环境中。以下是两类主流算法的应用对比。

（1）马尔可夫博弈模型

1）动态博弈框架：将资源分配视为多阶段博弈过程，各代理基于历史行为预测对手的策略。例如，在 GPU 节点调度中，计算任务代理通过 Q-learning 算法优化自身资源请求策略，以最大化任务完成率。

2）纳什均衡求解：通过逆向归纳法寻找稳定解，确保系统整体资源利用率最优。

（2）拍卖机制设计

1）单资源拍卖：适用于同质化资源（如 CPU 核心），采用（VCG）机制，用户提交密封竞价，系统按边际贡献分配资源并定价，从而抑制虚假报价。

2）多资源组合拍卖：针对异构资源（如 GPU+存储带宽），设计基于贪婪算法的二阶段拍卖，首阶段筛选高性价比任务，次阶段按临界价格收费。

3）实时动态定价：结合深度学习模型预测资源供需关系，调整拍卖底价。例如，在高峰时段自动提升 GPU 节点起拍价，以平衡负载压力。

3．动态调整机制

（1）异常处理机制

异常处理是动态调整机制的核心保障模块，通过实时监控与智能响应确保系统在复杂环境中稳定运行。其核心逻辑可分为三个层次。

1）实时监控与状态评估：系统通过内置传感器、日志采集工具或 API 接口持续监测任务执行状态，如计算资源占用率、任务队列阻塞时长等指标。当检测到异常阈值（如 CPU 负载超过 90%、任务响应延迟超时）时，触发异常识别引擎。

2）多维度异常分类与响应：包括硬件级异常、逻辑层异常和环境适配异常。
- 硬件级异常：例如，存储空间不足时，自动清理临时文件或启动云存储扩展。
- 逻辑层异常：通过交叉验证机制检测数据矛盾，例如，医疗诊断代理对同一病例的影像分析与文本报告差异超过阈值时，触发人工复核。
- 环境适配异常：当检测到法规变更（如新政府会计制度调整折旧规则）时，自动冻结相关业务流程并推送预警。

3）自愈与优先级动态调整：采用渐进式恢复策略，首先尝试工具切换（如从本地 GPU 计算切换至云端 TPU 集群），若失败则降级服务质量（如关闭实时渲染功能以保障核心交易系统），最终触发任务重分配机制。例如，在自动驾驶车队中，头车感知到系统故障，会立即将路径规划权移交至备用车辆。

（2）自适应学习技术

在非平稳环境（如金融市场竞争、多智能体博弈）中，自适应学习通过算法优化实现策略的动态进化。

1）强化学习框架创新：在竞争场景中使用 IPPO（Independent PPO）算法，各代理独立更新策略网络但共享环境状态信息，既能避免策略趋同又能提升学习效率。例如，在供应链竞价系统中，供应商代理通过 IPPO 学习在不同产能条件下的最优报价策略，相比传统 PPO 算法，利润大幅度提升。

2）环境感知与博弈建模：
- 构建动态博弈树：在电商价格战中实时捕捉竞争对手的调价规律，通过反事实推理预测不同定价策略的市场份额变化。
- 非平稳性量化指标：引入 KL 散度监测环境分布偏移程度，当检测到市场波动率超过阈值时，自动切换至鲁棒性更强的 DQN 算法。

3）多模态反馈闭环：系统整合人类专家干预信号（如金融监管员的风险提示）、环境奖惩信号（如物流时效评分）以及模拟推演结果（如数字孪生工厂的故障预演），形成三维度反馈矩阵。

4. 多目标优化

（1）混合奖励函数

在多目标优化场景中，混合奖励函数通过数学建模和算法设计，将相互冲突的个体目标与团队目标统一到可量化的框架中，从而实现全局最优。其核心逻辑如下：

1）目标拆解与权重分配：例如，在自动驾驶车队中，单车的安全性（如避免碰撞）与车队整体效率（如减少拥堵）可能存在冲突。混合奖励函数通过动态调整权重系数，在不同场景下优先保障关键目标（如雨雪天提升安全权重，晴天侧重效率）。

2）分层优化策略：先通过进化算法（如 NSGA-II）生成 Pareto 最优解集，再根据实时数据选择最优解。例如，物流系统中，卡车调度代理在燃料成本与运输时效之间动态切换优先级。

（2）伦理约束机制

在多智能体协作中，伦理约束通过技术规则与制度协议双重手段，防止目标优化过程中出现资源垄断、共谋风险等伦理失范问题。

1）公平性算法设计：在金融交易系统中，通过"反共谋协议"限制智能体之间的信息共享，防止高频交易代理合谋操纵市场。算法会惩罚异常同步操作（如多个代理同时抛售同一股票）。

2）透明化决策追溯：在医疗资源分配场景中，多目标优化算法需记录决策依据（如病患优先级评分规则），确保资源分配过程可审计和可解释。

3）动态合规检查：在供应链管理中，智能体优化物流成本时需遵守碳排放法规，系统内置"环境合规性验证模块"，对违反碳配额的路由方案自动拦截。

4）权力制衡机制：在公共资源分配（如 5G 频谱拍卖）中，采用去中心化智能合约，防止单一代理垄断竞标权。例如，设定代理投标频次上限，并通过区块链记录交易历史。

8.3 智能代理的应用案例

微视频 8.3
常见智能代理应用案例

本节主要介绍三种智能代理，分别是虚拟智能代理、物理智能代理以及多代理系统。如汇丰集团的虚拟智能代理通过融合 SWIFT 报文、区块链数据等多源信息，利用联邦学习识别洗钱模式并通过智能合约冻结高危账户，每天处理上亿笔交易实现反洗钱自动化。京东亚洲一号智能仓群的物理智能代理中，L4 级机器人借助语义分割、UWB 定位感知包裹，通过混合整数规划模型分配任务及六自由度机械臂处理突发状况，大幅提升了仓储效率。新加坡智慧港口的多代理系统采用改进荷兰式拍卖机制优化卸箱优先级，结合数字孪生预测路径冲突、阻抗控制算法实现故障协作容错，构建了全球最大智能体协同网络。这些案例展现出智能代理在金融、物流、港口领域从数据感知到决策执行全流程的能力与高效创新性。

8.3.1 虚拟智能代理案例

2024 年，在英国伦敦金丝雀码头金融城，汇丰集团部署了覆盖 138 个国家的虚拟代理监测网络，其架构如图 8-9 所示。该系统每天处理上亿笔跨境交易数据，其核心由三层智能体构成：感知层通过异构数据融合技术，将 SWIFT 报文、加密货币链上记录和客户社交网络关系转化为统一特征向量。决策层采用联邦学习框架，在严格的数据隐私保护下识别可疑模式，例如，发现某离岸公司账户在 24h 内通过数十个中间账户分层转移上亿美元，系统会将其与已知洗钱案例进行图神经网络相似度匹配。执行层则通过智能合约自动冻结高危账户，并生成符合 FATF 标准的可疑交易报告。

8.3.2 物理智能代理案例

2025 年，在京东亚洲一号智能仓群位于上海嘉定的京东物流枢纽（见图 8-10），上千台 L4 级搬运机器人构建了全天候作业系统。这些配备毫米波雷达与 RGB-D 相机的智能体，展现出在复杂环境下的协同能力，其流程如图 8-11 所示。在感知维度，机器人通过语义分割算法识别包裹形状类别（箱体、软包、异形件），并结合 UWB 定位技术实现空间感知。在决策维度，采用混合整数规划模型，当"双 11"高峰期的单日处理量突破 4000 万件时，能动态调整上百个装卸口的任务分配。在执行维度，突破传统 AGV 局限，面对突然倾倒的货堆，机器人通过六自由度机械臂实施紧急抓取，避免货损率上升。通过这些举措，使得该仓群单位面积的仓储效率大幅度提高。

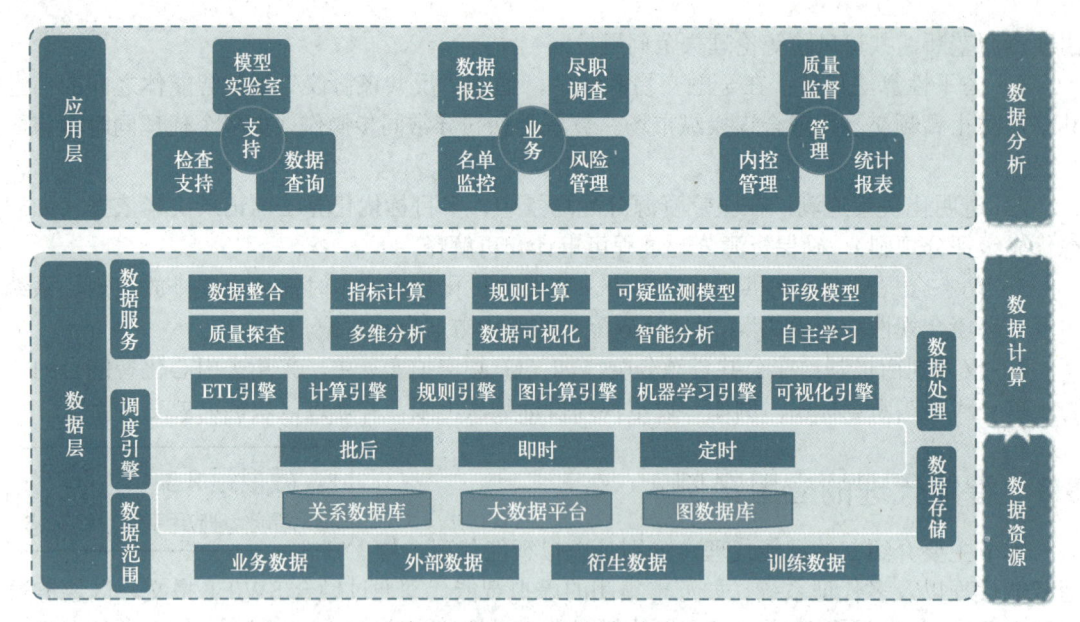

图 8-9 虚拟代理监测网络架构

图 8-10 京东亚洲一号某一智能仓库实景

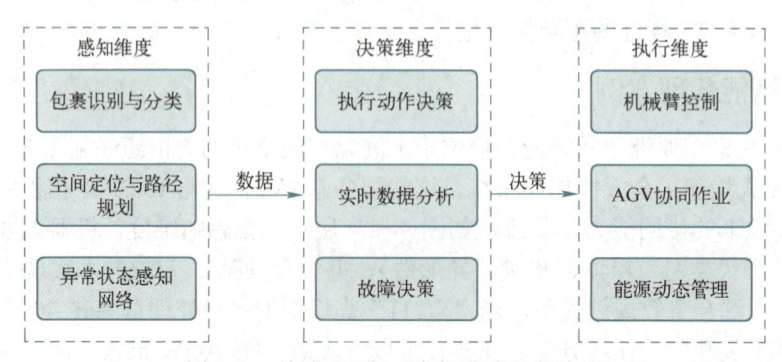

图 8-11 京东亚洲一号智能仓库物流流程

8.3.3 多代理系统案例

新加坡港务集团（PSA）2026 年的新加坡智慧港口生态（Tuas Mega Port）项目，将构建全球最大规模的多代理协作系统，其主要架构如图 8-12 所示。该项目由数十台自动化岸桥、上千台无人集卡与数百万平方米智能堆场共同组成。

图 8-12　新加坡智慧港口

1）在任务分配层，采用改进型荷兰式拍卖机制，当一艘超大型集装箱船抵港时，系统自动完成上万个集装箱的卸载优先级排序。

2）在冲突消解层，数字孪生系统每隔一段时间更新一次港口三维状态，若预测两辆集卡将发生路径交叉，则提前触发局部路径重规划。

3）在容错恢复层，某岸桥突发电机故障时，邻近多台岸桥通过阻抗控制算法动态调整吊具的受力，以确保作业的连续性。

本章小结

本章围绕智能体与智能代理展开。智能体是能自主感知、决策和行动的系统，具有自主性等特征，其核心特征涵盖自主决策等多方面；智能代理是无须人工干预的程序，按用户准则执行任务，依决策逻辑分五类。其工作原理是基于模块化架构与多技术协同，关键技术包括工具扩展等。规划与优化通过任务分解等平衡效率与准确性。应用案例有虚拟智能代理（如汇丰反洗钱系统）、物理智能代理（如京东智能仓群）、多代理系统（如新加坡智慧港口），体现其在多领域的高效性与创新性，展示全流程能力。

【习题】

一、选择题

1. 智能体的核心特征中，"通过机器学习技术从数据中优化决策"属于以下（　　）。
   A．自主决策与执行能力　　B．持续学习与进化能力
   C．多模态感知与响应能力　　D．工具调用与协作能力

2. 以下（　　）智能代理通过条件-动作规则实现即时决策。
   A. 基于模型的反射代理　　　B. 简单反射代理
   C. 基于效用的代理　　　　　D. 学习型代理
3. 在智能代理的核心架构中，"调用外部 API 或数据库"属于（　　）模块的功能。
   A. 感知模块　　　　　　　　B. 决策模块
   C. 执行模块　　　　　　　　D. 学习模块
4. 新加坡智慧港口项目中，用于动态调整集装箱卸载优先级的机制是（　　）。
   A. 联邦学习框架　　　　　　B. 改进型荷兰式拍卖机制
   C. 强化学习算法　　　　　　D. 蒙特卡洛树搜索
5. 多智能体协作中，"共享消息池订阅机制"主要用于解决（　　）问题。
   A. 数据隐私保护　　　　　　B. 信息干扰与效率低下
   C. 伦理约束　　　　　　　　D. 资源分配冲突

二、判断题

1. 智能代理（Intelligent Agent）的自主性高于智能体（Agent）。（　　）
2. 联邦学习机制通过共享原始数据实现多代理协作。（　　）
3. 基于效用的代理通过预设目标函数选择最优行动方案。（　　）
4. 动态验证机制通过交叉检查防止智能体生成虚假内容。（　　）
5. 简单反射代理能够处理部分可观察环境中的复杂任务。（　　）

三、填空题

1. 智能体的核心特征之一是＿＿＿＿＿＿＿，如自动驾驶汽车通过传感器实时分析路况。
2. 学习型代理的四个组件包括性能元素、学习元素、评估者和＿＿＿＿＿＿＿。
3. 在任务分解策略中，＿＿＿＿＿＿＿原则要求任务细化至可操作层级。
4. 多智能体协作中，＿＿＿＿＿＿＿协议采用星形拓扑结构降低复杂度。
5. 新加坡智慧港口项目中，＿＿＿＿＿＿＿算法用于解决路径冲突的预测问题。

四、简答题

1. 简述智能体与智能代理的核心区别（至少两点）。
2. 列举智能体的 6 个核心特征。
3. 解释检索增强生成（RAG）的作用及其优势。
4. 简述智能代理的"动态调整机制"在异常处理中的三个层次。
5. 多目标优化中"混合奖励函数"的设计逻辑是什么？

第 9 章
计算机视觉技术与应用——让机器看懂世界

计算机视觉技术正以前所未有的速度渗透进人们的生活，从手机解锁到自动驾驶，从医学图像诊断到艺术风格生成，它正重塑着人们理解世界的方式。本章将介绍计算机视觉的基本概念、处理流程、关键技术和典型应用等。通过理论讲解与实践案例相结合的方式，帮助读者快速掌握图像处理、特征提取、目标检测等核心技能，感受"让机器看懂世界"的魅力。

本章目标
- 理解计算机视觉的定义、发展历程与核心价值。
- 掌握计算机视觉的典型处理流程，包括图像预处理、特征提取、模型训练与评估等。
- 熟悉常见的图像分割与图像识别技术。
- 了解深度学习（特别是 CNN）在计算机视觉中的关键作用。
- 探索图像分类、目标检测、语义/实例/全景分割等基础任务。
- 理解计算机视觉在医学影像、安防监控、图像生成等领域的实际应用。
- 初步具备设计和实现简单视觉系统的能力。

微视频 9.1
计算机视觉基础

9.1 计算机视觉基础

计算机视觉（Computer Vision，CV）是人工智能的重要组成部分，它赋予机器"看"的能力，使其像人类一样理解图像与视频内容。本节将介绍计算机视觉的起源与演进、处理流程、核心技术以及它与图像处理、模式识别等的关系，为后续深入学习奠定基础。

9.1.1 计算机视觉的概念与发展历程

计算机视觉就像是给计算机装上了一双能够看懂世界的眼睛。它赋予计算机类似人类的视觉能力，使计算机不仅能够感知图像或视频，更能解析其内容。简而言之，计算机视觉旨在使计算机模拟人类的视觉理解过程，通过解析图像与视频内容来洞察世界。例如，当你给计算机展示一张猫的图片，它可以通过分析图像中的颜色、形状、纹理等特征，识别出这是一只猫。计算机视觉技术在人们的生活中已经广泛应用，从智能手机上的人脸识别解锁，到社交媒体中自动为照片添加标签等功能,都离不开计算机视觉的支持。例如,智能手机和平板电脑中的照片拍摄功能,就是通过计算机视觉技术算法自动调整相机参数,以获得清晰、适宜的照片。此外,社交媒体平台(如 Instagram 和 TikTok)利用计算机视觉技术分析用户上传的图像数据,进而推测流行趋势,促进内容的个性化推荐。通过计算机视觉,计算机能够像人一样感知和理解周围的世界,为人们带来更加智能与便捷的生活体验。

为了使机器模拟人类视觉系统,研究人员使用相机模拟"眼球"来获取图像信息;用数字图像处理模拟"视网膜",将模拟图像转换为数字图像,使计算机能够识别;使用计算机视觉模拟"大脑皮层",设计算法提取图像特征,并进行识别和检测。人类视觉与计算机视觉系统对比如图 9-1 所示。

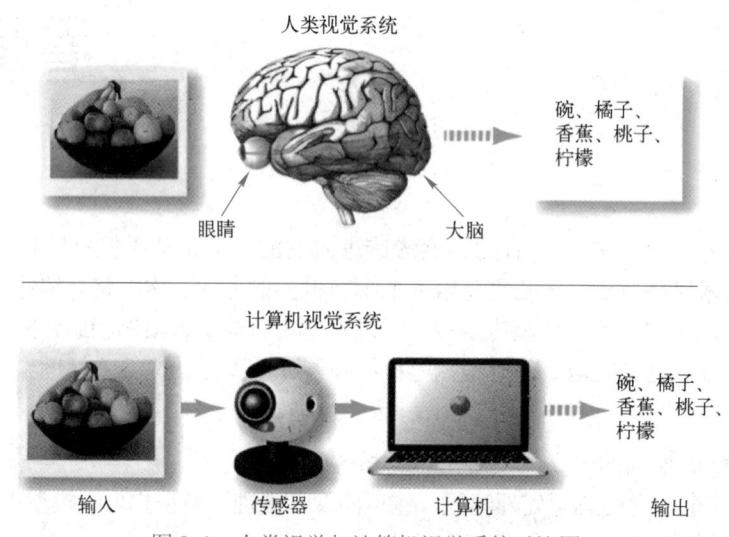

图 9-1 人类视觉与计算机视觉系统对比图

计算机视觉的发展历程可以划分为以下 5 个阶段。

(1)萌芽期(20 世纪 60—70 年代)

计算机视觉的概念在这一时期开始形成。研究者尝试通过简单的几何模型来理解图像中的对象。1966 年,贝尔实验室的莫拉维克(Moravec)进行了机器人视觉导航实验,这一工作标志着人类对计算机视觉的初步探索。虽然这一阶段的研究相对基础,但它为计算机视觉后续的发展奠定了重要基础。

(2)基础发展期(20 世纪 80 年代)

20 世纪 80 年代,随着数字图像处理技术的发展,计算机视觉开始逐步建立起自己的理论基础。1984 年,大卫·马尔(David Marr)提出的计算机视觉理论框架为后续的研究奠定了重要的理论基础。这一时期,图像分析、目标检测和跟踪等技术逐渐成熟,计算机视觉开始独立发展,并应用于军事、航空等领域。

(3)系统开发期(20 世纪 90 年代)

这一时期,计算机视觉技术开始向实际应用迈进。商业化的图像处理软件和硬件设备不断涌现,推动了计算机视觉技术的普及。同时,国际计算机视觉大会等国际学术会议的举办,促进了国际的技术交流与合作。这一阶段的发展为计算机视觉的广泛应用奠定了坚实基础。

(4)深度学习兴起期(21 世纪初)

21 世纪初,随着大数据和计算能力的提升,深度学习技术迅速发展,特别是在 2012

年，深度学习在 ImageNet 大规模图像识别竞赛中取得了突破性成绩，推动了计算机视觉领域的发展。特别是卷积神经网络（Convolutional Neural Network，CNN）在图像识别、分类和检测等方面取得了突破性进展。这一阶段，计算机视觉的研究和应用都得到了极大推进，深度学习成为主流方法。

（5）跨学科融合期（21 世纪 20 年代至今）

当前，计算机视觉正处于跨学科融合期。它与其他学科（如机器学习、自然语言处理、机器人学等）的交叉融合日益加深，推动了多模态感知和认知智能的研究。在自动驾驶、智慧城市、健康医疗等领域，计算机视觉技术发挥着越来越重要的作用。展望未来，计算机视觉将继续在多个方面取得突破，如提升精度和效率、加强跨学科融合、解决隐私保护和安全问题等。

计算机视觉的发展历程表明，这一领域经历了从理论探索到实际应用，再到技术创新的不断演进。随着技术的进步，计算机视觉的应用前景将更加广阔。

9.1.2 计算机视觉处理流程

1. 数据收集与预处理

在计算机视觉的世界里，数据是构建智能系统的基石，数据收集与预处理是整个流程的起点。数据收集是获取图像或视频的过程，这些数据可能来自摄像头、卫星、传感器等设备。预处理则是对这些原始数据进行"清洁"和"优化"，以便后续的分析和处理。预处理的目的是去除噪声、增强特征和统一格式，使得数据更适合计算机理解和处理。

数据预处理主要通过以下步骤，将原图（见图 9-2a）通过数据预处理得到图 9-2b。

（1）图像灰度化

图像灰度化，即图像的灰度化处理过程，是将彩色图像转换为灰度图像，其目的是简化矩阵，以提高运算速度。彩色图像包含红、绿、蓝三种颜色通道，而灰度图像仅保留亮度信息，去除了颜色信息。这一过程极大地简化了图像的复杂性，在减少计算量的同时保留了图像的大部分重要特征。例如，在人脸识别中，灰度化后的图像更容易被算法处理，因为颜色信息对识别效果的影响较小。

（2）滤波（去噪）

滤波是图像预处理中的重要环节，主要用于去除图像中的噪声。噪声可能来自成像设备的缺陷、环境干扰或传输过程中的误差。常见的滤波方法包括高斯滤波、中值滤波和双边滤波。高斯滤波通过平滑图像来去除噪声，同时保留图像的整体结构；中值滤波对校验噪声特别有效，能够保护图像边缘；双边滤波则在去噪的同时保留边缘细节。通过滤波，图像变得更加清晰，为后续处理提供了更好的基础。

（3）对比度增强

对比度增强是通过调整图像的亮度和对比度，使图像的细节更加明显。在许多应用场景中，原始图像可能因为光照条件不佳而显得过暗或过亮。通过直方图均衡化或伽马校正等技术，可以改善图像的视觉效果。直方图均衡化通过调整图像的像素分布，使图像的对比度更加均匀；伽马校正则通过调整图像的亮度曲线，增强图像的暗部细节。对比度增强不仅使图像更易于人类观察，也提高了计算机识别和分析图像的能力。

（4）几何变换

几何变换是对图像进行形状和位置调整的过程，包括旋转、缩放、平移和翻转等操作。

这些变换可以帮助校正图像的失真，使其更符合实际场景或后续处理的需求。例如，在自动驾驶中，通过几何变换可以将摄像头拍摄的图像调整为与地图匹配的视角；在医学影像中，通过几何变换可以将不同角度拍摄的图像对齐，以便进行更准确的分析。几何变换不仅优化了图像的视觉效果，还为后续的特征提取和分析提供了便利。

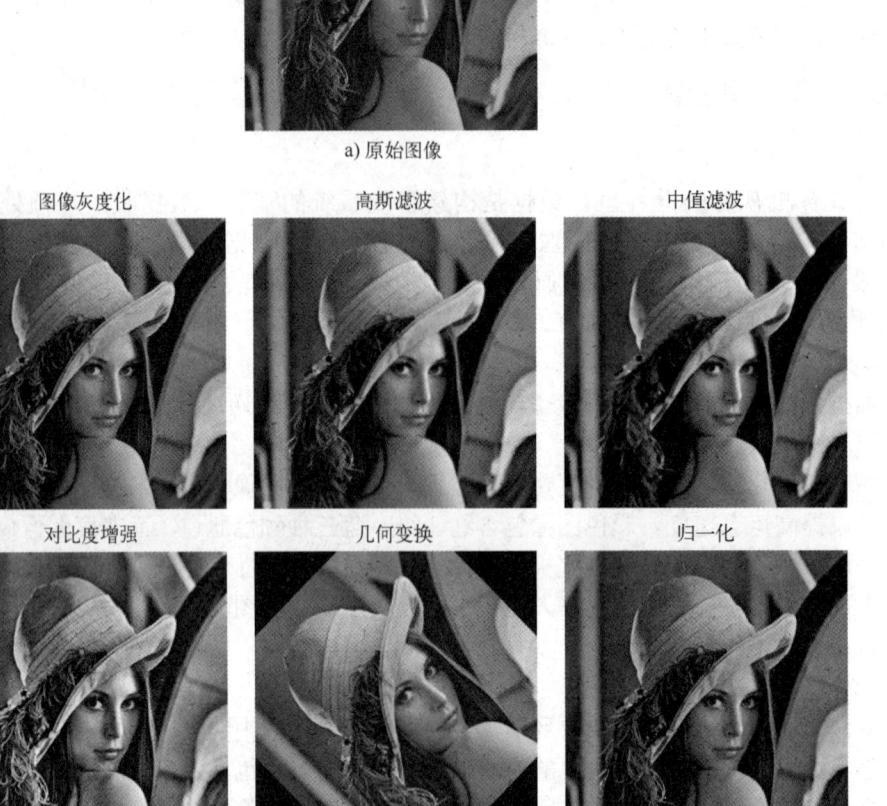

图 9-2 数据预处理

（5）归一化

归一化是将图像的像素值调整到一个统一的范围内（如 0～1），以消除不同图像之间的亮度差异。这一过程有助于提高处理的一致性，使算法能够更好地处理来自不同设备或不同条件下的图像。归一化后的图像在数值上更加稳定，减少了因亮度差异导致的误判。例如，在人脸识别系统中，归一化后的图像可以更准确地提取人脸特征，从而提高识别的准确率。

通过这些预处理步骤，原始图像被优化为更适合计算机处理的形式。预处理不仅提升了图像的质量，还为后续的图像分割、特征提取和模型训练奠定了基础。正如一位艺术家在创作前需要准备画布和颜料，计算机视觉也需要通过预处理来"准备"数据，以实现更高效、更准确的视觉智能。

2．图像分割

图像分割是计算机视觉领域中的关键步骤，它将图像划分为多个互不重叠且具有独特特征的区域。这些特征可以是灰度、颜色、纹理等，目的是将图像中的目标从背景中分离出来，以便进一步分析和处理。图像分割是连接低级图像处理（如图像增强）和高级图像理解（如目标识别）的桥梁。常见的图像分割方法有以下 5 种，其中前 3 种方法属于基于区域的分割方法，后 2 种方法属于基于边界的分割方法。

（1）直方图门限法

直方图门限法是一种基于图像灰度直方图的分割方法。它通过选择一个或多个灰度值作为门限，将图像分割成不同的区域。这种方法简单高效，尤其适用于那些目标和背景在灰度上有明显差异的图像分割任务。直方图门限法分割图像的对比如图 9-3 所示。

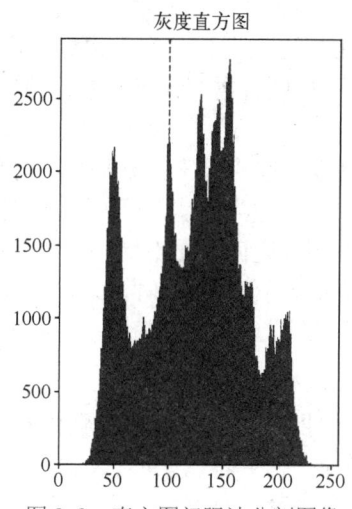

图 9-3 直方图门限法分割图像

（2）区域生长法

区域生长法是一种基于区域的分割方法，它从一组种子点开始，根据一定的相似性准则（如灰度、颜色、纹理等），将种子点周围的像素加入相应的区域中，逐步生长成完整的区域。这种方法能够较好地保留图像的空间信息，适用于那些目标区域在空间上连续且具有相似特征的图像分割任务。

（3）基于随机场模型法

基于随机场模型法是一种统计方法，它将图像视为一个随机场，通过最小化能量函数来实现图像分割。这种方法能够考虑图像的全局信息，适用于那些需要综合考虑图像中各像素之间相互关系的复杂分割任务。

（4）边缘检测法

边缘检测法是一种基于边界信息的分割方法，它利用图像的一阶或二阶导数信息来检测图像中的边缘点，进而形成边界线，将图像分割成不同的区域。这种方法对噪声较为敏感，需要利用合适的滤波器来平滑图像。边缘检测法适用于那些目标边界清晰且与背景有明显梯度变化的图像分割任务。例如，对一个建筑图像的边缘进行检测，如图9-4所示。

图9-4 边缘检测法

（5）活动轮廓法（也称为Snake模型或主动轮廓模型）

活动轮廓法是一种基于曲线演化的分割方法，它通过定义一个可变形模型（如轮廓线），在图像力的作用下不断变形以逼近图像的真实边界。这种方法能够较好地处理复杂的边界形状，适用于那些目标边界不规则且需要精确分割的图像分割任务。图像分割的难点主要包括以下5个方面。

1）复杂背景与噪声：复杂背景与噪声会干扰分割算法对目标区域的识别，导致误判。

2）图像模糊：图像模糊导致像素边界不清，降低分割算法的效果。

3）光照变化：光照变化导致图像亮度分布不均，影响基于固定特征的分割算法。

4）目标复杂性：目标形状复杂或内部不均匀时，分割算法难以准确捕捉其轮廓和结构。

5）计算复杂度：对于高分辨率图像或实时处理场景，高计算复杂度的分割算法难以实现。

3. 特征提取与表示

在计算机视觉领域，特征提取指的是将图像或视频中的关键信息转化为计算机能够处理的形式的过程。这些特征可以描述图像内容，如形状、纹理、颜色等，是后续分析的基础。特征提取方法主要分为传统方法和深度学习方法。

（1）传统特征提取方法

1）SIFT（Scale-Invariant Feature Transform，尺度不变特征变换）：SIFT是一种基于图像局部特征的描述子，由David Lowe在2004年提出。它通过检测图像中的关键点，并在不同尺度下描述这些关键点的特征，实现对图像尺度不变性的描述。SIFT在图像匹配、物体识别等领域被广泛应用。

2）SURF（Speeded-Up Robust Features，加速稳健特征）：SURF是SIFT的改进版，其计算速度更快，适用于实时系统。它利用Hessian矩阵的行列式来检测关键点，并采用积分图计算特征描述符，以提升效率。

3）HOG（Histogram of Oriented Gradient，定向梯度直方图）：HOG用于物体检测，通过计算图像局部区域的梯度方向和强度统计信息生成特征描述符，对行人检测效果显著。

4）LBP（Local Binary Patterns，局部二值模式）：LBP是一种用于纹理分类的特征提取方法，通过比较中心像素与周围像素值生成二进制模式，进而统计模式的直方图作为特征。它计算简单，对光照变化具有一定的鲁棒性。

（2）深度学习特征提取方法

深度学习方法，特别是卷积神经网络（CNN），能自动从图像中学习高级特征。与传统方法相比，深度学习方法有以下优势。

1）自动特征学习：深度学习无须人工设计特征，CNN 能自动从数据中学习到有效的特征表示，降低了对领域知识的依赖。

2）特征层次化：CNN 通过多层非线性变换，提取从低级到高级的特征，这些特征的表达能力和泛化能力较强。

3）端到端训练：CNN 可实现特征提取和分类等任务的端到端训练，从而提升整体性能。

4．模型选择与训练

模型选择与训练是计算机视觉系统开发中的核心环节，直接决定了模型的性能和实用性。这一过程就像是为一项复杂的任务挑选并培养最合适的选手。

（1）模型选择

模型选择就像是在工具箱中挑选最合适的工具，不同的任务需要不同的模型架构。例如，对于图像分类任务，需要选择卷积神经网络（CNN）；而对于语义分割任务，则需要选择 U-Net 等更适合像素级预测的模型。同时，还需要考虑模型的复杂度和计算资源的限制。一个过于复杂的模型可能会导致过拟合，而过于简单的模型可能无法捕捉到数据中的重要特征。

（2）模型训练

模型训练是对选定模型进行"培养"的过程。在这个过程中，模型通过学习大量的训练数据来调整其内部参数，以最小化预测误差。训练过程中常用的优化算法包括随机梯度下降（SGD）、Adam 等。此外，损失函数的选择也至关重要，它决定了模型如何衡量预测值与真实值之间的差异。

5．模型测试与评估

模型测试与评估是对训练好的模型进行"考试"，以确保它能够在实际应用中表现出色。这一步骤对于验证模型的泛化能力和鲁棒性至关重要。在模型测试中，通常使用独立的测试集来评估模型的性能。这里的测试集应该具有代表性，并且与训练集的分布一致。通过在测试集上运行模型，可以计算出各种性能指标，如准确率、召回率、F1 分数等。

为了更全面地评估模型，还可以采用交叉验证的方法。这种方法通过将数据集划分为多个子集，并在不同的子集组合上进行训练和测试，从而获得更可靠的性能评估。

6．图像分析与解释

图像分析与解释是计算机视觉的最终目标，即将处理后的图像转化为对人类有意义的信息。这一过程类似于将原始数据提炼为有价值的知识。

通过可视化技术，可以将模型提取的特征以直观的方式展示出来。例如，可以使用 Grad-CAM 等方法生成特征热力图，显示图像中对模型预测贡献最大的区域。对于一些需要高可信度的应用（如医疗诊断），解释模型的决策过程尤为重要。这可以通过分析模型的中间层输出，或者使用可解释性的机器学习模型来实现。

9.1.3 计算机视觉与相关领域的联系和区别

计算机视觉是人工智能领域中的一个重要分支，它与多个相关领域有着紧密联系，同时也存在一些区别，如图9-5所示。

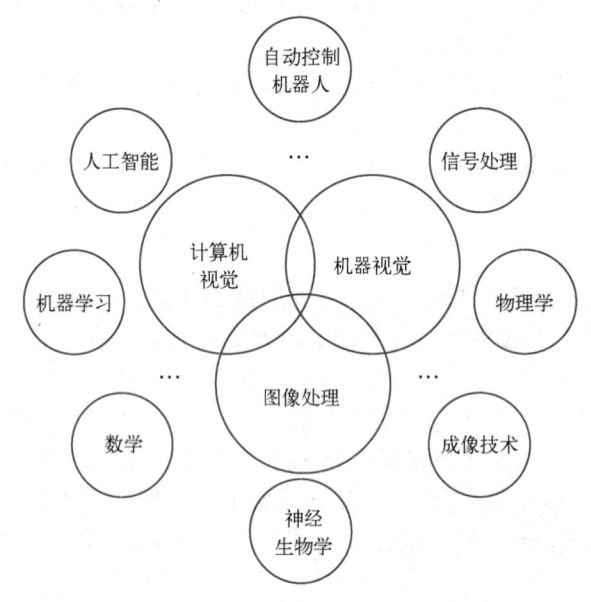

图9-5 计算机视觉的相关领域

（1）图像处理

图像处理是计算机视觉的前提，包括图像的预处理、增强和转换等，用于改善图像质量、提取有用信息，为计算机视觉中的后续分析和理解做准备。图像处理主要关注改善图像质量或提取基本特征，而计算机视觉则侧重于从图像中识别对象和理解内容，实现从图像数据到高层信息的转换。

（2）模式识别

模式识别是计算机视觉的核心。模式识别本身是人类的一项基本智能，是指对表征事物或现象的不同形式（数值、文字和逻辑关系）的信息进行分析和处理，从而得到一个对事物或现象做出描述、辨认和分类等的过程。随着计算机技术的发展和人工智能的兴起，社会对信息处理的需求日益增长，人类自身的模式识别能力已逐渐显得力不从心。人们开始寻求利用计算机来替代或增强人类的部分认知功能，模拟人类图像识别过程的计算机图像识别技术就由此产生了。模式识别过程如图9-6所示。

模式识别的范畴广泛，涵盖了文字识别、图像识别、语音识别以及生物识别等多个领域。从处理问题的性质和解决问题的方法等角度来看，模式识别可分为抽象和具体两种形式。前者如意识、思想、议论等，属于概念识别研究的范畴。而这里所说的模式识别主要是对语音波形、地震波、心电图、脑电图、图片、文字、符号、生物传感器等对象的具体模式进行辨识。计算机视觉的实现离不开图像处理的辅助，而图像处理技术的有效运用则又依赖于模式识别过程的精确性。

模式识别研究主要集中在两方面：一方面是研究生物体（包括人）是如何感知对象的，属于认识科学的范畴；另一方面是在给定的任务下，如何用计算机实现模式识别的理论和方法。计算机被应用于辨识和分类一组事件或过程，这些事件或过程涵盖文字、声音、图像等具体对象，以及状态、程度等抽象概念。这些对象与数字形式的信息相区别，称为模式信息。

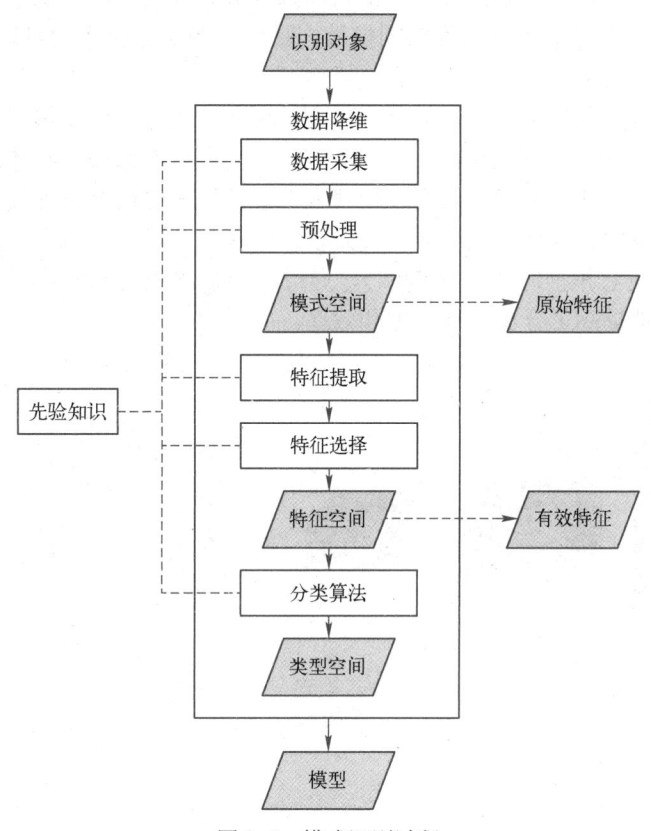

图 9-6　模式识别过程

（3）机器学习

机器学习是人工智能的核心技术，它是计算机通过学习来自数据的信息，自主地提取规律和做出决策的技术。机器学习的主要任务是从数据中学习出规律，并根据这些规律做出合适的决策。计算机视觉广泛使用机器学习算法来识别图像中的模式和对象。

（4）深度学习

深度学习是机器学习的一个子集，它通过模拟人脑神经元的结构和工作方式，使计算机能够从经验中学习并以概念层次结构的方式理解世界。深度学习的核心是神经网络，尤其是多层神经网络，如深度神经网络（DNN）。这些网络由大量的神经元（或称节点）组成，每个神经元接收来自前一层神经元的输入，经过加权求和与非线性变换（通过激活函数）后，将输出传递给下一层神经元。

9.2　计算机视觉的基本任务

计算机视觉要解决的不只是"看到"，更是要"看懂"。本节将聚焦三大核心任务：图像分类、目标检测与定位、图像分割，介绍每种任务的关键方法、应用场景及技术演进，使读者掌握从识别"是什么"到"在哪里"的视觉理解路径。

9.2.1 图像分类

图像分类是计算机视觉的一项核心任务,旨在让计算机能够像人类一样识别和理解图像中的内容。具体来说,它是根据图像的特征将图像划分到预定义的类别中,解决图像"是什么"的问题。例如,在一个包含动物的图像数据集中,图像分类模型可以将图像分为"猫""狗""鸟"等不同的类别。

图像分类的发展历程丰富且成果显著。早期的图像分类方法主要依赖于人工设计的特征提取方法,如颜色直方图、纹理特征等。这些方法需要领域专家根据具体问题设计特征提取器,过程烦琐且对特征的选择和提取高度依赖人的经验。随着机器学习技术的发展,特别是深度学习的兴起,图像分类领域迎来了重大突破。如图 9-7 所示,输入一张小狗的图片,深度学习模型,尤其是卷积神经网络(CNN),通过获得输出类别的架构图,能够自动从数据中学习特征,极大地提高了分类的准确性和效率。

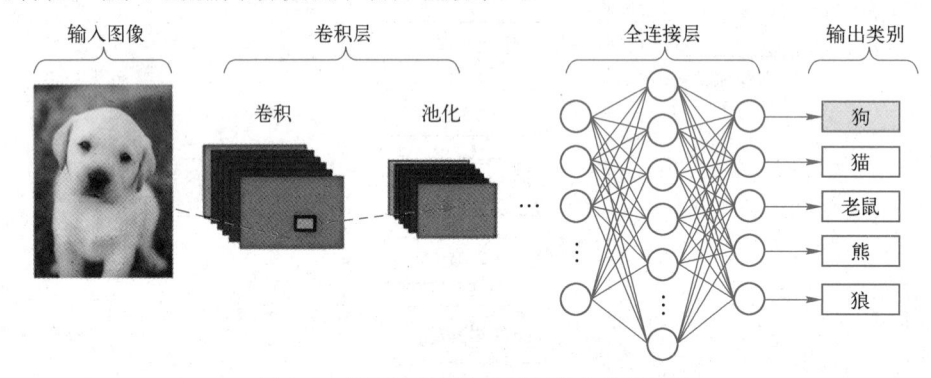

图 9-7 卷积神经网络实现图像分类架构图

9.2.2 目标检测与定位

目标检测与定位技术在计算机视觉领域扮演着至关重要的角色,它们不仅能够共同解决"图像中有什么"以及"它们在哪里"的问题,还在工业自动化、无人机巡检、自动驾驶等多个领域中发挥着关键作用。目标检测旨在识别图像中的物体并确定其类别,而定位则精确计算出每个目标的位置和大小。这如同在一幅生动的街景画卷中,不仅要从中辨识出行人、车辆及交通标志,更要精确地勾勒出它们的位置轮廓,为后续的深入分析与明智决策提供准确无误的信息支撑。

目标检测的技术框架通常包括图像预处理、特征提取、候选区域生成、分类与回归以及后处理等环节。特征提取是整个流程的核心,深度学习模型(如卷积神经网络)在此环节大显身手,精准地抽取出图像中的特征向量;候选区域生成通过生成可能包含目标的区域来缩小搜索范围;分类与回归对候选区域进行分类和位置回归,以确定目标及其位置;后处理则通过非极大值抑制等算法消除多余候选区域,得到最终结果。

深度学习,特别是卷积神经网络(CNN),在目标检测中展现出巨大优势。CNN 具备强大的自动学习能力,能够由低至高地捕捉图像特征,涵盖从边缘、纹理的细微之处到语义层面的高级特征,进而显著提升检测的精准度。例如,ResNet 通过残差连接解决了深度网络的训练难题,适用于大规模数据集,能够有效捕捉复杂场景中的目标特征。目标检测与定位的常见算法及特点如下。

1. Faster R-CNN

Faster R-CNN 是一种经典的二阶段目标检测算法,它通过区域建议网络(RPN)在特征图上生成锚点,并进一步生成建议输出到 Fast R-CNN 网络中,从而降低了目标候选区域生成的计算量。该方法在精确度和速度上实现了出色的平衡,广泛应用于多种场景。

2. YOLO(You Only Look Once)

YOLO 系列算法以实时性著称,它能够快速处理图像并输出检测结果。YOLOv5 和 YOLOv8 等迭代版本,在维持高速处理能力的基础上,通过网络结构的优化和训练策略的改进,大幅提高了检测精度,特别适用于自动驾驶和实时监控等需要迅速响应的领域。

3. SSD(Single Shot MultiBox Detector)

SSD 通过在不同尺度的特征图上预测目标,实现了速度与精度的平衡。它在处理小目标和多目标场景时表现出色,广泛应用于无人机监控和物流机器人等领域。以下列举了一些实际应用场景,如自动驾驶、视频监控和医学影像分析。

(1)自动驾驶

在自动驾驶领域,目标检测与定位技术用于识别行人、车辆、交通标志等,以确保行驶安全。车辆需要实时感知周围环境,准确识别各类目标并预测其行为,以做出合理的驾驶决策。自动驾驶的目标检测如图 9-8 所示。

图 9-8　自动驾驶目标检测

(2)视频监控

视频监控系统利用目标检测与定位技术实时监测异常行为,如斑马线非法入侵行为监测、非法停车等,如图 9-9 所示。凭借精确的目标识别和定位技术,系统能够迅速触发警报,从而有效提升公共安全水平。

(3)医学影像分析

在医学影像分析中,目标检测与定位技术扮演着至关重要的角色,它们能够精准地识别病变区域及器官,为医生的诊断和治疗规划提供有力支持。例如,在 X 光和 CT 影像中,准确检测与定位病变区域对于疾病的早期发现及治疗至关重要,能够对器官及病灶及时进行检测,如图 9-10 所示。

图 9-9 斑马线非法行为检测

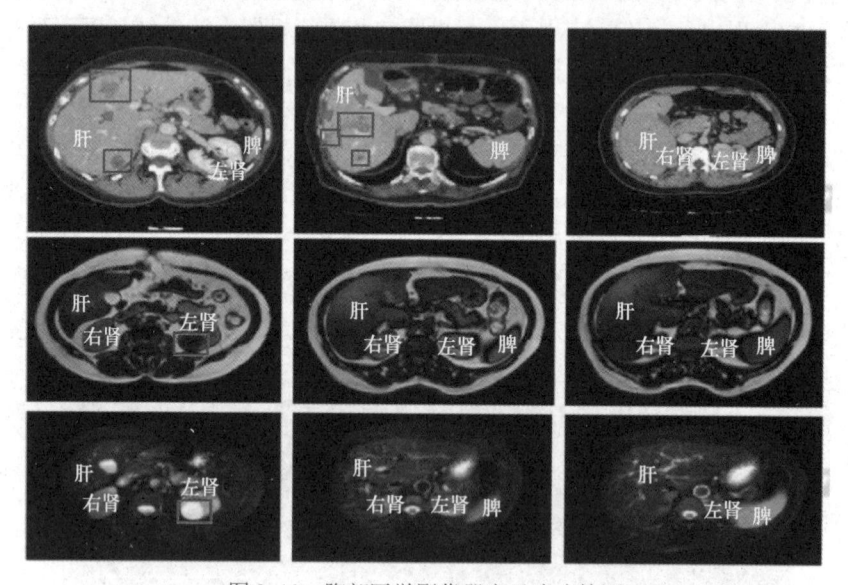

图 9-10 腹部医学影像器官及病症检测

9.2.3 图像分割

图像分割作为计算机视觉领域的关键技术，其核心在于将图像像素精准划分至不同组或区域，从而深化对图像内容的理解和分析能力。图像分割可以应用于众多领域，如自动驾驶、医疗影像分析、安防监控等。根据分割的粒度和目标，图像分割主要分为以下三种类型：语义分割、实例分割和全景分割，图像分割示例如图 9-11 所示。

（1）语义分割

语义分割如图 9-11b 所示，它是图像分割的基础任务，通过将图像中的每个像素分配给特定的类别标签，从而实现对图像内容的细粒度理解。语义分割任务要求模型对图像中的每个像素进行细致分类，准确判定其语义类别，如道路、行人及车辆等，实现对图像内容的深度解析。近年来，深度学习技术，特别是卷积神经网络（CNN）的发展，极大地推动了语义分割技术的进步。例如，改进的 DeepLabv3+模型通过引入 ASPP 模块和注意力机制（如 SENet 模块），显著提高了对遥感图像中不同尺度物体的分割精度。此外，2024 年所提出的

OMG-Seg 模型，不仅实现了图像和视频语义分割的高效统一，还能够适应包括图像语义分割、实例分割、全景分割以及它们的视频对应任务等多种场景和任务需求。

（2）实例分割

实例分割如图 9-11c 所示，它是在语义分割的基础上进一步发展的技术，不仅能够识别图像中的物体类别，还能区分同一类别中的不同实例。例如，在一张街道的照片中，实例分割可以区分出每一辆汽车、每一位行人等。实例分割通常结合目标检测和语义分割技术，通过生成每个实例的掩码来实现精确的分割。例如，SeqFormer 作为一项在视频实例分割领域取得突破性进展的模型，通过其独特的序列化 Transformer 架构，在处理动态场景和复杂背景时展现出卓越的性能。例如，在 YouTube-VIS 数据集上，SeqFormer 以 ResNet-50 为骨干网络时达到了 47.4 AP，而使用 ResNet-101 时更是达到了 49.0 AP，这一成绩超越了当时的最优算法。

（3）全景分割

全景分割如图 9-11d 所示，它是语义分割和实例分割的结合，旨在为场景中的每个像素提供完整的语义与实例信息。其不仅能够区分不同的物体类别，还能为每个实例提供精确的边界和位置信息。全景分割在自动驾驶、机器人导航等领域具有重要应用，因为它能够提供对场景的全面理解，帮助系统做出更合理的决策。OMG-Seg 模型在全景分割任务中也展现出了强大的能力，能够高效地处理复杂的场景数据。

a) 原始图像

b) 语义分割

c) 实例分割

d) 全景分割

图 9-11　图像分割的三种类型

9.3　计算机视觉应用案例

计算机视觉技术已经深入到人们生活的方方面面，从日常的照片编辑到复杂的自动驾驶系统，它为人们的生活和工作带来了巨大的便利。本节将详细介绍计算机视觉在图像技术方面的常见应用。

9.3.1 图像技术应用案例

1. 图像增强

图像增强是计算机视觉的基础任务之一，它利用多种算法优化图像质量，使图像清晰度提升，细节表现得更为丰富。这一过程不改变图像的真实内容，而是增强其视觉效果，以便更好地服务于后续的分析和理解。图像增强技术的应用场景如下。

微视频 9.3.1 图像技术应用案例

（1）医学影像领域

在医学影像领域，图像增强技术被广泛应用于 X 光、CT、MRI 等影像的处理。通过增强图像的对比度、分辨率和清晰度，医学影像增强技术显著提高了病变组织与正常组织之间的图像对比度，使病灶更加清晰可辨，从而提高了诊断的准确性和敏感性。例如，图像超分辨率增强技术能够从低分辨率输入图像中生成高分辨率的图像，提供更多的细节和信息，有助于医生更全面地了解病情，从而制订更加精准的治疗计划。例如，直方图均衡化可以改善肺部 CT 图像的对比度，使微小的结节更加清晰可见。

（2）卫星遥感

卫星遥感图像增强技术通过特定波段的处理，能够显著提升图像质量，突出城市建筑、农田、森林等地物特征。这一技术对于城市规划、环境监测等领域至关重要，因为它提供了更为清晰和详细的信息，有助于进行更准确的分析与决策。

（3）安防监控领域

在安防监控领域，图像增强技术可以提高监控视频的清晰度，尤其是在低光照或夜间条件下。经过去噪与锐化技术处理后，监控系统得以更精确地识别并追踪目标物体或人员，如图 9-12 和图 9-13 所示。此外，遇到起雾的情况也可以通过直方图均衡化实现去雾，提高安全防范能力，如图 9-14 所示。

图 9-12 去噪

2. 图像特效

图像特效即特殊效果，是指通过技术手段在图像上创造出非现实或超现实的效果，以增强视觉效果、表达艺术创意或实现特定目的。图像特效的主要应用场景如下。

（1）黑白图像上色功能

计算机视觉能够为黑白照片赋予色彩，轻松转换为彩色照片。

(2) 图像风格转换

计算机视觉可将图像转化成卡通画、铅笔画、彩色铅笔画、哥特油画、彩色糖块油画、呐喊油画、奇异油画、薰衣草油画等风格，可用于开展趣味活动，或集成到美图应用中对图像进行风格转换。

图 9-13 锐化

图 9-14 去雾

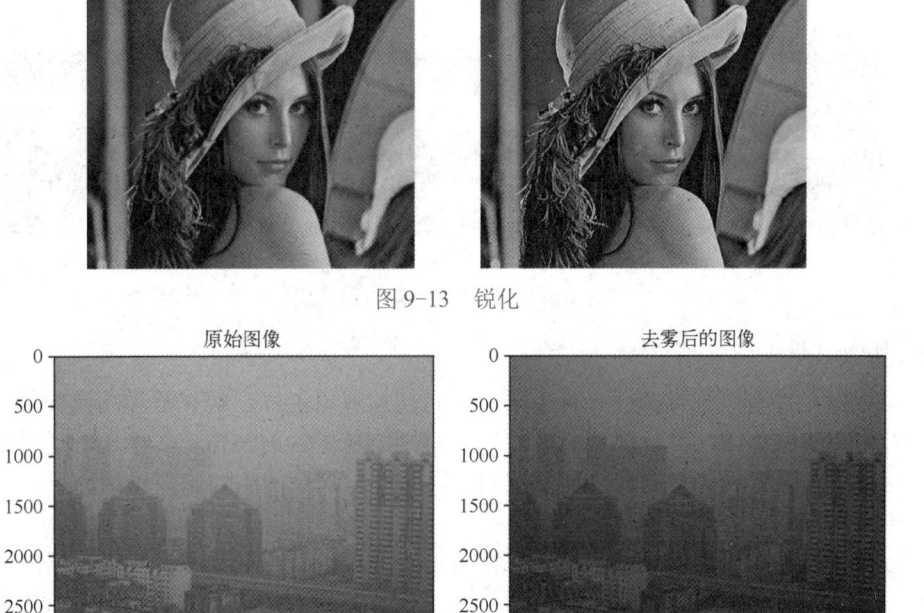

(3) 人像动漫化技术

采用全球前沿的对抗生成网络，计算机视觉融合人脸检测、头发分割及人像分割等技术，为用户独家打造独一无二的二次元动漫形象，同时支持参数调整，如可生成佩戴口罩的动漫人像。

(4) 自定义图像风格

支持自定义风格图像，可进行风格迁移处理，同时提供几十种艺术风格供用户选择，也可用于开展趣味活动，或集成到应用中对图像进行风格转换。

图像特效技术的部分效果如图 9-15 所示。

a) 原图1　　　　　　　　　b) 薰衣草油画风格

图 9-15 图像特效效果展示

c) 原图2　　　　　　　　　　　　d) 人像动漫化

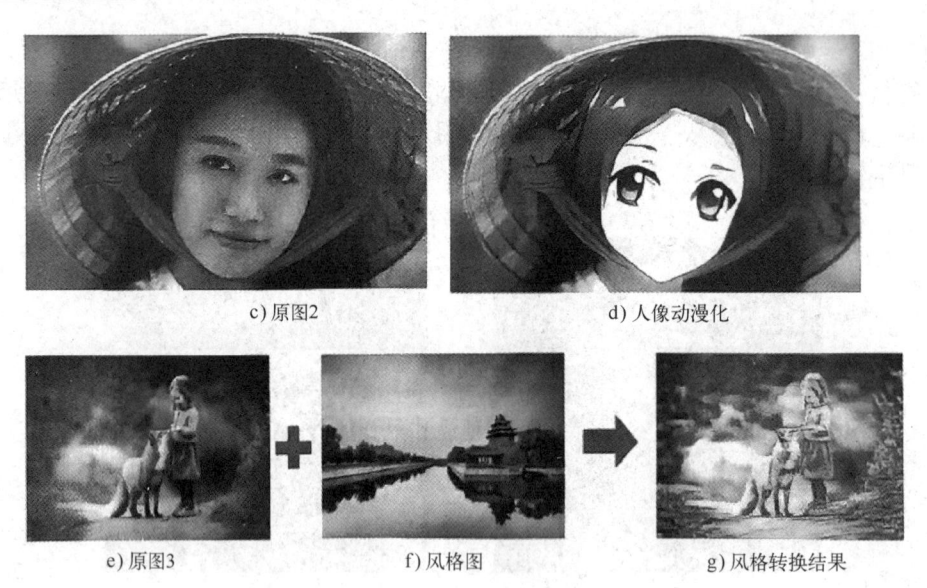

e) 原图3　　　　　f) 风格图　　　　　g) 风格转换结果

图 9-15　图像特效效果展示（续）

3. 图像识别

图像识别是计算机视觉的核心任务之一，它使计算机能够理解和解释图像中的内容。图像识别技术具备强大的功能，能够精准地自动识别图像内含的物体、多样化的场景以及清晰的文字信息，进而实现高效的分类与细致的标注。图像识别的主要应用场景如下。

（1）安防监控

在安防监控中，图像识别技术用于识别与追踪监控区域内的人员和车辆。借助对视频流的实时深度分析，监控系统能够敏锐捕捉并自动辨识异常举动，从而有效提升公共安全水平。

（2）零售业

在零售业，图像识别技术被用于商品识别和库存管理。在摄像头精准捕捉商品图像后，库存系统能够迅速自动识别其类别与精确数量，进而实现库存盘点的全自动化及智能补货提醒。

（3）文档处理领域

在文档处理领域，图像识别技术可以将纸质文档中的文字信息提取出来，实现文档的数字化管理。例如，通过 OCR（光学字符识别）技术，可以将照片中的文字转化为可编辑的文本，如图 9-16 所示。

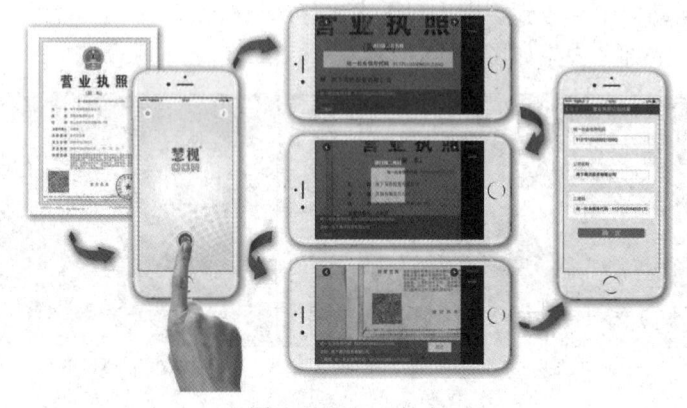

图 9-16　OCR 技术

4. 图像搜索

图像搜索作为一种前沿的基于内容检索的技术，赋予用户通过上传图像来探寻相似图片或关联信息的便捷能力，如图 9-17 所示。这一技术在电商、版权保护、社交媒体等领域具有重要的应用价值。图像搜索的主要应用场景如下。

图 9-17 图像搜索

（1）电商平台

在电商平台上，图像搜索功能可以帮助用户快速找到与之相似的商品。用户可以通过上传商品图片，搜索到相关的商品信息和购买链接，从而提高购物效率。

（2）版权保护领域

在版权保护领域中，图像搜索技术可以用于检测图像的侵权行为。通过建立图像的特征库，可以快速识别出与之相似的图片，为版权保护提供技术支持。

（3）社交媒体

在社交媒体中，图像搜索可以用于推荐与用户兴趣相关的图片和内容。通过分析用户上传的图片内容，能够智能推荐相关联的标签、热门话题及潜在用户群体，从而进一步促进社交互动。

5. 图像生成

图像生成是计算机视觉领域的一项重要技术，它通过深度学习模型从数据中学习并生成新的图像。简单来说，就是让计算机根据已有的数据或规则，创造出全新的图像内容。这些生成的图像既可以是栩栩如生的现实场景，也可以是充满创意的艺术作品，甚至是完全虚构的人物形象。图像生成技术的发展为人们提供了无限的创意空间，让想象中的画面得以实现。近年来，随着深度学习的发展，AIGC（人工智能生成内容）在图像生成方面取得了显著的进步，生成的图像质量和多样性都有了大幅提升。例如，在当前的生成式 AI 领域中，Midjourney、Stable Diffusion 等因其开源性和强大的图像生成能力脱颖而出。Stable Diffusion 能够根据用户输入的文本描述，在几秒钟内创造出高质量的图像，且其开源特性使得用户可以在本地计算机上运行并进行定制。图 9-18 为使用 Midjourney 生成的一幅与舞狮相关的图片。

图像生成在生活中也较为常见，如虚拟现实与游戏开发、数据增强、图像修复与超分辨率、艺术创作等。图像生成技术可以用于生成各种艺术风格的作品，如油画、水彩画、素描等，其应用场景如下。

- 艺术创作：生成梵·高风格的画作，为艺术家提供新的创作灵感和工具。
- 游戏开发：快速构建虚拟场景，提高游戏开发的效率和质量。
- 数据增强：生成更多的训练数据，提高机器学习模型的性能和泛化能力。
- 图像修复与超分辨率：修复受损的图像，提高图像的分辨率，增强图像的细节。

图9-18　AIGC生成图片

9.3.2　人体分析应用案例

1. 人体关键点识别

人体关键点识别作为计算机视觉领域的一项核心技术，通过分析图像或视频中的人体，能够精准地定位出人体的关键部位，包括肩部、肘部、手腕、髋部、膝盖、脚踝等关节位置，以及面部特征点，如眼睛、鼻子、嘴巴等。例如，北京优创新港科技股份有限公司取得的"一种低成本高准确率人体关键点检测系统"专利，展示出该技术在提高检测准确度和降低成本方面的潜力。这些关键点通常被称为姿态关键点或关节点，如图9-19所示。

图9-19　关键点检测

人体关键点识别技术主要依赖于深度学习中的卷积神经网络（CNN）和循环神经网络（RNN）等算法。通过在大规模标注数据集上进行训练，模型能够自动学习到人体各部位的特征表示，并准确预测出关键点的位置。在训练过程中，通过获取包含关键点的训练数据集，构建预设卷积神经网络、生成热力图、确定目标格子以及计算热力图损失，并不断调整权重和参数，以最小化预测关键点位置与真实标注位置之间的误差。其主要应用场景如下。

(1) 运动分析与健身指导

在体育训练、健身锻炼以及舞蹈教学等场景中,关键点分析技术能够精准评估运动员、健身爱好者及舞者的动作规范性,进而指导他们调整姿势,显著提升训练成效。例如,在瑜伽练习中,关键点识别可以检测练习者的体式是否正确,并为他们提供实时反馈,如图9-20所示。

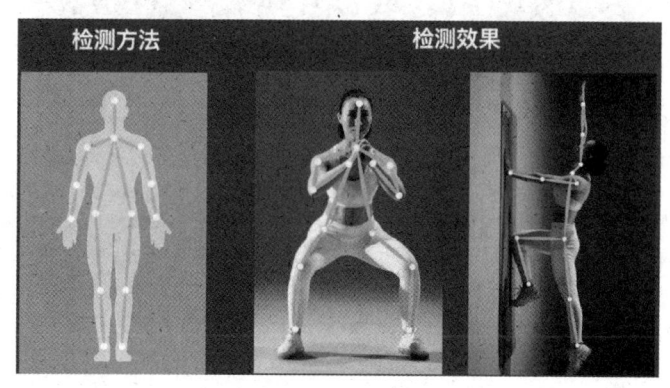

图 9-20 运动分析

(2) 人机交互与虚拟现实

在游戏、虚拟现实和增强现实应用中,关键点识别可以实现更加自然与真实的交互体验。例如,玩家仅凭肢体动作便能操控游戏角色,这一功能极大地增强了游戏的沉浸感。

(3) 安防监控与行为分析

在安防领域,通过对监控视频中人体关键点的分析,可以识别出异常行为或危险动作,如摔倒、打斗等,并及时发出警报,从而提高公共安全。

2. 人体检测与属性识别

人体检测与属性识别是指从图像中自动识别、定位出所有人体,并识别出人体的多种属性信息的过程。该技术通常基于深度学习中的目标检测算法和分类算法。

在人体检测阶段,依托 Faster R-CNN、YOLO 等尖端目标检测算法,能够精确定位图像中的人体,并勾勒出每个人体的矩形框位置。在人体属性识别阶段,运用卷积神经网络对检测到的人体特征进行精确提取,随后通过多个分类器或回归器来分别判定不同的人体属性,这些属性包括性别、年龄阶段、上下身服饰(涵盖类别与颜色)、是否佩戴帽子、是否佩戴口罩、是否携带背包、是否正在吸烟、是否使用手机以及人体的朝向等。其主要应用场景如下。

(1) 智能安防与监控

在公共场所、重要设施等区域的监控中,通过对人体的检测和属性识别,可以实现对特定人员的布控、人员身份的辅助识别,以及对异常行为的监测。

(2) 商业智能与零售分析

在商场、超市等零售场所,通过对顾客进行检测和属性分析,可以了解顾客的流量、停留时间、购物偏好等信息,为商家提供精准营销和店铺布局优化的依据。

(3) 智能交通与驾驶辅助

在交通监控和自动驾驶场景中,人体检测与属性识别可以帮助车辆更好地感知周围行人,从而提高行车安全。

3. 人流量统计

人流量统计技术可统计图像中的人体个数和流动趋势，如图 9-21 所示。根据统计方式的不同，可以分为静态人流量统计和动态人流量统计。

图 9-21　人流量统计

静态人流量统计适用于中远距离拍摄场景，主要以头部为识别目标，统计图像中的瞬时人数。它通过对图像进行分析，检测出其中的头部特征，并利用计数算法统计出人数。

动态人流量统计则面向门店、通道等出入口场景，以头、肩为识别目标，进行人体检测和追踪，并根据目标轨迹判断进出区域方向，实现动态人数统计。该技术融合了目标检测、目标追踪及轨迹分析等先进的计算机视觉技术。其主要应用场景如下。

（1）公共场所管理

在机场、车站、商场、展会、景区等人群密集场所，通过静态人流量统计，可以实时了解场所内的人员数量，为场所的管理和运营提供数据支持，从而合理安排工作人员、优化设施布局等。

（2）商业分析与营销

对于门店、商铺等商业场所，动态人流量统计可以了解顾客的进出情况、停留时间等，帮助商家分析顾客行为并制定营销策略，提高店铺的运营效率。

（3）交通规划与管理

在城市交通规划中，通过对各个路口、路段的人流量统计，可以了解交通流量的分布情况，为交通信号灯的设置、道路的规划和优化提供依据。

4. 驾驶行为分析

驾驶行为分析技术针对车载场景，利用摄像头等传感器采集驾驶员的图像和视频信息，通过计算机视觉与深度学习技术，识别驾驶员的各种动作姿态，如使用手机、抽烟、未系安全带、未佩戴口罩、闭眼、打哈欠、双手离开方向盘等。然后，结合时间序列分析和行为模式识别算法，分析预警危险驾驶行为，从而提升行车安全性，如图 9-22 所示。

驾驶行为分析技术的核心在于运用目标检测、关键点识别及动作识别等先进的计算机视觉技术，并结合长期短期记忆网络（LSTM）等深度学习算法，实现对驾驶员行为的即时监测与精准分析。其主要应用场景如下。

（1）交通运输安全管理

对于出租车、客车、公交车、货车等各类营运车辆，使用驾驶行为分析技术可以实时监控车内情况，识别驾驶员的违规行为和危险驾驶行为，及时预警，以降低事故发生率，提高交通运输的安全性。

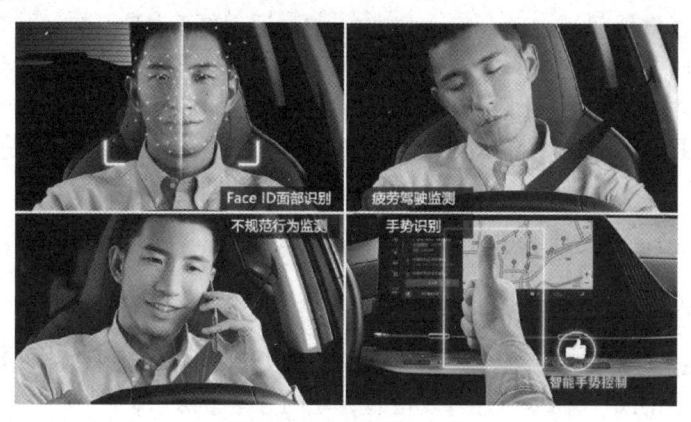

图 9-22　驾驶行为分析

（2）智能驾驶辅助系统

汽车的智能驾驶辅助系统中，驾驶行为分析作为重要的一部分，通过与车辆的其他传感器数据相结合，为自动驾驶系统提供更全面的环境感知，提高自动驾驶的安全性和可靠性。

（3）保险与车队管理

保险公司与车队管理公司可以通过驾驶行为分析，对驾驶员的驾驶习惯及风险进行评估，制定个性化的保险方案和管理策略，降低运营成本与风险。

本章小结

本章系统地介绍了计算机视觉的基本概念、发展历程与技术流程，深入讲解了图像预处理、特征提取、模型训练与评估等关键步骤，并通过图像分类、目标检测、图像分割等典型任务展开了应用层面的探讨。不仅了解了 SIFT、HOG 等传统方法，也认识了以卷积神经网络为代表的深度学习方法如何在视觉任务中大放异彩。此外，通过医疗、安防、零售等案例分析，展示了计算机视觉在现实生活中的广泛应用。通过本章的学习，读者应能对计算机视觉的理论基础和实践能力有全面认知，并为后续深入学习相关领域，如图像识别、视频分析和人机交互等，打下坚实基础。

【习题】

一、选择题

1. 图像灰度化的主要目的是（　　）。
   A. 增加图像颜色　　　　　　　　B. 简化矩阵，提高运算速度
   C. 降低图像对比度　　　　　　　D. 增强图像噪声

2. YOLO 系列算法以（　　）著称，能够快速处理图像并输出检测结果。
   A. 实时性　　　B. 高精度　　　C. 高分辨率　　　D. 低能耗

3. 全景分割是（　　）和实例分割的结合，旨在为场景中的每个像素提供完整的语义与实例信息。

A．语义分割　　B．目标检测　　C．图像分类　　D．图像增强

4．图像增强技术的应用场景不包括（　　）。

A．医学影像处理　　　　　　B．卫星遥感图像处理
C．安防监控　　　　　　　　D．音频信号处理

5．图像特效技术可以将图像转化为（　　）等风格。

A．卡通画　　B．铅笔画　　C．哥特油画　　D．以上都是

二、判断题

1．计算机视觉旨在使计算机模拟人类的触觉理解过程，解析图像与视频内容，从而洞察世界。（　　）

2．计算机视觉的发展历程可以划分为5个阶段。（　　）

3．在计算机视觉的处理流程中，数据收集与预处理是整个流程的中间环节。（　　）

4．直方图门限法是一种基于图像灰度直方图的分割方法。（　　）

5．SIFT是一种基于图像局部特征的描述子。（　　）

三、填空题

1．计算机视觉的概念在_____世纪_____年代开始形成。

2．计算机视觉的处理流程包括数据收集与预处理、_____、特征提取与表示、模型选择与训练、模型测试与评估、图像分析与解释。

3．图像分割的难点包括复杂背景与噪声、_____、光照变化、目标复杂性、计算复杂度。

4．深度学习方法中，_____能自动从图像中学习高级特征。

5．图像分类的早期方法主要依赖于人工设计的_____提取方法。

四、简答题

1．简述计算机视觉的概念及其发展历程的5个阶段。

2．计算机视觉的处理流程包括哪些步骤？每个步骤的主要目的是什么？

3．图像分割有哪些常见方法？这些方法分别适用于哪些场景？

4．简述深度学习在计算机视觉中的优势和应用。

5．计算机视觉在图像技术方面有哪些常见应用？请列举并简要说明。

第 10 章 自然语言处理——解锁机器语言理解

自然语言处理（Natural Language Processing，NLP）是一个跨学科领域，它结合了计算科学、语言学、认知科学和人工智能，主要研究如何让计算机能够理解、处理、生成和模拟人类语言的能力，从而实现与人类进行自然对话。通过自然语言处理技术，可以实现机器翻译、问答系统、情感分析、文本摘要等多种应用。本章将详细介绍自然语言处理的基本概念、关键技术和应用案例。

本章目标

- 理解自然语言处理（NLP）的基本概念和应用领域。
- 掌握自然语言理解（NLU）的关键技术：词法分析（分词、词性标注）、句法分析（短语结构、依存关系）和语义分析（词义消歧、语义角色标注）。
- 了解自然语言生成（NLG）的主要方法：文本摘要、机器翻译和对话系统。
- 熟悉 NLP 在智能客服、情感分析和信息抽取中的应用。

10.1 自然语言理解

自然语言理解（Natural Language Understanding，NLU）是自然语言处理（NLP）的一个子领域，专注于让计算机理解人类语言的含义。NLU 的目标是使计算机能够理解并处理人类的自然语言输入，像人类一样理解其中的语义和意图。它是实现人机交互、机器翻译、问答系统等应用的关键技术。NLU 涉及多个核心任务，这些任务共同作用，使计算机能够准确理解自然语言的语义。

在自然语言处理中，词法分析、句法分析和语义分析构成了完整的语言理解过程。它们分别关注语言的不同层面，从字词到句子再到文本，逐层深入地理解语言的本质含义。

10.1.1 词法分析：分词、词性标注

> 微视频 10.1.1
> 中文分词

词是语言的基本构成单位，也是自然语言处理（NLP）中不可或缺的基础元素。在 NLP 算法中，词通常被视为基本的处理单元，是进行句法分析、文本分类、语言模型构建等任务的基石。词法分析作为 NLP 的首要阶段，其主要任务是将文本分解为独立的词或词素。特别是在中文环境中，词法分析还需要涵盖分词和词性标注等关键任务。分词即将连续的文本切分成单独的词语，例如，将"我热爱自然语言处理"分解为"我 | 热爱 | 自然语言处理"，如图 10-1 所示。词

性标注则是给每个词语标注其语法属性，如名词、动词、形容词等。

我 热爱 自然语言处理

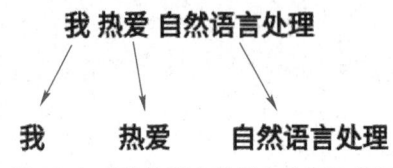

我　　热爱　　自然语言处理
图10-1 "我热爱自然语言处理"分词

以英语为代表的印欧语系中，词之间通常由分隔符（空格等）来区分，因此，词可以比较容易地从句子中分割得到。

以汉语为代表的汉藏语系，以及以阿拉伯语为代表的闪-含语系（Semito-Hamitic languages）中却不包含明显的词之间的分隔符，而是由一串连续的字符构成。因此，针对汉语等语言的处理算法通常首先需要进行词语切分。

中文分词（Chinese Word Segmentation，CWS）是指将连续字序列转换为对应的词序列的过程，也可以看作在输入的序列中添加空格或其他边界标记的过程。中文分词的主要困难来自以下三个方面：切分歧义、未登录词识别和词性标注。

（1）切分歧义

由于汉语构词方式的灵活性，使得同一个汉语句子很可能产生多个不同的分词结果，这些不同的分词结果也被称为切分歧义。

例如：南京市长江大桥

切分方式 1：南京市 | 长江大桥

切分方式 2：南京 | 市长 | 江大桥

在该例句中，"南京""南京市""市长""长江"都是词语，因此同一个句子可以出现多种切分方式。汉语中常见的切分歧义可以归纳为三类：交集型切分歧义、组合型切分歧义和真歧义。

1）交集型切分歧义是指中文字符串 AJB 中，AJ、JB 都可以分别组成词语，则中文字符串 AJB 被称为交集型切分歧义，此时中文字符串 J 称为交集串。

交集型切分歧义也称为偶发歧义，当两个有交集的词"偶然"地相邻出现时，这样的歧义才会发生。

例如：乒乓球拍卖完了。

切分方式 1：乒乓 | 球 | 拍卖 | 完 | 了 |。

切分方式 2：乒乓 | 球拍 | 卖 | 完 | 了 |。

在该例句中，A、J、B 分别代表"球""拍"和"卖"。"球拍"和"拍卖"都为合法词语，它们之间存在有一个交集串。

2）组合型切分歧义是指如果中文字符串 AB 满足 A，B，AB 同时为词，则中文字符串 AB 被称为组合型切分歧义。

组合性切分歧义也称为固有歧义，指的是词固有的属性，而不依赖于"偶然"发生的上下文。

例如：他马上过来。

切分方式 1：他 | 马上 | 过来 |。

切分方式 2：他 | 马 | 上 | 过来 |。

在该例句中，"马上"为组合型切分歧义。A，B，AB 分别代表"马""上"和"马上"。

3）真歧义是指如果中文字符串 ABC 满足多种切分方式下的语法和语义均没有问题，只有通过上下文环境才能给出正确的切分结果，则中文字符串 ABC 被称为真歧义。

例如：白天鹅在水里游泳。

切分方式 1：白天 | 鹅 | 在 | 水 | 里 | 游泳 |。

切分方式 2：白天鹅 | 在 | 水 | 里 | 游泳 |。

在该例句中，以上两种切分方式在语法和语义上都是正确的，因此需要考虑句子上下文环境，甚至是篇章内容才能进行正确判断。

（2）未登录词识别

未登录词（Out of Vocabulary，OOV）又称生词（Unknown Word），是指在训练语料中没有出现或者词典当中没有，但是在测试数据中出现的词。根据分词算法所采用的技术不同，未登录词所代表的含义也稍有区别。对于基于词典的分词方法，未登录词是指所依赖的词典中没有出现的词；对于完全基于统计机器学习并且不依赖词典特征的方法，未登录词是指训练语料中没有出现的词；而对于融合词典特征的统计机器学习的方法，未登录词则是指训练语料和词典中均未出现的词。

汉语具有很强的灵活性，未登录词的类型也十分复杂，可以将汉语文本中常见的未登录词分为以下类型。

- 新出现的普通词语：语言的使用会随着时代的变化而演化出新的词语，这个过程在互联网环境中显得更为快速，如下载、给力、点赞、人艰不拆等。
- 命名实体（Named Entity）：如人名、地名、机构名等。
- 专业名词：出现在专业领域的词语，如偶氮二甲酸二乙酯、胞质溶胶等。
- 其他专有名词：如新出现的产品名、电影名、书籍名等。

中文分词的方法包括基于最大匹配的中文分词、基于线性链条件随机场的中文分词、基于感知器的中文分词和基于双向长短期记忆网络的中文分词。

1）基于最大匹配的中文分词方法

最大匹配（Maximum Matching）分词算法主要包括前向最大匹配、后向最大匹配以及双向最大匹配三类。这些算法试图根据给定的词典，利用贪心搜索策略找到分词方案。如图 10-2 所示，前向最大匹配算法的基本思想是，从左向右扫描句子，选择当前位置与词典中最长的词进行匹配。其优点是实现简单、算法运行速度快；缺点是严重依赖词典，无法很好地处理分词歧义和未登录词。

例如：他是研究生物化学的。（假设词典中最长词条字数为 7）。

前向结果：他 | 是 | 研究生 | 物化 | 学 | 的。

后向结果：他 | 是 | 研究 | 生物 | 化学 | 的。

2）基于线性链条件随机场（CRF）的中文分词

CRF 会分析每个字的位置（如词的开头、中间或结尾），同时考虑前后字之间的关系。例如，"机器学习"中的"机"如果是词的开头，后面的"器"就更可能是中间部分，而不是另一个词的开始。就像一群人围成一圈讨论怎么切分句子，每个人（每个字）都会参考左右邻居的意见，最终投票选出一个整体上最合理的分法。

其特点是注重全局最优，适合需要结合上下文的情况。比如能避免"南京市长江大桥"被错误切分成"南京 | 市长 | 江大桥"。

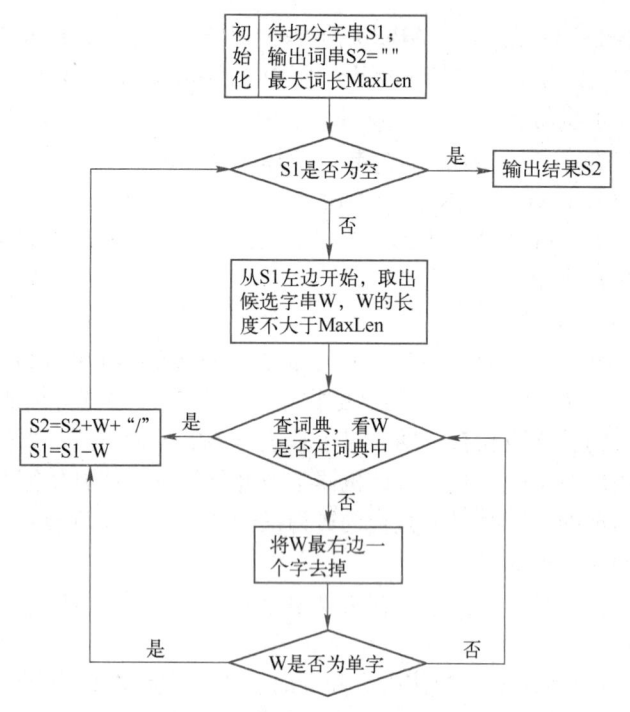

图 10-2　前向最大匹配流程图

3）基于感知器的中文分词

感知器通过大量例子学习每个字属于哪种标签（如"词头"或"非词头"），然后按标签直接切分。例如，"机器学习"可能被标记为"词头-词中-词尾-词尾"。就像是一个严格按照规则办事的"分句机器人"，它手里有一本说明书，能够根据简单的标签（如"词头""词中""词尾"）快速切分句子。

其特点是简单高效，但不够灵活。如果遇到复杂句子（如歧义词），可能会分错，因为它只看局部规则，而不考虑全局关系。

4）基于双向长短期记忆网络（BiLSTM）的中文分词

BiLSTM 能记住长距离的上下文信息。例如，在"他在北京学习机器学习"中，模型看到"学习"时会联想到前面的"北京"，也能预判后面的"机器学习"，从而正确切分。就像是一个"学霸"读句子时，先从头到尾读一遍，再从尾到头读一遍，最后综合两次的理解，给出最准确的分词结果。

其特点是擅长处理复杂句子和歧义问题，但需要大量数据与计算资源。例如，能正确切分"乒乓球拍卖完了"为"乒乓球｜拍卖｜完了"，而不是"乒乓｜球拍｜卖完｜了"。

(3) 词性标注

词性标注（Part-of-Speech Tagging，POS Tagging）是对文本中每个词进行语法类别标注的过程，它是自然语言处理中的关键环节。词性标注能够帮助确定句子成分、提高文本检索的准确性、辅助机器翻译、助力文本生成和自动摘要，还能改善语音识别与语音合成的效果。通过词性标注，计算机可以更好地理解人类语言，从而在各种语言应用中发挥更精准的作用。

1）在词性标注中，基于规则的方法是一种常见的技术手段。它通过人工编写的规则来确定词性，主要依据词的形态特征（如后缀）和上下文信息。例如，在英语中，以"-ing"结尾的单词通常被标注为动词，而"the"后面通常接名词。这种方法的优点是简单直接，可解释性强，缺点是难以处理复杂的语言现象，且需要大量人工编写规则。

以"他喜欢读书"为例，通过规则可以判断"他"是代词，因为代词通常出现在句子开头；"喜欢"是动词，因为其形态符合动词特征；"读书"是动词，因为"读"是动词，"书"是名词，组合后通常表示动作。

2）另一种方法是基于统计的方法，通常通过隐马尔可夫模型（HMM）来实现。HMM是一种经典的序列模型，用于处理隐藏状态和观测序列之间的关系。它假设系统由一系列隐藏状态组成，这些状态通过马尔可夫链生成，而每个隐藏状态又会生成一个观测值。HMM的关键在于通过观测序列推断隐藏状态序列，这在词性标注等任务中非常有用。

举个例子来理解 HMM。想象你在玩一个"猜天气"的游戏，你的好朋友每天都会告诉你今天是晴天、阴天还是雨天，但他会用一种特别的方式告诉你——通过他穿的衣服颜色来暗示，比如晴天时穿红色衣服，阴天时穿蓝色衣服，雨天时穿绿色衣服。但你不知道他穿的衣服颜色和天气之间的真实对应关系，你只能通过观察他每天穿的衣服颜色来推测当天的天气。

在这个游戏中，真实的天气（晴天、阴天、雨天）就是隐藏状态，是你看不到的；而朋友穿的衣服颜色（红、蓝、绿）就是观测值，是你能看到的。HMM 实际就是一种数学工具，帮助你根据看到的衣服颜色（观测值），推测当天的真实天气（隐藏状态）。HMM 的优点是简单有效，适合早期的词性标注任务；但缺点是无法捕捉长距离依赖关系，且对数据量要求较高。

3）基于循环神经网络（RNN）的方法是一种利用神经网络处理序列数据的词性标注技术。RNN 通过引入循环结构，能够将序列中前一个时间步的信息传递到当前时间步，从而捕捉词之间的顺序依赖关系。在词性标注中，RNN 逐词处理句子，并根据每个词及其前文的上下文信息，动态地更新隐藏状态，进而输出该词的词性概率分布。这种方法可以有效利用序列的时序信息，但存在梯度消失或爆炸的问题，尤其在处理长序列时表现受限。

想象你正在读一本故事书，而 RNN 就像是一个"记忆小助手"。当你读到每一个字或句子时，它会记住之前读过的内容，然后根据这些记忆来理解当前的内容。在词性标注里，RNN 的任务就是读一个句子，例如，"猫跑得很快"。它会从第一个词"猫"开始，先记住这个词，然后判断它的词性（如"猫"是名词）。接着，它读到"跑"，会结合之前记住的"猫"这个词的信息，来判断"跑"是什么词性（如"跑"是动词）。然后，它继续读下一个词"得"，再结合前面的"猫"和"跑"，来判断"得"的词性（如"得"是助词）。RNN 就是这样，一边读句子，一边用记忆来帮助理解每个词的词性。不过，它的"记忆"也有些问题，比如读到后面的时候，前面的内容可能会记不清了，这就像人的短期记忆一样，时间长了就会变得有点模糊。所以 RNN 在处理特别长的句子时，效果较差。

词法分析的作用在于为后续的句法分析和语义分析提供基础。通过准确的分词和词性标注，计算机能够更好地理解词语之间的关系及语法结构。

10.1.2 句法分析：短语结构、依存关系

句法分析是自然语言处理的第二个阶段，其主要任务是分析句子中词语之间的结构关系。句法分析将句子切分成不同的成分，如主语、谓语、宾语、定语、状语等，并建立一棵

句法树来描述这些成分之间的关系。句法分析主要有两种方法：短语结构分析和依存关系分析。

(1) 短语结构分析

短语结构分析侧重于从层次结构的角度来分析句子的构成。它将句子分解为不同的短语，每个短语又可以进一步分解为更小的短语或单词，最终形成一个树状的结构。短语（Phrase）是由一个中心词和其修饰成分组成的语法单位。例如，"红色的苹果"是一个短语，其中"苹果"是中心词，"红色的"是修饰成分。句法树（Parse Tree）用于表示句子的层次结构，树的每个节点代表一个短语或单词，分支则表示短语之间的关系。

这种方法的优点在于能够清晰地展示句子的层次结构，便于理解句子的组成。但对于复杂句子的分析可能会变得非常复杂，生成的树结构可能会有多种可能性。这使得其难以处理歧义句子，因为不同的解析树可能都符合语法规范。例如，对于句子"The boy saw the man with telescope"有两种可能的合法的句法结构树，不同的树结构对应不同的语义。第一种句法树表示"男孩使用望远镜看到了这个男人"，如图 10-3 所示；第二种句法树表示"男孩看到了一个拿着望远镜的男人"，如图 10-4 所示。

图 10-3　第一种句法树

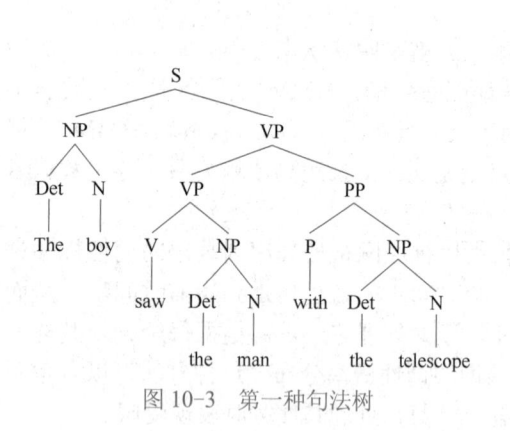

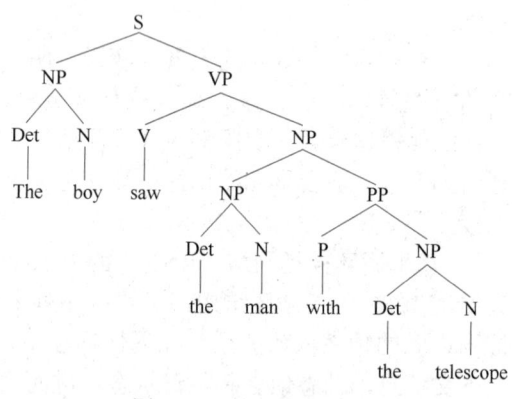

图 10-4　第二种句法树

(2) 依存关系分析

依存关系分析侧重于分析句子中各个单词之间的直接依赖关系，强调每个单词与其他单词之间的语义联系。一个依存关系连接两个词，分别是核心词（或称支配词，head）和依存词（或称从属词，dependent）。依存关系可以细分为不同的类型，表示两个词之间的具体句法关系。箭头从 head 起始，指向 dependent，将一个句子中所有词语的依存关系以有向边的形式表示出来，就会得到一棵树，称为依存句法树，如图 10-5 所示。

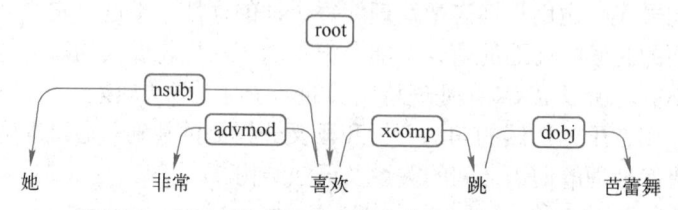

图 10-5　句子"她非常喜欢跳芭蕾舞"的依存句法树

在 20 世纪 70 年代，Robinson 提出依存语法中关于依存关系的四条公理（它们分别约束了依存句法树的根节点唯一性、连通性、无环性和投射性。

1)根节点唯一性:一个句子中只有一个词语是独立的。
2)连通性:其他词语直接依存于某一词语。
3)无环性:任何一个词语都不能依存于两个或两个以上的词语。
4)投射性:如果单词 A 直接依存于单词 B,而单词 C 在句中位于 A 和 B 之间,那么 C 或者直接依存于 B,或者直接依存于 A 和 B 之间的某一成分。

依存关系分析强调单词之间的直接关系,更符合人类对句子的理解方式。它能够更自然地处理歧义句子,因为依存关系更侧重于语义层面。并且对于复杂句子的分析更加简洁,不会像短语结构那样生成复杂的树结构。

基于图的依存句法分析通常需要使用一个特征提取器为每个单词提取特征,然后将每两个单词的特征向量交给分类器打分,作为它们之间存在依存关系的分数。图 10-6 展示了一个基于图的依存句法分析过程,其中分类器用于判断句子中每对单词之间是否存在依存关系。如果分类器判断两个单词之间存在依存关系,则标记为"是",否则标记为"不是"。在传统机器学习时代,基于图的依存句法分析器往往面临运行开销大的问题。这是由于传统机器学习所依赖的特征过于稀疏,以及训练算法需要在整个图上进行全局的结构化预测等。考虑到这些问题,另一种基于转移的方法在传统机器学习框架下显得更加实用。

最多运行分类器$(N+1)^2$次

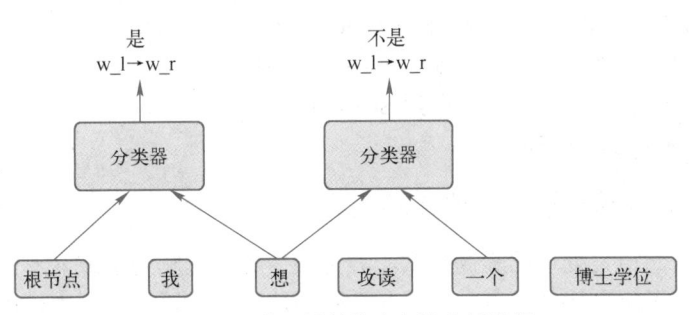

图 10-6 基于图的依存句法分析过程

基于转移的依存句法分析通过维护栈、缓冲区和依存集,利用一系列预定义的转移操作(如移位、添加依存关系等)逐步构建依存树,以高效处理句子的语法结构。Stack 中最开始只存放一个 Root 节点;Buffer 中装有需要解析的一个句子;Set 中则保存分析出来的依赖关系,其在最开始是空的。

接下来,不断地把 Buffer 中的词往 Stack 中推,并判断与 Stack 中的词是否有依赖关系,有则输出到 Set 中,直到 Buffer 中的词全部推出,且 Stack 中也仅剩一个 Root 时,分析完毕。以"我喜欢 NLP"为例,基于转移的依存句法分析的具体步骤如表 10-1 所示。

表 10-1 基于转移的依存句法分析的具体步骤

Stack	Buffer	Action	Dependency Set
Root	我喜欢 NLP	Shift	
Root 我	喜欢 NLP	Shift	
Root 我 喜欢	NLP	Left Arc(左规约的关系,把左边的词移除)	
Root 喜欢	NLP	Shift	我←喜欢

(续)

Stack	Buffer	Action	Dependency Set
Root 喜欢 NLP		Right Arc（右规约的关系，把右边的词移除）	我◄——喜欢 喜欢——►NLP
Root 喜欢		Right Arc（右规约的关系，把右边的词移除）	
Root		Reduce	我◄——喜欢 喜欢——►NLP Root——►喜欢

理解上面的过程，比方在第二行，这时 Stack 中只有[Root，我]，不构成依赖关系，所以需要从 Buffer 中"进货"，因此采取的 Action 是 Shift（把 Buffer 中的首个词，移动到 Stack 中），于是就到了第三行。

Action 一共有以下几种方式。

1）移进（Shift）。
2）左规约（Left Arc）。
3）右规约（Right Arc）。
4）根出栈（Reduce）：根节点出栈，分析完毕。

在第三行，Stack 变成了[Root，我，喜欢]，其中"我"和"喜欢"构成了依赖关系，且是"喜欢"指向"我"，即"左规约"的依赖关系，因此将采取"Left Arc"的 Action，把被依赖的词（此时就是关系中的左边的词）移除 Stack，并把这个关系放入到 Dependency Set 中。

按照这样的方法，不断地根据 Stack 和 Buffer 的情况，来从 Shift、Left Arc、Right Arc 三种动作中选择下一步应该怎么做，直到 Stack 中只剩一个 Root，且 Buffer 也空时，分析结束，得到最终的 Dependency Set。

10.1.3 语义分析：词义消歧、语义角色标注

语义分析是自然语言处理的最高层次，其主要任务是理解句子或文本的真正含义，需要深入理解词语和句子所表达的概念、关系和意图等信息。在语义分析中，需要借助上下文信息和背景知识来推断与理解文本的真实含义。本小节主要围绕语义分析的两个重要方面展开：词义消歧和语义角色标注。

（1）词义消歧

词义消歧（Word Sense Disambiguation，WSD）是指确定一个多义词在给定的上下文中的具体含义。例如，单词"bank"可以指"河岸"或"银行"，词义消歧的任务就是确定在特定句子中"bank"具体是哪一种含义。接下来介绍基于词义释义匹配、基于目标词上下文以及基于词义知识增强预训练三类词义消歧方法。

1）基于词义释义匹配的词义消歧方法主要利用词典中对多义词的定义，假设文本中的词与词典定义之间存在语义关联，通过匹配上下文词汇与词典定义中的词汇来确定词义。这种方法能够迅速获取词义信息，且操作简便。然而，词典的覆盖范围有限，难以涵盖新词或未被收录的词义，同时词典定义的概括性也可能影响匹配的准确性。

2）基于目标词上下文的词义消歧方法主要依赖目标词的上下文信息，通过分析目标词周围的词汇、句法结构等来推断其具体义项，这些信息可以为词义消歧提供丰富的线索。其利用机器学习模型（如朴素贝叶斯、支持向量机等）并结合上下文特征来预测目标词的义项。这种方法能够充分利用上下文信息，且适应性强，适用于大规模语料库的训练。但它对

上下文的质量和长度要求较高，信息不足可能导致消歧不准确。此外，特征工程较为复杂，需要大量的人工干预。

3）基于词义知识增强预训练的词义消歧方法结合了预训练模型（如 BERT）和词义知识资源（如 WordNet、ConceptNet 等），通过增强预训练模型的语义表示能力来提高词义消歧的准确性。预训练模型能够学习到丰富的语言表示，而词义知识资源则提供了更具体的语义信息。该方法首先在大规模语料库上预训练语言模型，然后在词义消歧任务上进行微调。接着，将词义知识资源融入预训练模型中，以增强其语义表示能力。最后，利用增强后的预训练模型对目标词进行义项预测。这种方法能够充分利用预训练模型的语义表示能力，提高消歧的准确性，并结合词义知识资源进一步增强模型的语义理解能力。然而，它需要大量的标注数据进行微调，且知识资源的质量和覆盖范围对模型性能有较大影响。

（2）语义角色标注

语义角色标注（Semantic Role Labelling，SRL）旨在识别句子中谓词的语义角色及其对应的论元。语义角色是指谓词所描述的事件或状态中的参与者（如施事、受事、工具、时间等）。例如，在句子"John gave Mary a book"中，谓词"gave"的语义角色包括施事（John）、受事（Mary）和客体（a book）。

传统的 SRL 系统大多建立在句法分析基础之上，流程通常包括 6 个阶段，如图 10-7 所示。

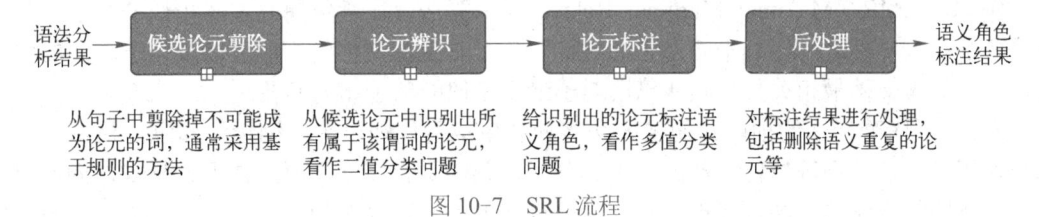

图 10-7 SRL 流程

传统 SRL 方法在特定任务上表现良好，尤其是在需要精细调整和可解释性的场景中。然而，由于其存在依赖于专家知识、难以泛化和对大规模数据处理能力有限等缺点，限制了其在更广泛场景中的应用。

随着深度学习的发展，基于深度学习的 SRL 方法也得到了广泛应用且效果良好。这些方法通过端到端的学习方式，能够自动从数据中提取有效的特征，避免了传统方法中烦琐的特征工程，同时在大规模语料上表现出强大的泛化能力。以下是几种基于深度学习的 SRL 方法。

1）基于图神经网络的方法，图神经网络（GNN）能够显式建模句子中词汇之间的复杂关系，特别适合处理长距离依赖和嵌套结构。在 SRL 任务中，GNN 通常与句法依存树结合，通过图结构捕捉谓词与论元之间的全局依赖关系。例如，Graph SRL 利用句法依存树构建图结构，使用图卷积网络（GCN）或图注意力网络（GAT）对图进行编码，以增强模型对语义角色的理解能力；动态图构建在训练过程中动态调整图结构，以适应不同句子的语义特点。

2）基于序列标注的语义角色标注方法将 SRL 任务视为一个序列标注问题，通过为句子中的每个词分配一个语义角色标签来完成标注。这种方法的核心思想是将输入句子映射为一个标签序列，每个标签表示对应词的语义角色。其中，标签采用 BIO 标注格式，B 表示语义角色的开始，I 表示语义角色的内部，O 表示无关词。

10.2 自然语言生成

自然语言生成（Natural Language Generation，NLG）是自然语言处理（Natural Language Processing，NLP）的一个重要分支，旨在将计算机理解的结构化信息转换为自然语言文本。NLG 技术广泛应用于文本摘要、机器翻译、对话系统等多个领域。

10.2.1 文本摘要：抽取式摘要、生成式摘要

文本摘要是将长篇文章或文本简化为短篇文本的过程，旨在帮助人们快速了解长篇文章的主要内容。根据摘要生成方式的不同，文本摘要可以分为抽取式摘要和生成式摘要。

（1）抽取式摘要

抽取式摘要直接从原文中提取关键句子或短语作为摘要，而不生成新的内容。这种方法简单高效，但可能无法完全覆盖原文的所有关键信息。例如，对于一篇新闻报道，抽取式摘要可能会选择几个最重要的句子来组成摘要。常见的抽取式摘要方法可分为两大类：基于排序的方法和基于序列标注的方法。

1）基于排序的抽取式摘要方法主要通过对原文中的句子进行打分和排序，然后选取得分较高的句子作为摘要。这类方法通常考虑句子的多种特征，如词频、位置、长度、与标题的关联度等。

例如，MMR（Maximal Marginal Relevance）算法旨在避免抽取过多相似的句子，从而在重要性和多样性之间达到平衡。它通过计算句子与整篇文档的相似度以及句子之间的相似度，来选择与文档最相关且与其他已选句子最不相似的句子作为摘要。

2）基于序列标注的抽取式摘要方法将摘要生成看作是一个序列标注问题，对原文中的每个句子（或字、词等单位）都做一个二分类，判断是否属于摘要，并组合起来作为摘要。与基于排序的方法的不同点在于，基于序列标注的方法直接对句子进行二元分类，而不需要预先设计并计算句子的重要性分数，所以可以直接使用有监督学习的方法进行训练。这类方法通常基于机器学习和深度学习技术，以下是一些常见的基于序列标注的抽取式摘要方法。

TextRank 算法是一种无监督的文本摘要方法，其灵感来源于 PageRank 算法。TextRank 算法流程图如图 10-8 所示，它将文档中的句子视为图的节点，以句子间的相似度作为边的权重，通过迭代更新的方式计算每个句子的重要性分数。具体而言，首先将文章分割成完整的单句并整合到一个集合中，然后计算每个句子的向量表示，并构建一个相似度矩阵作为转移概率矩阵。基于此矩阵，可以构建以句子为节点、相似度为边的图结构，并通过迭代计算每个句子的 TextRank 值。最终，根据 TextRank 值对句子进行排序，选取排名最高的若干句子作为摘要输出。这种方法不需要外部训练数据，完全依赖文本内部的语义关系，具有较高的灵活性和适用性。

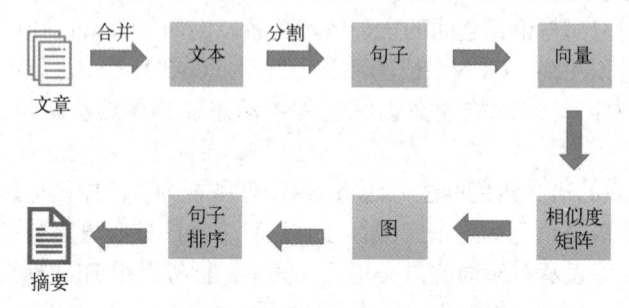

图 10-8　TextRank 算法流程图

基于 RNN 的序列标注方法使用循环神经网络（RNN）及其变体（如 LSTM、GRU）对句子序列进行编码，然后为每个句子分配一个二分类标签（0 或 1），表示该句子是否属于摘要。这种方法能够捕捉句子之间的顺序关系，适用于长文本的处理。不过，对于长序列，RNN 可能会出现梯度消失或爆炸问题。

基于预训练语言模型的方法使用预训练语言模型（如 BERT、RoBERTa）对句子进行向量化表示，然后通过一个额外的分类层对每个句子进行重要性打分。这种方法可以利用大规模预训练数据学习到的语言知识来提高模型的性能，并能够利用预训练模型的强大语言表示能力显著提升摘要质量。但其需要对预训练模型进行微调，计算成本较高。

（2）生成式摘要

生成式摘要不仅是从原始文本中提取句子或短语，还是深入理解原文的主要内容和结构，然后由算法模型自动生成自然语言描述的摘要。以下是一些常见的生成式摘要方法。

基于强化学习的方法使用策略网络生成摘要，并通过奖励函数（如 ROUGE 分数）评估摘要质量。这种方法通过优化策略网络以最大化奖励，能够直接优化摘要质量，但训练过程复杂，计算成本高。

基于指针生成网络（Pointer-Generator Network）的方法使用指针网络从原文中选择词，同时使用生成网络生成新词，并通过开关机制决定是复制还是生成。这种方法可以减少生成错误，以保留原文中的关键信息，但模型复杂度较高。

基于深度学习的方法的 Seq2Seq 模型是生成式摘要中最常用的方法之一。Seq2Seq 模型由编码器和解码器两部分组成，编码器将输入文本编码为向量，解码器则根据该向量生成摘要文本，如图 10-9 所示。这种方法能够处理不同长度的输入和输出，适用于各种文本摘要任务。在 Seq2Seq 模型的基础上加入注意力机制，可以使模型在生成摘要时更加关注输入文本的不同部分。这样，模型能够更准确地捕捉原文中的关键信息，并生成更加连贯和准确的摘要。

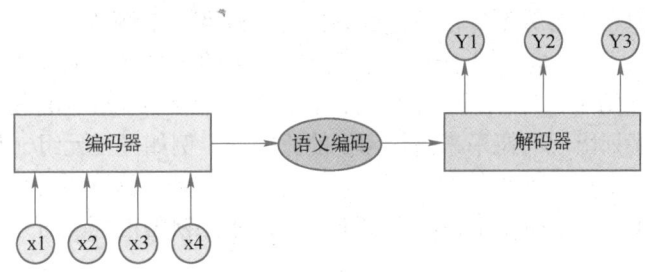

图 10-9　Seq2Seq 模型

基于预训练语言模型的方法利用大规模预训练语言模型（如 BERT、GPT、T5）进行摘要生成，通过微调预训练模型以适应摘要任务，输入原文后，模型可以直接生成摘要。这种方法生成质量高且适应性强，但需要大量计算资源和训练数据。

通过这些不同的方法，文本摘要技术能够有效地从长文本中提取关键信息，并以自然流畅的语言生成摘要，广泛应用于新闻报道、学术文献、市场调研、社交媒体等多个领域。

10.2.2　机器翻译：统计机器翻译、神经机器翻译

机器翻译是将一种自然语言文本从一种语言翻译成另一种语言的过程，是自然语言处理领域的一个重要应用。根据翻译方法的不同，机器翻译可以分为统计机器翻译和神经机器翻译。

（1）统计机器翻译

统计机器翻译（Statistical Machine Translation，SMT）是一种基于统计模型的机器翻译方法，其翻译流程如图 10-10 所示，通过分析大量的双语数据，从中学习翻译规律和模式，从而实现从一种语言到另一种语言的自动翻译。接下来，介绍一些常见的统计机器翻译模型。

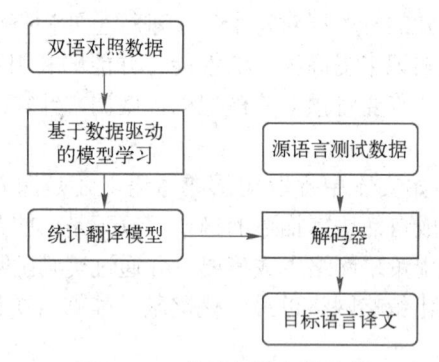

图 10-10　统计机器翻译流程

IBM 模型是 SMT 的早期模型系列，包括 IBM Model 1 到 IBM Model 5。这些模型使用不同的方法来建模短语对齐和翻译概率。IBM Model 1 主要用于单词对齐，它假设源语言和目标语言的单词之间存在一对一的对齐关系，通过迭代过程逐步调整对齐参数，以最大化观察到的双语数据的概率。后续的 IBM 模型（如 IBM Model 2）引入了更复杂的对齐和翻译概率建模，考虑了单词之间的多对多对齐关系，从而能够更好地处理复杂的语言现象。

基于短语的模型（Phrase-Based Model）是 SMT 中一种常见的模型，它将源语言文本划分为短语，然后使用短语级别的对应关系和翻译概率来进行翻译。其可以处理不同长度的短语和句子，并具有一定的上下文信息。基于短语的模型通常会结合多种技术，如基于规则的短语提取、对齐模型和语言模型等，以提高翻译的准确性与流畅性。

在 SMT 系统中，语言模型用于评估目标语言句子的流畅度，从而帮助选择最合适的翻译候选，以确保翻译结果自然流畅。常见的语言模型包括 N-gram 语言模型，它通过统计目标语言中 n 个单词序列出现的概率来评估句子的流畅性，例如，三元组（Trigram）语言模型会考虑目标语言中三个连续单词的联合概率。此外，还有基于深度学习的语言模型，如循环神经网络（RNN）和长短期记忆网络（LSTM）等，这些模型能够更好地捕捉语言中的长距离依赖关系。

词对齐模型用于确定源语言单词和目标语言单词之间的对应关系，从而生成词对齐。这些模型可以是隐马尔可夫模型（HMM）或其他统计方法。隐马尔可夫模型通过定义状态转移概率和观测概率来建模词对齐过程。例如，它可以将源语言和目标语言的单词对齐视为一个状态序列，其中每个状态对应于源语言单词和目标语言单词之间的对齐关系。

SMT 系统还可以使用语言模型重排序（Language Model Re-ranking）来提高翻译质量。在生成翻译候选之后，语言模型可以对候选进行进一步评估和排序，以选择最佳翻译。具体来说，语言模型重排序会根据目标语言句子的流畅度对翻译候选进行重新排序。例如，对于两个翻译候选，如果一个候选的句子更符合目标语言的语法和表达习惯，那么它在重排序后可能会被赋予更高的优先级。

另外，最小错误率训练（Minimum Error Rate Training）是一种用于优化 SMT 系统性能的技术。它使用自动或人工生成的候选翻译来评估不同模型参数设置的性能，以选择最佳的参数配置。在最小错误率训练过程中，系统会尝试找到一组参数，使得翻译结果的错误率最小。例如，通过调整翻译模型的权重和语言模型的平滑参数等，可以优化翻译系统的性能。

通过这些模型和技术的结合，SMT 系统能够在一定程度上实现高质量的自动翻译，尽管它在处理复杂语言现象和长距离依赖关系方面可能不如神经机器翻译（NMT）系统自然流畅。

（2）神经机器翻译

神经机器翻译（Neural Machine Translation，NMT）将翻译问题建模为一个序列到序列（Seq2Seq）的学习任务。其核心思想是通过神经网络直接学习源语言句子和目标语言句子之间的映射关系，而不需要显式的词对齐或短语抽取。与传统的统计机器翻译（SMT）相比，NMT 能够更好地捕捉上下文信息和长距离依赖关系，从而生成更流畅、更准确的翻译结果。

在神经机器翻译的发展初期，基于 RNN 的模型是神经机器翻译中最早使用的模型之一。它们利用 RNN 的链式结构来处理序列信息，并通过注意力机制来提高翻译质量。然而，RNN 模型存在训练速度慢和难以处理长句子等问题。尽管如此，早期的 NMT 系统大多基于 RNN 架构，如长短期记忆网络（LSTM）和门控循环单元（GRU），这些模型通过引入门控机制来缓解梯度消失问题，从而更好地捕捉长序列中的依赖关系。注意力机制的引入进一步提升了 RNN 模型的性能，使得模型在生成目标语言句子时能够动态地关注源语言句子的不同部分，从而提高翻译的准确性和流畅性。

随后，研究者们开始探索基于卷积神经网络（CNN）的模型，这些模型利用 CNN 处理输入句子，并通过注意力机制生成翻译。与 RNN 相比，CNN 具有并行计算能力强、能够捕捉局部特征等优势。因此，基于 CNN 的模型在训练速度和翻译质量方面通常优于基于 RNN 的模型。CNN 通过卷积层提取输入句子的局部特征，再通过池化层降低特征维度，从而能够有效地捕捉句子中的局部模式。然而，CNN 在处理长序列数据时可能无法像 RNN 那样自然地捕捉长距离依赖关系，因此在某些情况下，其性能不如 RNN。

为了进一步提升翻译性能，Transformer 模型应运而生。这是一种完全基于注意力机制的神经网络架构，它摒弃了传统的 RNN 和 CNN 架构。Transformer 模型由多个编码器和解码器堆叠而成，每个编码器和解码器都包含自注意力机制（Self-Attention Mechanism）和前馈神经网络（Feedforward Neural Network）。自注意力机制允许模型在处理每个单词时都能关注句子中的其他单词，从而捕捉句子内部的依赖关系。由于 Transformer 模型没有循环或卷积结构来捕捉序列信息，因此它需要通过位置编码（Positional Encoding）来将单词的位置信息嵌入到输入表示中。位置编码是一种特殊的向量，它将单词的位置信息添加到每个单词的嵌入向量中，从而确保模型能够理解单词在句子中的顺序。

Transformer 模型在机器翻译任务上取得了显著的性能提升，并成为当前神经机器翻译（NMT）的主流模型之一。它不仅训练速度快，而且能够更好地捕捉长距离依赖关系，从而生成更自然和更准确的翻译结果。

10.2.3 对话系统：任务型对话、开放域对话

对话系统是一种自然语言生成的应用，旨在根据用户输入生成自然、有意义的回复。对话系统可以根据功能划分为任务型对话和开放域对话。

（1）任务型对话系统

任务型对话系统（Task-Oriented Dialogue System）是一类旨在帮助用户完成特定任务的对话系统。它们通常用于特定领域，具有明确的目标和结构化的对话流程。任务型对话系统的核心是理解用户的意图，并通过多轮交互收集必要的信息，最终完成任务。通常任务型对话系统都是基于 Pipline 的方式实现的，这种模块化的设计使得任务型对话能够高效地完成用户任务，同时具备良好的可扩展性和可维护性。其具体的流程图如图 10-11 所示。

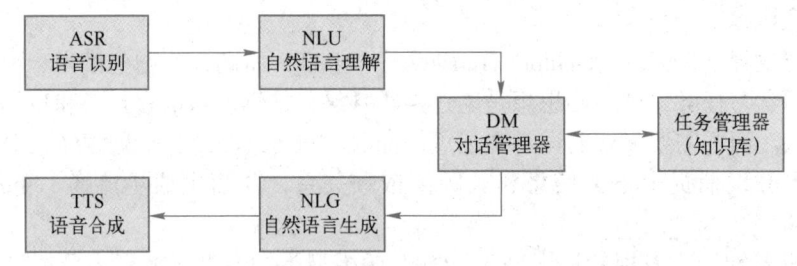

图 10-11 Pipline 流程图

整个 Pipline 由五个模块组成：语音识别、自然语言理解、对话管理、自然语言生成和语音合成。此外，现在越来越多的产品还融入了知识库，主要是在对话管理模块引入。在这里除了语音识别和语音合成模块不属于自然语言处理范畴且属于可选项之外，其他的三个模块都是必选项。

1）ASR（Automatic Speech Recognition）：将用户实际输入的语音信号转换为文本信息，用于后续意图理解。其对应对话过程的倾听。

2）NLU（Natural Language Understanding）：将 ASR 生成的文本信息映射为用户实际希望完成的意图。NLU 主要在对话系统中起到理解的作用，其流程图如图 10-12 所示，通过 NLU 提取用户输入中有用的信息，让对话系统能够理解用户的真实意图并且能够顺利地执行。NLU 输入为用户实际说的话，而输出往往为（领域，意图，槽位）的三元组形式，以供后续系统使用。下面详细介绍领域、意图和槽位。

图 10-12 NLU 流程图

以一个询问天气的任务型对话为例，根据专家知识，会预先定义该任务的意图和相应的槽。

比如用户输入："今天深圳的天气怎么样？"此时用户所表达的是查询天气，因此在这里可以认为查询天气就是一种意图，而具体查询哪里的天气以及哪一天的天气，用户也传递出了这些信息（地点=深圳，日期=今天），这里的地点和日期就是信息槽。

在一个任务型对话系统中会含有多种意图和槽值，对于意图识别来说其本质上是一个文本分类的任务，而对于槽值填充来说其本质上是一个序列标注的任务（采用 BIO 的形式来标注）。

还是以"今天深圳的天气怎么样？"为例，在意图识别时用文本分类的方法将其分类到

"询问天气"这个意图,而在做槽值填充时采用序列标注的方法可以将其标注为:

今　　天　　深　　　　圳　　　的 天气 怎么样
B_DATE I_DATA B_LOCATION I_LOCATION O O O O O

领域则是意图的集合,在部分系统中领域也被称为技能(Skill)。为了更好地满足用户需求,在实际对话系统中会将类似功能需求的意图归结到一个领域中统一建设,如音乐领域、视频领域、闲聊领域等,并由(领域,意图,槽位)共同决定系统中对用户需求的唯一表述。

3) DM(Dialog Manarge):对话管理分为两个子模块,分别为对话状态追踪(DST)和对话策略(DP),其主要作用是根据 NLU 的结果来更新系统的状态,并生成相应的系统动作。

DST 是根据领域、意图、槽位以及之前的对话状态系统等来追踪当前对话状态的模块。

比如,用户询问:"明天天气如何?"

当系统回答之后,用户再一次询问:"那北京呢?"

这句询问其实蕴含着一个信息,即要询问的其实是北京明天的天气。而"明天"这个蕴含在上一轮对话中的信息应当被提取出来,并存储在 DS 对话状态中,供以后的对话来使用。

DP 是用于控制对话回复的模块,它的主要作用是结合对话理解,选决策当前最优一个执行结果。

在多轮对话场景中,DST 将当前轮的会话状态输入 DP 中,由 DP 来决定产生什么动作。而 DP 根据 DST 的结果,动态生成系统动作,逐步推动对话向目标方向发展,最终完成用户任务。

常见的系统操作有操作执行(如查询数据库、调用 API)、意图澄清(如询问用户更明确的需求)、槽位追问(如询问用户缺失的关键信息)、状态跳转(如跳转到另一个对话流程)等。

4) TTS(Text-to-Speech):是对话系统的"声音",它将系统生成的文本以语音形式输出,增强用户体验。

5) NLG(Natural Language Generation):是对话系统的"嘴巴",它负责将系统意图转换为用户能够理解的自然语言文本。

(2) 开放域对话系统

开放域对话系统(Open-Domain Dialogue Systems)与任务型对话系统的主要区别在于,它旨在与用户进行自由、自然的交流,而不仅限于完成特定任务。这种系统能够覆盖各种话题和领域,与用户进行轻松的闲聊、提供信息、解答疑问,甚至进行情感上的互动。其核心目标是提供一种更自然、流畅且富有人性化的交互体验。

开放域对话系统的实现主要分为两大类:基于规则的方法和基于数据驱动的方法。随着技术的进步,尤其是深度学习技术的发展,数据驱动的方法已逐渐成为主流。

早期的开放域对话系统主要采用基于规则的方法,依赖人工设计的规则和模板来生成回复。系统通过预定义的规则来匹配用户的输入,并生成相应的回复。例如,如果用户输入"天气",系统可能会回复"今天天气很好。"这种方法简单易实现,适合初学者和小规模应用,且具有较高的可解释性,便于调试。然而,它的灵活性较低,难以处理复杂或模糊的输入;扩展性也较差,需要手动设计大量规则,难以覆盖所有话题;且缺乏对上下文的理解,难以维护多轮对话的连贯性。

基于数据驱动的方法则利用大规模对话数据来训练模型，使模型自动学习如何生成回复。这种方法主要分为检索式和生成式两种。

1）检索式方法通过将用户输入与回复库中的候选回复进行匹配，选择最相关的一个作为回复。例如，用户输入"你好"，系统从回复库中选择"你好！很高兴见到你。"这种方法通过收集大量对话数据构建回复库，并使用相似度算法（如余弦相似度）来匹配用户输入和候选回复，返回相似度最高的回复。检索式方法的回复质量高，实现简单，适合中小规模应用。但它依赖于高质量的回复库，扩展性有限，且缺乏创造性，无法生成新的回复，因此常用于客户服务系统。

2）生成式方法则利用深度学习模型（如 GPT）直接生成回复。这种方法通过训练模型学习对话数据的分布，从而生成自然语言回复。例如，用户输入"你好"，模型可能会生成"你好！今天过得怎么样？"生成式方法灵活性高，能够生成多样化、创造性的回复，且通过 Transformer 等模型捕捉长距离依赖关系，具有强大的上下文理解能力。然而，它需要大量高质量的数据进行训练，且生成质量可能不稳定，有时可能会生成不相关或不适当的回复。ChatGPT 就是采用生成式方法的一个例子。

10.3 自然语言处理应用案例

自然语言处理（NLP）是人工智能领域的一个分支，它让计算机能够理解、处理和生成人类语言。这听起来是不是有点像科幻电影里的场景？其实，这些技术已经悄悄走进了我们的日常生活。接下来看看 NLP 在现实世界里是如何大显身手的。

10.3.1 智能客服：自动问答、问题分类

智能客服是 NLP 技术最直接的应用之一。它通过模拟人类对话的方式，帮助用户解决问题，极大地提升了客户服务的效率。无论是购物网站、银行 App，还是电信运营商，智能客服都已经成为不可或缺的一部分。

智能客服的核心功能之一就是自动问答。它就像一个永不疲倦的"机器人助手"，能够快速回答问题。例如，在网上购物时，想问"这件衣服的尺码怎么选？"或者"这个电子产品有保修吗？"智能客服会立刻根据输入的问题，从海量的知识库中找到最合适的答案回复。这一切的背后，是 NLP 技术在"读懂"问题，并从众多信息中筛选出最相关的答案。

除了回答问题，智能客服还会对问题进行分类。这是因为人们的问题千奇百怪，但有些问题其实属于同一类。例如，"怎么退款？"和"如何办理退货？"虽然措辞不同，但本质上是同一个问题。智能客服通过 NLP 技术，能够识别这些问题的相似性，并将它们归类到"退款流程"这一类别。这样，它不仅能更高效地回答问题，还能不断学习和优化自己的知识库，并在下次遇到类似问题时，回答得更准确。

智能客服不仅节省了用户的时间，还提高了企业的服务效率。它就像一个 24h 在线的"小秘书"，随时准备为用户排忧解难。

10.3.2 情感分析：文本情感分类、观点挖掘

在社交媒体、评论网站或产品评价中，人们经常表达自己的情感和观点。情感分析是一

种通过 NLP 技术，自动识别文本中情感倾向的应用。它可以帮助企业了解消费者对产品或服务的感受，甚至预测市场趋势。

情感分析的一个重要功能是判断文本的情感倾向。简单来说，就是判断一段文字是"正面"的、"负面"的，还是"中性"的。例如，一条关于电影的评论："这部电影太精彩了，情节扣人心弦！"情感分析技术会判断这是一条"正面"的评论。而如果评论是："这部电影真是一场灾难，浪费我的时间。"那它就会被判断为"负面"。这种技术在社交媒体、电商评论和市场调研等领域非常有用，商家可以通过分析用户评论的情感倾向，了解产品或服务的口碑，从而及时改进。

除了判断情感倾向，情感分析还能挖掘出人们的观点。例如，在一条关于餐厅的评论中，"这里的菜很好吃，但服务太慢了。"情感分析技术不仅能判断出"菜很好吃"是正面的，"服务太慢"是负面的，还能进一步提取出"菜"和"服务"这两个关键要素，以及用户对它们的具体看法。这样一来，餐厅老板就能清楚地知道哪些方面做得好，哪些方面需要改进。

情感分析就像一个"心灵捕手"，能够从文字中捕捉到人们的情绪和想法，从而帮助企业和组织更好地了解公众的反馈。

10.3.3 信息抽取：命名实体识别、关系抽取

在海量的信息中快速找到关键内容，听起来是不是有点像侦探破案？自然语言处理中的信息抽取技术就能做到这一点。它可以从文本中提取出最有价值的信息，让人们不再被冗长的文字淹没。

命名实体识别（NER）是一种非常实用的技术，它的任务是从文本中找出那些具有特定意义的"实体"。例如，在新闻报道中，"美国""华为公司"这些词就是"实体"。它们可以是人名、地名、机构名，甚至是日期和数字。通过命名实体识别，计算机能够快速识别出这些关键信息。例如，当搜索"华为公司最近的动态"时，搜索引擎会通过命名实体识别技术，从海量的新闻中找出与"华为公司"相关的报道，使得快速获取到所需要的信息。

除了识别实体，信息抽取技术还能找出实体之间的关系。例如，在句子"胰岛素能有效治疗糖尿病。"中，通过关系抽取技术，可以识别出"胰岛素"和"糖尿病"之间存在"药物关系"。这种技术在情报分析、知识图谱构建等领域非常有用。想象一下，如果能快速从一篇长文章中提取出关键人物、地点和事件，并且还能理清它们之间的关系，那是不是就像拥有了一双"透视眼"？

信息抽取技术就像一个"信息筛子"，能够从海量的文本中筛选出最有价值的内容，帮助人们快速获取关键信息。

本章小结

本章全面地介绍了自然语言处理（NLP）的核心内容，包括其基本概念、关键技术和广泛应用。NLP 通过词法分析（如分词、词性标注）、句法分析（如短语结构、依存关系）和语义分析（如词义消歧、语义角色标注）等技术，使计算机能够理解、处理和生成人类语言。同时，自然语言生成（NLG）作为 NLP 的重要分支，涵盖了文本摘要、机器翻译和对

话系统等应用领域，通过抽取式或生成式方法实现文本生成，推动了人机交互的发展。此外，NLP 在智能客服、情感分析和信息抽取等实际应用中展现出强大的功能，为各行各业提供了高效的解决方案，提升了信息处理的效率和质量。

【习题】

一、选择题

1. 词法分析的主要任务是什么？（   ）
   A．理解句子的语义
   B．将文本分解为独立的词或词素
   C．分析句子的结构关系
   D．生成自然语言文本

2. 依存关系分析的主要优点是什么？（   ）
   A．能够清晰展示句子的层次结构
   B．更自然地处理歧义句，侧重于语义层面
   C．能够快速生成文本摘要
   D．能够生成高质量的语音

3. 以下哪种方法不属于中文分词的方法？（   ）
   A．基于最大匹配的分词
   B．基于线性链条件随机场（CRF）的分词
   C．基于感知器的分词
   D．基于语音识别的分词

4. 自然语言生成（NLG）的主要应用领域不包括以下哪项？（   ）
   A．文本摘要   B．机器翻译
   C．对话系统   D．图像识别

5. 情感分析的主要功能是什么？（   ）
   A．判断文本的情感倾向   B．生成自然语言文本
   C．分析句子的结构关系   D．提取文本中的关键信息

二、判断题

1. 词性标注的主要作用是确定句子的情感倾向。（   ）
2. 依存关系分析侧重于分析句子中各个单词之间的直接依赖关系。（   ）
3. 基于预训练语言模型的方法在文本摘要中表现不佳。（   ）
4. 机器翻译可以分为统计机器翻译和神经机器翻译两大类。（   ）
5. 情感分析只能用于分析正面和负面情感，无法识别中性情感。（   ）

三、填空题

1. 自然语言处理的三个主要阶段是词法分析、_____ 和语义分析。
2. 在词法分析中，分词是将连续的文本切分成单独的_____。
3. 依存关系分析中，一个依存关系连接两个词，分别是核心词（或称支配词）和_____。

4．基于深度学习的语义角色标注方法通常使用_____网络来捕捉谓词与论元之间的全局依赖关系。

5．机器翻译可以分为_____机器翻译和神经机器翻译两大类。

四、简答题

1．简述自然语言处理中的词义消歧（WSD）的概念及其重要性。
2．列举三种常见的句法分析方法及其特点。
3．简述自然语言生成（NLG）的主要应用领域。
4．简述情感分析的主要应用场景及其作用。
5．解释中文分词的主要困难及其解决方法。

第 11 章 大语言模型与多模态智能——认知融合的新范式

在人工智能的世界里,大语言模型和多模态智能是两个非常热门的话题。它们听起来可能有点复杂,但其实就像超级智能的"大脑",能够帮助人们完成很多神奇的事情。本章将探索这些前沿技术的魅力。

本章目标
- 了解大语言模型(LLM)的定义、发展历程和核心技术(Transformer 架构)。
- 熟悉国内外典型大语言模型的特点和应用场景。
- 掌握 LLM 的三大核心能力:文本生成、文本理解和跨领域交互。
- 了解多模态智能的概念、多模态数据融合与处理技术,以及多模态交互的应用领域。
- 熟悉 LLM 和多模态智能在实际问题中的应用案例。

11.1 大语言模型概述

在人工智能的璀璨星空中,大语言模型(LLM)犹如一颗耀眼的新星,以其卓越的性能和广泛的应用潜力,引领着自然语言处理(NLP)领域迈向新的高度。从简单的文本生成到复杂的多模态交互,大语言模型正逐步渗透到人们生活的方方面面,成为推动技术进步的重要力量。本节将走进大语言模型的世界,探索其定义、发展历程、核心技术,以及国内外典型模型的特点与应用,揭开这些智能"大脑"的神秘面纱。

11.1.1 大语言模型的定义与发展历程

大语言模型(Large Language Model,LLM),也称大型语言模型,是一种人工智能模型,旨在理解和生成人类语言。

通常,大语言模型(LLM)指包含数百亿(或更多)参数的语言模型,这些模型在大量的文本数据上进行训练,国外的有 GPT-3、GPT-4、PaLM、Galactica 和 LLaMA 等,国内的有 ChatGLM、文心一言、通义千问、讯飞星火等。

在这个阶段,计算机的"大脑"变得非常巨大,拥有数十亿甚至数千亿的参数。这就像是将计算机的大脑升级成一个巨型超级计算机,使得计算机可以在各种任务上表现得非常出色，有时甚至比人类还要聪明。

为了探索性能的极限，许多研究人员开始训练越来越庞大的语言模型，如拥有 1750 亿参数的 GPT-3 和 5400 亿参数的 PaLM。尽管这些大型语言模型与小型语言模型（如 BERT 的 3.3 亿参数和 GPT-2 的 15 亿参数）使用相似的架构和预训练任务，但它们展现出截然不同的能力，尤其在解决复杂任务时表现出惊人的潜力，这被称为"**涌现能力**"。以 GPT-3 和 GPT-2 为例，GPT-3 可以通过学习上下文来解决少样本任务，而 GPT-2 在这方面则表现较差。因此，研究界称这些庞大的语言模型为"大语言模型（LLM）"。

大语言模型（LLM）的发展历程（见图 11-1）可以追溯到早期的基于统计方法和基础模型，如 N-gram 模型和词嵌入（Word2Vec、GloVe）。随着深度学习时代的到来，循环神经网络（RNN）和长短期记忆网络（LSTM）的出现，以及 Transformer 模型的提出，极大地提升了自然语言处理（NLP）任务的性能。随后，如 BERT、GPT 等模型的出现，开创了预训练和微调的新范式。近年来，如 GPT-4 等更大规模和多模态模型的发布，进一步推动了 LLM 的发展。

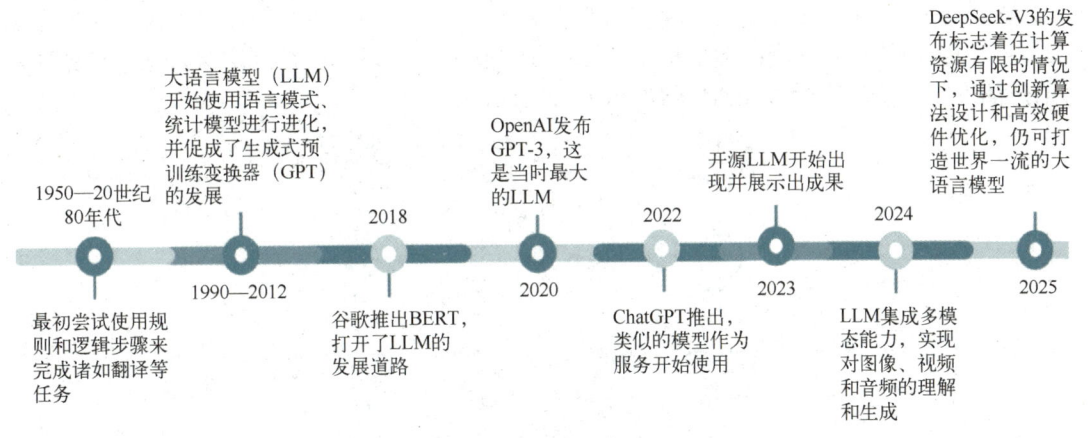

图 11-1　LLM 发展历程

2023—2024 年，多模态大型语言模型（MLLM）通过将文本、图像、音频和视频整合到统一系统中重新定义了人工智能。这些模型扩展了传统语言模型的能力，实现了更丰富的交互和更复杂的问题解决。例如，2023 年，OpenAI 推出了 GPT-4V，将 GPT-4 的语言能力与先进的计算机视觉相结合，可以解释图像、生成标题、回答视觉问题，并推断视觉中的上下文关系。2024 年初，GPT-4o 通过整合音频和视频输入进一步推进了多模态能力。

2025 年初，我国推出了一款开创性且高性价比的 LLM——DeepSeek-R1，引发了 AI 领域的巨大变革。DeepSeek-V3 的发布标志着在计算资源有限的情况下，通过创新算法设计和高效硬件优化，仍可打造世界一流的大语言模型。这一进展不仅提升了自然语言处理的能力，也在多模态学习方面拓宽了应用前景。

11.1.2　大语言模型的核心技术：Transformer 架构

微视频 11.1.2　Transformer

大语言模型之所以如此厉害，是因为它有一个非常强大的"大脑"——Transformer 架构。这个架构就像是一个超级复杂的神经网络，能够处理大量的信息。它的工作原理像人类大脑中的神经元，能够快速地传递和处理信息。

Transformer 架构是由 Vaswani 等人于 2017 年在论文《Attention Is All You Need》中提出

的一种深度学习模型，它对自然语言处理（NLP）和其他序列到序列的任务产生了革命性的影响。这种架构摒弃了传统的循环和卷积操作，完全依赖于注意力机制来处理序列的编码和解码。

  Transformer架构最大的特点是它能够同时处理很多信息，而不是像传统的计算机一样，一次只能处理一个任务。这就让大语言模型能够更好地理解语言的复杂性。例如，当我们说"我昨天去了图书馆，今天要去书店"时，大语言模型可以通过这个架构理解"昨天"和"今天"的关系，以及"图书馆"和"书店"的相似性。这种能力让它能够生成更自然和更准确的语言。

  Transformer架构的核心是一种称为自注意力机制（Self-Attention）的技术。与传统的序列模型（如RNN和LSTM）不同，Transformer不需要按顺序处理文本，而是可以同时处理整个句子或段落。这种并行处理的能力使得Transformer在效率和性能上都远超了之前的模型。

  自注意力机制处理序列数据时，首先将序列中的每个元素对应设为查询q、键k和值v，计算查询q与各个键k间的相似度，以衡量相关性；然后依据相似度算出权重，体现各元素对当前查询的重要程度；最后将权重与对应的值v加权求和，得到注意力值，实现对关键信息的聚焦。获取注意力值的步骤如图11-2所示。

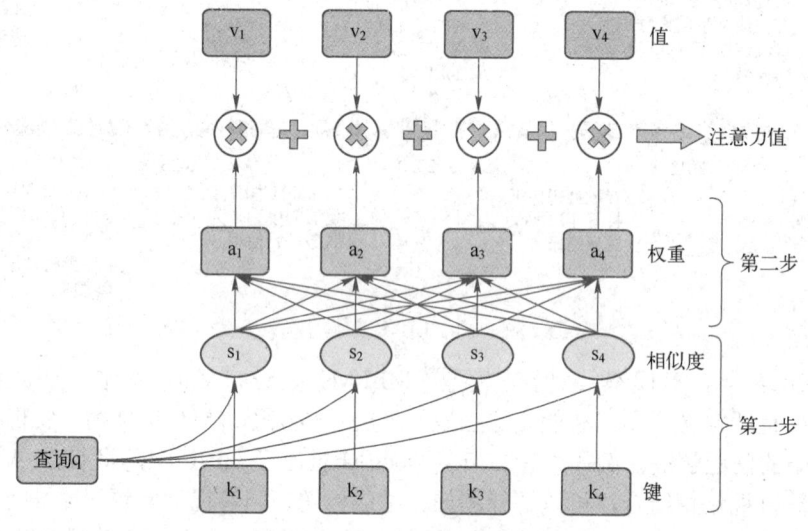

图11-2 获取注意力值的步骤

  以句子"猫坐在垫子上，因为它很柔软"为例，当理解"它"的指代时，可把"它"视为查询q，而句子中其他词对应的键k就如同"线索"。通过依次计算相似度、权重以及注意力值，模型便能明确"它"指代的是"垫子"，进而准确把握句子的含义。

11.1.3 大语言模型的训练数据与规模

  大语言模型强大的另一个原因是它需要学习大量的数据。这些数据包括书籍、文章、新闻报道，甚至是社交媒体上的内容。想象一下，如果一个孩子只读了一本书，他的知识量肯定很有限。但大语言模型通过阅读海量的书籍和文章，能够学到非常多的知识。

  这些模型的规模也非常惊人。有些大语言模型有几十亿甚至上千亿个参数（参数就像是模型的"记忆单元"），这意味着它们能够存储和处理大量的信息。就像一个超级图书馆，里面藏着无数的知识，大语言模型可以通过这些知识来回答问题、写文章或者创作故事。

2022年9月，DeepMind（Chinchilla论文）中提出Hoffman scaling laws：表明每个参数需要大约20个文本token进行训练。例如，一个7B的模型需要140B token，若每个token使用int32（四字节）进行编码，就是560GB的数据。

训练模型参数量与训练数据量的统计如表11-1所示。

表11-1 训练模型参数量与训练数据量统计

参数量	数据量（token） 1T token 约为 2000-4000GB 数据 （与 token 的编码字节数相关）
LLaMA-7B	1.0T
-13B	1.0T
-33B	1.4T
-65B	1.4T
LLaMA2-7B	2.0T
-13B	2.0T
-34B	2.0T
-70B	2.0T
Bloom-176B	1.6T
LaMDA-137B	1.56T
GPT-3-175B	0.3T
Jurassic-178B	0.3T
Gopher-280B	0.3T
MT-NLG 530B	0.27T
Chinchilla-70B	1.4T

11.1.4 国内外典型大语言模型

近年来，大语言模型（LLM）在全球范围内迅速发展，成为人工智能领域的重要技术。以下介绍一些国内外典型的大型语言模型及其特点。

（1）国外典型大语言模型

GPT系列（OpenAI）：GPT（生成式预训练变换器）系列是由OpenAI开发的大语言模型，采用多层Transformer架构。GPT以强大的自然语言处理能力著称，它的发展历程如同一部不断攀登高峰的史诗，如图11-3所示。

2018年问世的GPT-1，作为OpenAI的首个语言模型，其拥有1.17亿个参数。它像是一个初露锋芒的语言学者，展示出了预训练方法在自然语言处理中的巨大潜力。

2019年发布的GPT-2，其参数增至15亿。它的文本生成质量有了质的飞跃，能够生成长篇连贯的文本，并具备多样化的语言生成能力，就像一个才华横溢的作家，能够轻松驾驭各种风格的作品。

2020年发布的GPT-3，其拥有惊人的1750亿个参数。它如同一个博学多才的智者，能够执行更复杂的任务，如编程、翻译、问答等，被广泛应用于内容创作、客服等领域，如图 11-4 所示。

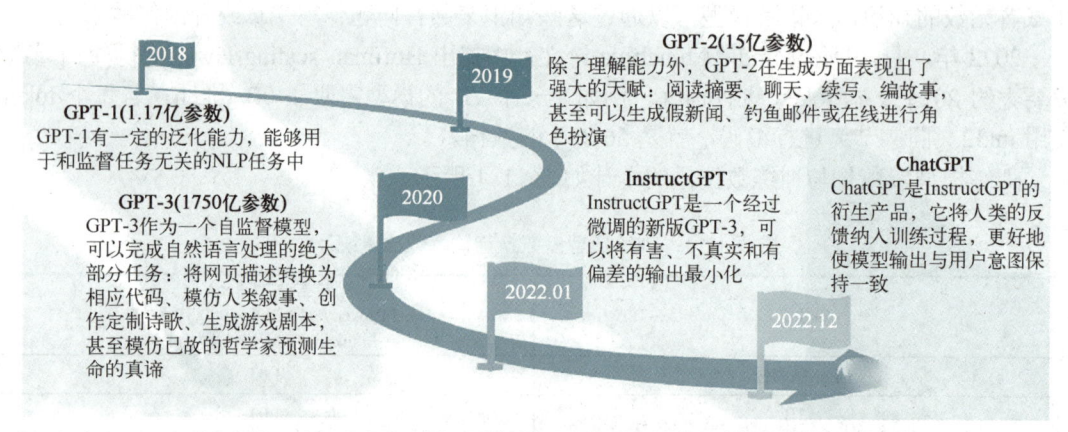

图 11-3 GPT 发展历程

图 11-4 ChatGPT 与人交互的场景

2023 年发布的 GPT-4，在推理和多模态处理上有了显著提升。它能更好地理解复杂的语言输入，并在多领域展现出了出色的能力，如法律、医疗和创意写作等。

GPT-o1 及 GPT-o1 Pro 在 2024 年发布，GPT-o1 在推理、理解和生成任务中表现卓越，特别是在需要深度推理与复杂任务的领域。而 GPT-o1 Pro 则进一步增强了性能，适用于高要求的行业应用，如同一位行业专家，能够精准解决各种难题。

LLaMA 系列（Meta AI）：LLaMA 是由 Meta AI 开发的大型语言模型，其具有创新的架构设计，如 RMSNorm 归一化和旋转位置编码（RoPE）。它支持多语言生成以及开源特性，使其易于被开发者使用和改进。

Bard（谷歌）：Bard 是谷歌开发的聊天机器人，其基于 LaMDA（对话应用语言模型）技术。它能够生成类人文本和图像，适合创意写作、故事生成等场景。

（2）国内典型大语言模型

文心一言（百度）：文心一言是百度推出的大型语言模型，其具备强大的自然语言处理能力，支持文本创作、翻译、答疑等功能。它在内容创作和教育领域的表现尤为突出。

通义千问（阿里巴巴）：通义千问是阿里巴巴达摩院开发的综合型 AI 模型，支持多模态数据处理和个性化学习路径推荐。它在教育领域的应用广泛，能够根据学生的学习行为定制学习方案。

讯飞星火（科大讯飞）：讯飞星火专注于语音识别与合成，支持多语种翻译和智能对话，它在教育领域的语音识别和口语练习方面表现优异。

DeepSeek 系列（DeepSeek AI）：DeepSeek-V3 作为深度求索公司自主研发的首款混合专家（MoE）模型，其拥有 6710 亿参数，激活参数 370 亿，并在 14.8 万亿 token 上完成了预训练。如图 11-5 所示，DeepSeek-V3 的多项评测成绩超越了 Qwen2.5-72B 和 LLaMA-3.1-405B 等其他开源模型，并在性能上和世界顶尖的闭源模型 GPT-4o 以及 Claude-3.5-Sonnet 不分伯仲。

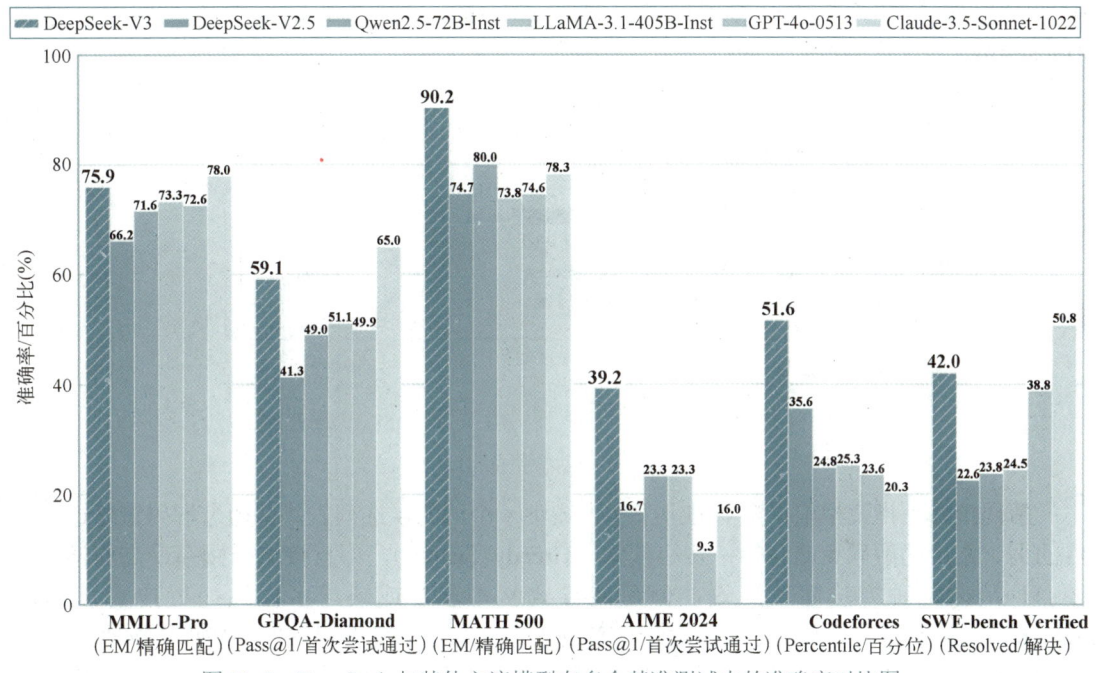

图 11-5　DeepSeek 与其他主流模型在多个基准测试中的准确率对比图

继 DeepSeek-V3 之后，DeepSeek-R1 在后训练阶段大规模使用了强化学习技术，极大地提升了模型推理能力。在数学、代码、自然语言推理等任务上，DeepSeek-R1 的性能比肩 OpenAI o1 正式版。此外，DeepSeek-R1 系列已推出多个版本，包括 R1-671B、R1-35B、R1-13B 和 R1-7B，以适应不同的应用场景与计算环境。

11.2　大语言模型的能力

在科技日新月异的今天，大语言模型正逐步渗透到人们日常生活的方方面面，以其强大的文本处理能力、深入的理解能力，以及跨领域的交互能力，为人类社会带来前所未有的变革。了解这些前沿技术能够更好地适应未来的数字世界，本节将探索大语言模型的三大核心能力及其在现实生活中的应用。

微视频 11.2.1
文本生成

11.2.1　文本生成

大语言模型（LLM）中的文本生成是指模型依据给定的输入（如提示词或上下文信息）自动产出连贯且合理的文本的过程。这一流程的核心在于模型通过预训练所掌握的语言规律和知识，结合特定的生成策略，从而逐步预测出下一个最可能的词或标记（token）。

文本生成的主要原理涵盖自回归生成和概率驱动两个方面。LLM（如 GPT 系列）通常采用自回归（Auto-Regressive）模式进行文本生成，即逐词生成，每一步生成的词都会作为下一步的输入。例如，输入"今天天气很好，"时，可能生成："今天天气很好，我决定去公园散步。"模型每次预测一个词（如从"我"到"决定"，再到"去"……），直至生成结束标记或达到预设的最大长度。概率驱动则是指模型基于输入的上下文信息，计算出所有可能的下一个词的概率分布（通常通过 Softmax 函数实现），并依据某种策略选定下一个词。

如图 11-6 所示，文本生成主要分为三个步骤：输入编码、解码策略和迭代生成。输入编码是将输入的文本转换为词向量（或子词向量），并添加位置编码。同时，通过 Transformer 的注意力机制（如自注意力）捕捉上下文关系。

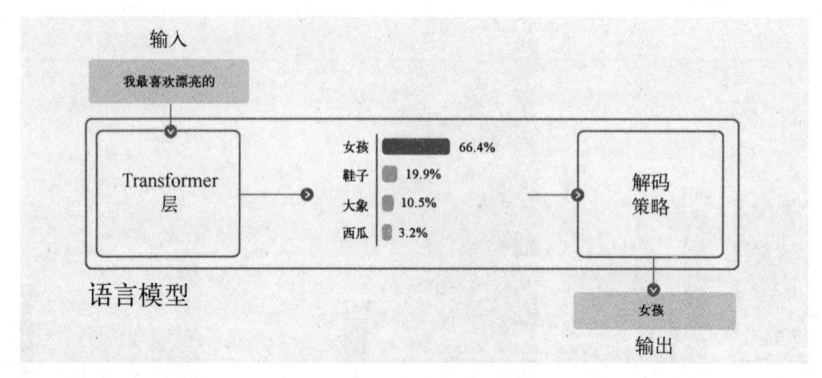

图 11-6 文本生成的步骤

解码策略是指模型根据当前的上下文生成下一个词的候选列表，并通过解码策略选定最终的词。常用的解码策略包括：贪心搜索（Greedy Search），即直接选择概率最高的词（见图 11-7），这种方法简单高效，但可能导致文本重复或缺乏多样性；束搜索（Beam Search），即保留多个候选序列（如束宽设为 5），以平衡生成的质量和多样性；采样（Sampling），即根据概率分布进行随机采样，并可通过温度参数（Temperature）调控随机性，如高温（>1）使概率分布更平缓，生成结果更随机，低温（<1）使概率分布更尖锐，生成结果更保守。此外，还有 Top-k/Top-p 采样，即限制候选词的范围（如 Top-k 设为 50 个最高概率词，或 Top-p 设为累计概率的 0.9 范围），以避免低质量词被选中。

迭代生成是指每一步生成的词被追加到输入中，并重复上述过程，直至满足停止条件。

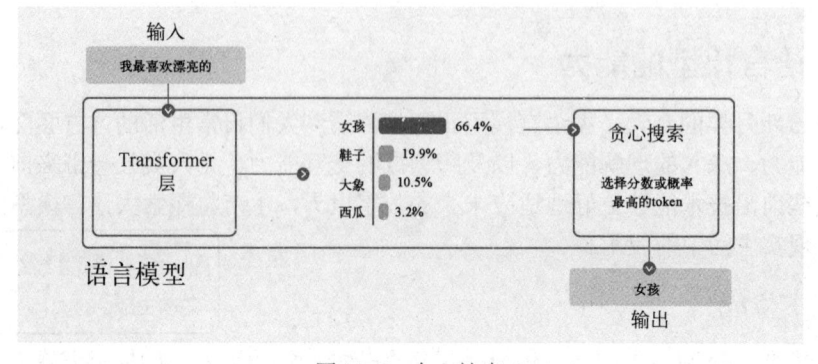

图 11-7 贪心搜索

11.2.2 文本理解

大语言模型（LLM）中的文本理解是指模型能够解析、分析和提取输入文本的语义信息，从而完成诸如分类、问答、总结等任务的能力。与文本生成不同，文本理解更侧重于"读懂"文本，而非"写出"文本。

文本理解的核心在于模型能够精准捕捉并将输入文本的语义信息转化为可操作的知识。这一过程主要依赖于语义表示、上下文建模以及多任务学习等方面。

语义表示的作用是将输入的文本转换为高维向量，这些向量可以是词向量或句子向量，它们能够精准捕捉词语、短语乃至句子的语义内涵。借助 Transformer 架构中的自注意力机制，模型能够动态聚焦于文本中的重要内容，从而深入理解上下文关系。

上下文建模则意味着大语言模型（LLM）具备理解长距离依赖关系的能力，即便词语在文本中相隔甚远，模型也能敏锐捕捉到它们之间的内在联系。例如，当输入"尽管天气不好，他还是决定去跑步"时，模型能够准确理解"天气不好"与"决定去跑步"之间的转折关系。

此外，文本理解往往涉及多种任务，如分类、问答、情感分析等。LLM 通过预训练和微调，能够灵活适应不同任务的需求，展现出强大的多任务学习能力。

11.2.3 跨领域交互

跨领域交互能力是大语言模型（LLM）的一大亮点，它赋予了模型在不同领域（如医疗、法律、编程、教育等）中灵活应对任务，并依据用户需求生成或理解相关文本的能力。这一特性使得 LLM 成为一个无所不能的"通用助手"，能够跨越学科与行业的藩篱，为用户提供丰富多样的支持。

跨领域交互的实现，离不开以下几个关键要素。

1）首先是大规模预训练。LLM 通过在海量的多领域数据（包括书籍、论文、网页、代码等）上进行预训练，掌握了不同领域的通用语言规律和专业知识。例如，模型能够同时习得医学文献中的专业术语、法律文件中的条款规定以及编程教程中的代码语法。

2）其次是上下文学习（In-Context Learning）。LLM 能够根据用户提供的上下文（如提示词或示例）迅速适应新任务或新领域。例如，当用户输入"你是一位医生，请解释什么是糖尿病"时，模型会根据上下文调整回答的风格和内容，从而生成符合医学领域要求的专业解释。

3）再次是迁移学习。模型能够将在某一领域学到的知识迁移到另一个领域。例如，模型在编程领域习得的逻辑推理能力，有助于其更好地解决数学问题。

4）最后，部分 LLM（如 GPT-4）还具备多模态能力，能够处理更为复杂的跨领域任务。这些模型结合了文本、图像、音频等多种模态的数据。例如，当用户输入一张药品说明书图片时，模型能够提取其中的关键信息，并据此生成用药建议。

跨领域交互的实现还依赖于以下技术和方法。

1）提示工程（Prompt Engineering）：通过设计巧妙的提示词（Prompt），引导模型生成符合特定领域需求的输出。例如，当用户输入"用法律术语解释合同中的不可抗力条款"时，模型会根据提示生成专业的法律解释。

2）微调（Fine-Tuning）：在预训练模型的基础上，通过全参微调或低参微调两种方式训练特定领域的数据，使其更好地适应领域特定的任务。微调步骤如图11-8所示，任务数据首先用于预训练模型，然后通过全参微调或低参微调生成新模型。全参微调涉及更新模型所有参数，而低参微调则通过微调算法仅调整部分参数或添加少量新参数，以节约内存和减少训练时间。其最终目标是获得一个能够针对特定任务进行有效推理的新模型。例如，在医学文献上对模型进行微调，能够使其生成准确的诊断建议，并显著提高了效率和性能。

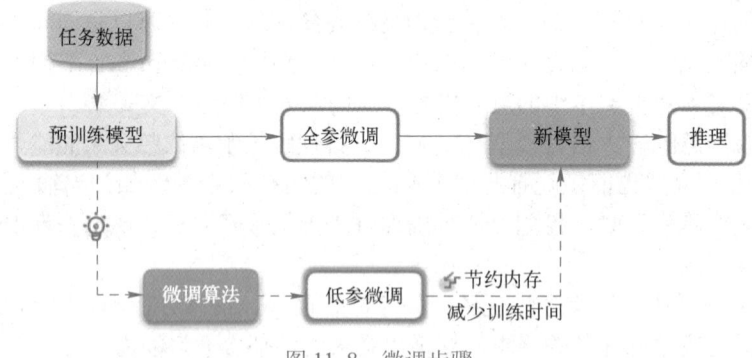

图11-8 微调步骤

3）任务特定头（Task-Specific Heads）：在共享的预训练模型基础上，为不同任务添加特定的输出层。例如，对于编程任务，可以添加代码生成器；对于翻译任务，则可以添加语言转换器。

4）多任务学习（Multi-Task Learning）：同时训练模型处理多个领域的任务，使其能够共享知识和特征表示。例如，模型可以同时学习医疗诊断、法律分析和代码生成等多个任务，从而提升其跨领域的能力。

11.3 多模态智能

在大语言模型（LLM）的快速发展中，多模态智能作为其重要延伸，正逐渐成为人工智能领域的前沿方向。传统的大语言模型主要专注于文本数据的处理与生成，而多模态智能则进一步突破了单一模态的限制，将文本、图像、音频、视频等多种数据类型融合在一起，赋予模型更全面的感知和认知能力。这种能力的提升，不仅使LLM能够更好地理解和模拟人类的多样化交互方式，还为其在医疗、教育、娱乐、工业等领域的应用开辟了新的可能性。

多模态智能的核心在于多模态数据融合与处理，以及多模态交互的实现。前者关注如何将不同模态的数据整合为统一的表示，后者则探索如何利用这些数据完成复杂的任务，如图像描述、视频理解、跨模态生成等。通过结合LLM的强大语言理解能力与多模态数据的丰富信息，多模态智能正在推动人工智能向更智能、更人性化的方向发展。下面将深入探讨多模态智能的关键技术及其应用，揭示其如何为LLM赋予更广泛的能力与价值。

11.3.1 多模态数据的融合与处理

多模态数据融合与处理是一项前沿技术，它将来自不同渠道或格式的数据（如文本、图像、音频、视频以及传感器数据等）整合起来，使机器能够更全面、深入地理解和分析信息。这种多模态智能技术模仿了人类利用多种感官来感知世界的能力，通过对复杂信息的综合理解和处理，展现出其在多个领域的巨大应用潜力。

进行多模态数据融合的原因有三个：首先，为了实现更全面的理解，单一模态的数据往往只能提供有限的信息，而多模态数据能够提供更丰富的上下文。例如，一段视频既包含图像也包含语音，两者结合可以更准确地理解视频内容。其次，为了提高准确性，多模态数据可以相互补充，减少单一模态数据的局限性。例如，在语音识别中结合唇部动作可以显著提高识别的准确性。最后，为了拓展应用范围，多模态数据处理能力使得人工智能可以应用于更多场景，如自动驾驶、智能医疗、虚拟助手等。

然而，多模态数据的融合与处理也面临一些技术挑战。其中，数据对齐是一个难点，不同模态的数据可能具有不同的时间或空间尺度，如何同步处理这些数据是一个问题。此外，异构性也是一个挑战，不同模态的数据形式差异较大（如文本是离散的而图像是连续的），如何统一处理这些异构数据是一个难题。计算复杂度也是一个需要考虑的因素，多模态数据的处理往往需要更多的计算资源，尤其是在需要实时处理的应用中。

多模态融合技术可以在不同的层次上进行，包括数据级融合、特征级融合和目标级融合，如图 11-9 所示。数据级融合是在数据预处理阶段将不同模态的原始数据直接合并，形成一个新的数据集；特征级融合是在特征提取后将不同模态的特征表示在某一特征层上进行融合；目标级融合则是在各个单模态模型分别做出决策后，将这些预测结果整合，以得到最终的决策结果。

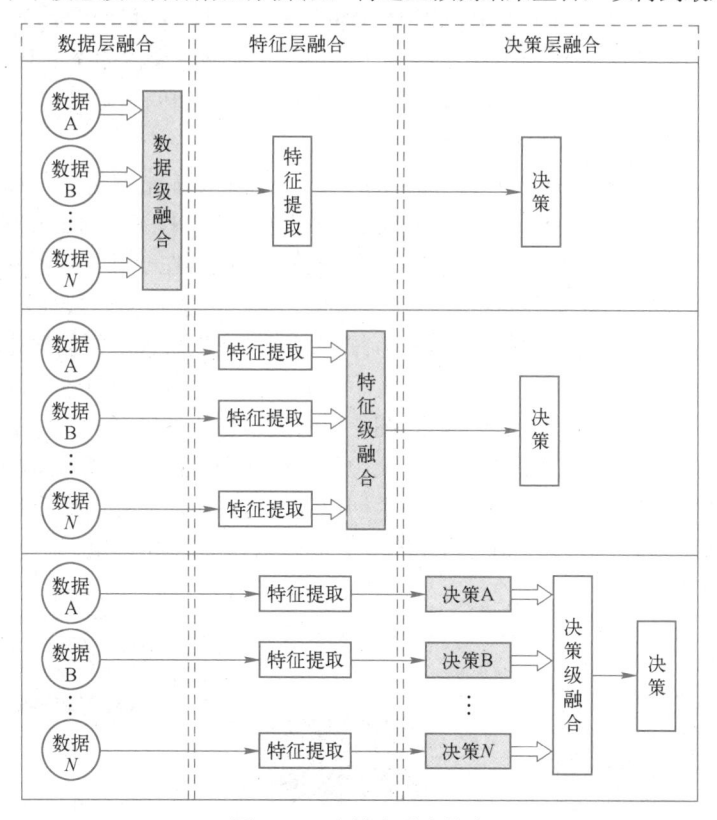

图 11-9　多模态融合技术

通过多模态融合，机器能够利用模态之间的相关性和互补性，形成更好的特征表示，为模型训练提供坚实的基础。这种技术在自动驾驶、情感识别、医疗诊断等多个领域都展现出宽广的应用前景。通过多模态融合，可以从多模态数据中提取更丰富的表征，从而提高模型的表达能力和性能。

11.3.2 多模态交互：图像描述、视频理解、跨模态生成

多模态交互作为多模态智能的一个核心分支，巧妙地将文本、图像、视频、音频等多种信息模态融为一体，旨在为用户带来更为丰富且自然的交互体验。这种创新性的交互方式不仅极大地提升了信息的表达与理解能力，还显著拓宽了人工智能的应用领域。接下来，将深入探索多模态交互的三大关键应用领域：图像描述、视频理解和跨模态生成。

1）图像描述作为多模态交互的基石，致力于将视觉信息精准转化为文本描述。这一技术对于视觉障碍群体而言，如同点亮了世界的明灯，使他们得以"聆听"图像背后的故事。想象一下，当用户分享一张海滩美景的照片时，多模态模型能够迅速编织出这样一段描述："一片辽阔壮丽的海滩，金色的沙粒在阳光下熠熠生辉，几艘帆船在海天一色间悠然航行。"这样的描述不仅细腻地捕捉到图像的视觉细节，更深刻传达了其中的情感与氛围。而图像描述的应用远不止于此，它在社交媒体、在线相册管理以及内容检索等多个领域都扮演着至关重要的角色，助力用户高效整理与搜索图像内容。

2）视频理解则是多模态交互领域的另一颗璀璨明珠。它深入剖析视频内容，并精准提取关键信息，包括对象识别、动作捕捉、场景理解以及它们之间的复杂关系。以一段动物视频为例，多模态模型能够迅速识别出视频中动物的种类，并生动描绘它们的行为，如"一头雄壮的狮子正奋力追逐着一群惊慌失措的羚羊"。视频理解技术在安全监控、内容推荐、在线教育以及娱乐产业等多个领域展现出巨大的应用潜力，它如同一双慧眼，帮助人们迅速概览视频精髓，极大地提升了信息检索的效率。

3）跨模态生成技术更像是一位技艺高超的魔术师，它能够轻松跨越不同模态的界限，将一种模态的信息巧妙转化为另一种模态的表现形式。多模态 NLP 技术能够将文本信息转化为视频和图片等多种类型的数据，如图 11-10 所示。这一技术的核心在于深刻理解并把握不同模态之间的内在联系，实现它们之间的高质量转换。试想一下，只需提供一段简洁的文字描述，如"一只活泼可爱的小狗在翠绿的草地上欢快地奔跑"，跨模态生成模型便能据此绘制出一幅生动逼真的图片，将文字中的场景与情感直观呈现于眼前。反之，若你持有一张图片，它同样能够生成一段贴切的文字描述，精准捕捉并传达图片中的故事与情感。这种能力不仅代表了技术上的重大突破，更如同一位创意无限的伙伴，让想象与概念得以在不同模态间自由穿梭与展现。跨模态生成技术的应用前景极为广阔，从艺术创作到教育娱乐，从智能助手到内容生成，它都提供了强大的支持与无限的可能，让创意和想法在虚拟与现实之间自由流淌及绽放。

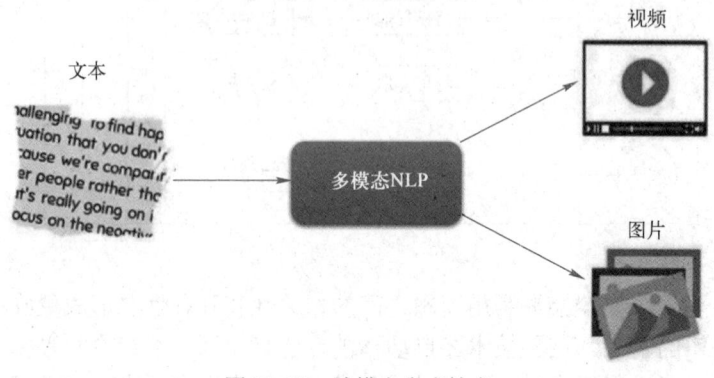

图 11-10 跨模态生成技术

11.4 大语言模型与多模态智能的应用案例

随着大语言模型（LLM）和多模态智能技术的快速发展，人工智能正以前所未有的方式融入人们的日常生活和各行各业。从文本生成到多模态数据处理，这些技术不仅展现出强大的能力，还为解决实际问题提供了创新的解决方案。无论是帮助创作者生成故事、辅助开发者编写代码，还是通过问答系统和情感分析提升用户体验，LLM 和多模态智能正在重塑人们与技术的交互方式。

本节将通过具体的应用案例，深入探讨 LLM 和多模态智能的实际价值。首先，展示 LLM 在文本生成方面的卓越能力，包括创作故事、撰写文章和编写代码；接着，探讨 LLM 在文本理解领域的应用，如问答系统、信息抽取和情感分析；最后，聚焦于多模态智能的独特优势，如图文生成和音视频分析，揭示其如何通过融合多种数据类型来实现更智能、更全面的应用场景。通过这些案例可以看到，LLM 和多模态智能不仅正在改变技术的边界，也在深刻影响人们的生活方式和工作模式。

11.4.1 大模型应用之文本生成：创作故事、撰写文章、编写代码

想象一下，你只需要告诉大语言模型一个主题，比如"一个勇敢的小女孩在森林里的冒险"，它就能立刻帮你写出一个完整的故事。这些故事不仅情节丰富，还能根据要求添加各种细节，如"故事里有一只会说话的兔子"或者"小女孩最后找到了宝藏"。大语言模型就像是一个非常会讲故事的机器人，能帮你激发想象力，从而写出独一无二的故事。

微视频 11.4.1
多模态数据融合

大语言模型还能帮助写文章。不管是学校里的作文，还是工作中的报告，只需要告诉它主题和大致的要求，就能帮你写出一篇结构完整、内容丰富的好文章，如图 11-11 所示。例如，你让它写一篇关于环保的文章，它会从环保的重要性、现状、措施等方面组织内容，甚至还能用优美的语言让文章更加吸引人。

图 11-11 LLM 写文章

如果你是一个程序员，大语言模型可以帮助生成代码，甚至解决一些复杂的编程问题。例如，你告诉它"我需要一个计算两个数字相加的程序"，它会立刻生成一段代码。这就像有一个随时在线的编程助手，不仅能节省时间，还能帮助学习新的编程技巧。

11.4.2 大模型应用之文本理解：问答系统、信息抽取、情感分析

问答系统宛如一位全知全能的"数字导师"，能够洞悉并回应每一个疑问。不论提出的问题简单（如"地球的直径是多少？"）还是复杂（如《哈利·波特》的作者创作背后的灵感是什么？"），这位数字导师都能迅速且准确地提供答案。这是因为它已经阅读并吸收了海量的书籍和文章，宛如一位学识渊博的"超级学霸"，几乎无所不知。它不仅能够回答直接的问题，还能用浅显易懂的语言解释如"为什么天空是蓝色的？"这样的科学现象。

信息抽取则像是文本中的侦探，专门负责从冗长的文档中自动识别并提取有价值的结构化信息。如图 11-12 所示，信息抽取能够从一句简单的话"今天，小知吃了一个苹果。"中迅速识别并提取出关键信息，如"吃（小知，苹果）"，这表明小知是执行"吃"这个动作的主体，而苹果是被吃的对象。这项技术可以用于构建知识图谱、自动填充数据库或生成报告，将原本散乱的非结构化数据转化为有序的结构化数据，便于进一步分析和利用。想象一下，面对一篇充满信息的长文章，你无须亲自逐字阅读，这位数字侦探就能迅速帮你梳理出关键信息，如文章中的主要人物、发生的事件和涉及的地点，为你提炼出文章的核心内容。

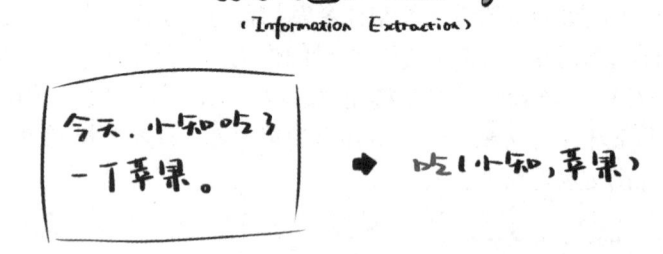

图 11-12　信息抽取

情感分析，又称为意见挖掘，是一种能够洞察文本中情感倾向的技术，它可以判断文本表达的是正面、负面还是中性的情感。这项技术在社交媒体监控、产品评论分析以及品牌声誉管理等领域大显身手，帮助企业和组织了解公众对其产品或服务的看法与情感。它还可以用于市场研究、预测消费者行为和市场趋势。大语言模型能够读懂文字背后的情感，例如，对于评论"这部电影太精彩了，我非常喜欢！"，它能够识别出这是一条正面的评价，因为它能够捕捉到评论者的喜悦之情。而对于"这部电影真是一场灾难，浪费我的时间。"这样的评论，它则能够判断出这是负面的。这种能力不仅对于商家了解用户对产品的看法至关重要，也有助于更好地理解他人的情感表达。

11.4.3 多模态智能应用：图文生成、音视频分析

图文生成作为多模态智能的关键应用之一，通过融合文本与图像信息，使得智能模型能够根据文本生成高度相关的图片，或者基于图片内容创作出贴切的描述性文本。这项技术在创意产业、广告、媒体等领域的应用极为广泛，为这些行业带来了革命性的变化。

在创意图像生成方面，多模态智能模型能够依据用户的文本输入，创造出与之紧密匹配

的图像。例如，OpenAI 的 DALL-E 和 DALL-E2，以及谷歌的 Imagen 模型，均能在用户输入文本描述后，生成相应的图像。图 11-13 中的 DALL-E2 模型能够根据文本描述生成图像，如"一个宇航员骑着马的铅笔画"，展示出多模态智能在创意图像生成方面的巨大潜力。

图 11-13　多模态大模型的应用场景

图像描述生成则与创意图像生成相辅相成，多模态智能模型能够根据图像内容生成描述性文本，这项技术在图像识别、辅助视觉障碍人士理解图像内容等方面具有重要应用。

音视频分析则是多模态智能的另一个重要应用领域。通过整合音频、视频以及可能的文本信息（如字幕、元数据等），多模态智能模型能够深入分析和理解音视频内容。在媒体监测、内容审核、智能推荐等领域，这项技术已经展现出广泛的应用前景。

在内容审核与识别方面，多模态智能模型能够自动识别和审核音视频内容中的敏感信息，如暴力、色情、违规广告等，从而提高社交媒体平台、视频网站等内容审核的效率和准确性。

在智能推荐与个性化服务方面，通过分析音视频内容中的音频、视频以及文本信息，多模态智能模型能够了解用户的喜好和需求，提供更加个性化的推荐服务。例如，在视频网站或音乐平台上，模型可以根据用户的观看历史和偏好，推荐更符合其口味的音视频内容。

综上所述，多模态智能在图文生成和音视频分析方面展现出巨大的潜力和广泛的应用前景。随着技术的不断发展，多模态智能将在更多领域发挥重要作用，为人类生活带来更多便利和创新。

本章小结

本章聚焦于大语言模型（LLM）和多模态智能的前沿技术。LLM 凭借其庞大的参数规模和 Transformer 架构，展现出强大的文本生成、理解和跨领域交互能力，广泛应用于创作故事、撰写文章、编写代码、问答系统、信息抽取和情感分析等领域。多模态智能进一步突破了单一模态的限制，将文本、图像、音频、视频等多种数据类型融合，可以完成图像描述、视频理解和跨模态生成等复杂任务，为自动驾驶、创意产业、媒体娱乐等领域的应用开辟了新的可能性。国内外的 LLM 如 GPT 系列、LLaMA、DeepSeek 等不断发展，推动了人工智能向更智能、更人性化的方向发展，深刻影响着人们的生活和工作方式。

【习题】

一、选择题

1. 大语言模型（LLM）的核心技术是什么？（   ）
   A. 循环神经网络（RNN）　　　　B. 卷积神经网络（CNN）
   C. Transformer 架构　　　　　　D. 支持向量机（SVM）
2. 以下哪个模型不是由 OpenAI 开发的？（   ）
   A. GPT-3　　B. LLaMA　　C. DALL-E　　D. Claude
3. 多模态数据融合的主要目的不包括以下哪项？（   ）
   A. 提高模型的准确性　　　　　B. 减少计算资源需求
   C. 实现更全面的理解　　　　　D. 拓展应用范围
4. 以下哪个模型专注于语音识别与合成？（   ）
   A. Bard　　B. 讯飞星火　　C. LLaMA　　D. Claude
5. 多模态智能在音视频分析中的应用不包括以下哪项？（   ）
   A. 内容审核　　B. 智能推荐　　C. 数据加密　　D. 个性化服务

二、判断题

1. 大语言模型（LLM）只能处理文本数据。（   ）
2. Transformer 架构的核心是自注意力机制。（   ）
3. 多模态数据融合可以提高模型的准确性和理解能力。（   ）
4. 跨模态生成技术能够将一种模态的信息转化为另一种模态的表现形式。（   ）
5. 大语言模型（LLM）的应用领域仅限于文本生成和文本理解。（   ）

三、填空题

1. 大语言模型（LLM）的核心技术是_____架构。
2. DeepSeek-V3 模型的总参数数量是_____。
3. 在多模态智能中，图文生成包括创意图像生成和_____生成。
4. 多模态数据融合可以在_____级、特征级和目标级进行。
5. 跨模态生成技术能够将一种模态的信息转化为另一种模态的表现形式，如根据文本生成_____。

四、简答题

1. 简述大语言模型（LLM）的主要应用领域。
2. 解释 Transformer 架构如何促进大语言模型的发展。
3. 描述多模态数据融合在自动驾驶中的作用。
4. 大语言模型（LLM）的核心技术是什么？
5. 简述多模态智能在图文生成中的应用及其优势。

第 12 章
具身智能——人工智能与物理世界的接口

具身智能（Embodied Intelligence）标志着人工智能从虚拟数据处理迈向物理世界交互的新阶段。其核心在于智能体通过"身体"（如机械臂、传感器）与环境实时互动，实现感知、决策与行动的闭环。例如，波士顿动力的 Spot 机器人能适应复杂地形，特斯拉 Optimus 通过视觉与关节控制完成抓取、行走等任务。本章系统阐述具身智能的三大特点、关键技术和应用场景。具身智能的演进，不仅是技术的飞跃，更是人类拓展能力边界以及解决现实问题的关键路径。

本章目标
- 掌握具身智能的定义、特点及其与机器人技术的关系。
- 了解具身智能的发展历史与技术演进。
- 理解感知与决策、运动控制、人机交互等关键技术。
- 分析具身智能在家庭、工业、救援等场景的实际应用。

12.1 具身智能的基本概念

人工智能（AI）的发展正逐渐从虚拟世界走向物理世界，而具身智能正是这一趋势的核心。它强调智能体必须通过"身体"与物理环境交互，才能实现真正的学习和适应能力。本章将介绍具身智能的核心定义、特点及其与机器人技术的结合关系。

12.1.1 具身智能的发展史

在公元前 4 世纪，伟大的哲学家亚里士多德就提出了"机器人"的设想。那时候的他或许无法预见，这一设想会在未来的岁月里生根发芽，长成科技的参天大树。

1893 年，乔治·摩尔设计出以蒸汽为动力的机器人，虽然它看起来有些笨拙，但这是人类迈向机器人时代的重要一步，如同工业时代的一声号角。1927 年，西屋公司工程师温斯利制造的 Televox 机器人，以及 1933 年的 Elektro 机器人，开始让机器人从概念走向简单的功能性实现，它们能够完成一些基础指令，就像蹒跚学步的孩童，虽稚嫩却充满希望。

NASA 在 1963 年制造出"机动多关节假人"机器人，这是为太空探索而诞生的先锋，它标志着机器人技术与高端科研需求的结合，拓展了人类探索宇宙的工具边界。1973 年，加藤一郎研发出真人大小的人形智能机器人 WABOT-1，其具备一定的感知和交互能力，是机器人向智能化发展的重要里程碑，就像为机器人赋予了一丝"灵魂"。

本田在机器人领域不断深耕，从 1993—1997 年相继开发出 P1、P2、P3 机器人，直至 2000 年 P4 诞生，它们在行走稳定性、人机交互等方面持续进步，展现出企业在具身智能研发上的执着与创新。同一时期，我国独立研制出"先行者"号机器人，彰显了我国在该领域的自主探索能力。

1986 年，本田开发的双足机器人 E0，进一步探索了机器人的运动控制技术，让机器人能更灵活地在现实环境中移动。而 2014 年正式发布的初代 Atlas 机器人，凭借其强大的运动能力和对复杂环境的适应能力，成为具身智能在科研与应用探索中的明星产品，就像机器人中的"全能战士"。

2022 年，"擎天柱"落户特斯拉，凸显了具身智能在商业应用领域的巨大潜力，它或许将走进工厂和家庭，彻底改变人们的生产生活模式。

从亚里士多德的设想，到如今功能各异、不断进化的机器人，具身智能走过了漫长的历程（见图 12-1）。每个阶段的成果都是人类智慧与创新的结晶，也让我们更加期待在未来具身智能还将带来怎样的惊喜，如何进一步重塑世界。

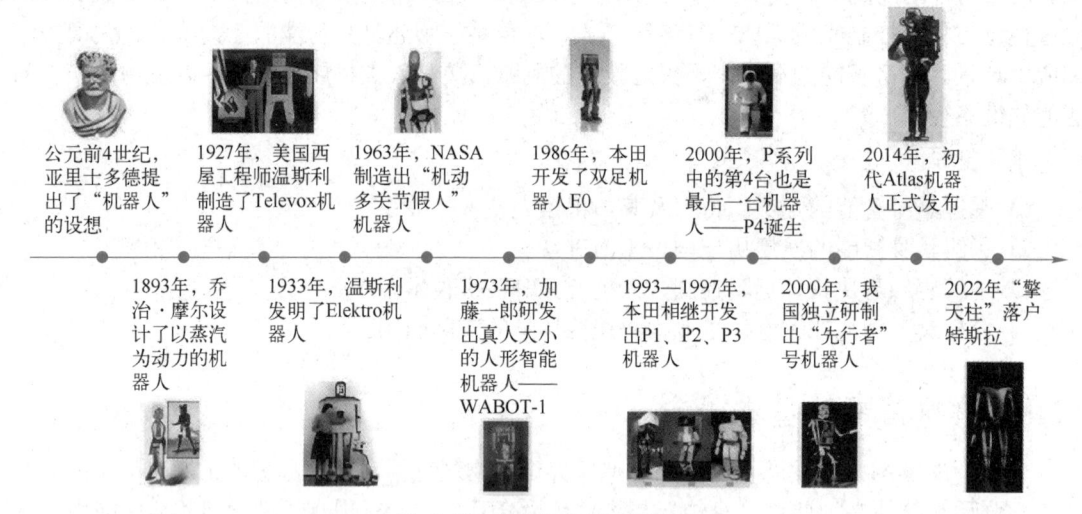

图 12-1 具身智能发展时间轴

12.1.2 具身智能的定义与特点

在日常生活中，从手机里的语音助手，到自动驾驶汽车，人工智能已经越来越常见。但有一种人工智能正在悄然兴起，它和人们以往认识的不太一样，这就是具身智能，如图 12-2 所示。

1. 什么是具身智能

具身智能是指一种智能系统（如机器人）通过自身的"身体"感知环境、做出决策并执行动作的能力。与传统"纯软件"的人工智能不同，具身智能必须具备以下两个核心要素。

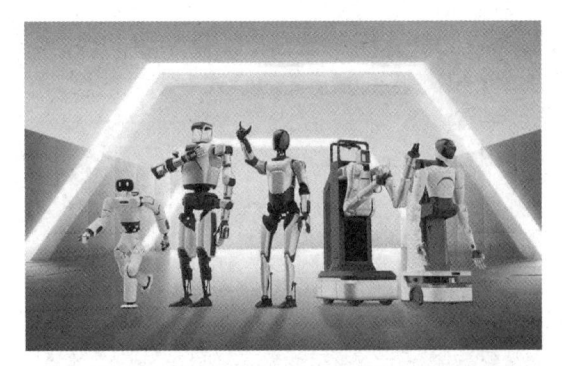

图 12-2 具身智能

1）物理实体：如机器人的机械臂、传感器、轮子等硬件设备。

2）环境交互：通过传感器获取环境信息（如温度、距离、图像），并通过执行器（如电机、机械臂）对环境施加影响，如图 12-3 所示。

图 12-3 机器人登上央视"春晚"

简单来说，具身智能是指人工智能系统不仅有智能的大脑，还拥有和物理世界交互的身体，通过身体和环境的互动来学习、理解和完成任务。传统 AI 像是一个只能"纸上谈兵"的军师，而具身智能则像一位"亲临战场"的将军，既能观察地形（感知），又能指挥士兵（决策和执行）。

2. 具身智能的三大特点

1）情境性：具身智能系统会根据当下所处的环境情况来做出反应和决策，并通过身体直接与环境互动。具身智能体不像传统智能系统那样仅处理抽象数据，它通过各类传感器感知环境信息，如温度、湿度、光线强度、物体位置等，还能感知自身状态，如关节角度、速度、力量等。

以波士顿动力公司的 Spot 机器人（见图 12-4）为例。它能在复杂地形行走，通过机身传感器感知地面起伏及障碍物位置，实时调整步伐和身体姿态，以适应不同环境。在工业领域，一些智能机械臂能够根据工作台上零件的位置和形状，自动调整抓取角度与力度，从而完成精准操作，体现了具身智能对环境的高度适应和灵活应对能力。

2）感知与行动的紧密耦合：具身智能中感知和行动紧密相连、相互影响。智能体的感知系统为行动决策提供信息基础，而行动反馈又进一步优化感知和认知。

例如，在服务型机器人（见图 12-5）中，机器人通过视觉传感器识别周围人的动作和表情，判断其需求后采取相应行动。在这个过程中，机器人的行动结果会反馈给感知系统，若提供的物品未被正确接收，机器人会重新感知场景，并调整后续行动策略。这种感知与行动的动态循环，使具身智能体能够在实际任务中不断学习和改进，以实现更高效智能的行为，其与传统智能系统中感知和决策相对分离的模式有很大区别。

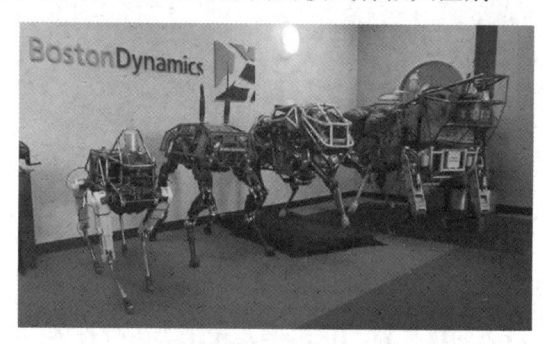

图 12-4　波士顿动力公司的 Spot 机器人

图 12-5　服务型机器人

3）基于身体经验的认知学习：具身智能强调智能源于身体与环境的交互经验。智能体在与环境互动的过程中，通过身体行动积累经验，形成对世界的认知和理解。

以幼儿学习为例，幼儿通过触摸、抓握、爬行、行走等身体动作，感知物体的形状、质地、重量等属性，以及空间关系和因果规律。具身智能体也是如此，它通过不断与环境互动实践，学习任务相关技能和知识。例如，一些自主移动的清洁机器人，在清扫过程中逐渐熟悉房间布局和家具位置，以优化清扫路径和策略。这种基于身体经验的学习方式，使具身智能体可以获得更直观、更深刻的认知，提高其在复杂环境中的适应性和智能水平，为解决现实世界问题提供更有效的途径。

12.1.3　具身智能与机器人技术的结合

1. 传统机器人的局限性

传统机器人的局限性可以用三个"不够灵活"来概括。

1）环境适应不够灵活：例如，工厂流水线上的机械臂只能按固定程序抓取零件，如果零件摆放位置稍微偏移一点，它就可能抓空或者撞坏设备。

2）任务处理不够灵活：例如，餐厅传菜机器人只能沿着固定路线送菜，如果遇到小朋友突然跑过来挡路，它要么停下来等待，要么就可能直接撞上去。

3）与人互动不够灵活：例如，早教机器人虽然能讲故事，但如果孩子突然指着窗外说"看飞机"，它可能还在继续讲预设好的故事。

这些局限性的根源在于，传统机器人像"没长脑子的木偶"——它的动作是提前编好的，遇到程序里没有写到的情况就无法处理。而现代具身智能机器人就像"会思考的真人"，它能通过传感器感知环境变化，并实时调整行动策略，就像我们看到地上有水会主动绕开一样。

2．具身智能与机器人的关系

具身智能的实现离不开机器人技术，机器人就像是具身智能的"身体"。机器人技术为具身智能提供了物理载体，让智能系统能够在现实世界中感知、行动和交互。机器人身上安装了各种各样的传感器，如摄像头、麦克风、压力传感器、距离传感器等，这些传感器就像是机器人的"感觉器官"。摄像头可以让机器人"看"到周围的环境，麦克风能让它"听"到声音，压力传感器可以感知接触物体时的压力大小，距离传感器则能测量与周围物体的距离。通过这些传感器，机器人能够收集大量的环境信息，并将这些信息传递给智能控制系统。智能控制系统就像是机器人的"大脑"，它基于具身智能的算法和模型，对传感器收集到的信息进行分析与处理，然后做出决策，让机器人能够在现实世界中完成各种任务。

具身智能与机器人的结合在各个方面都有体现。例如，在工业生产中，具身智能的机器人可以根据生产线上的实时情况，自主地完成零件的抓取、组装和搬运等任务，如图 12-6 所示。在医疗领域中，手术机器人可以在医生的远程操控下，利用具身智能的精准控制能力，进行更加精细和安全的手术操作。

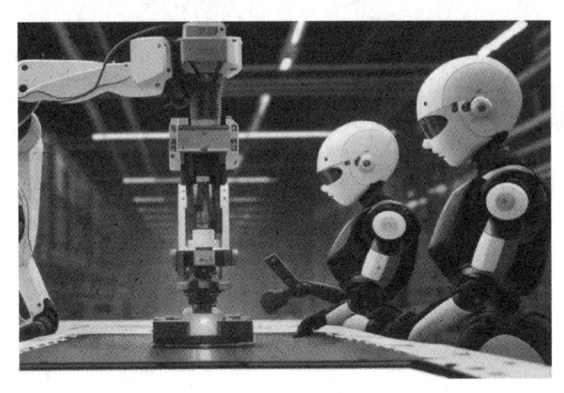

图 12-6 具身智能与机器人技术结合

总之，具身智能与机器人技术的结合，让机器人变得更加智能、灵活和自主，从而能够在更多领域发挥重要作用。

12.2 具身智能的关键技术

具身智能的实现依赖于一系列核心技术，包括三个部分：感知与决策、运动控制和人机交互。

12.2.1 感知与决策

感知与决策是具身智能的重要组成部分，它就像是人类的感觉和思考过程。

1．环境感知技术

环境感知是具身智能系统了解周围世界的第一步。通过各种传感器，系统能够获取大量的环境信息。传感器就像机器人的"感官"，包括：摄像头像人眼一样捕捉图像，识别物体的形状和颜色；激光雷达（LiDAR）通过发射激光测量距离，构建环境 3D 地图（常用于自动驾驶）；触觉传感器模仿皮肤，感知压力和温度，如机器人抓取鸡蛋时控制力度。

2．实时决策技术

在环境感知的基础上，具身智能系统需要进行实时决策。实时决策即根据当前感知到的环境信息，快速地做出下一步行动的决定。这需要系统具备强大的计算能力和高效的决策算法，算法的核心是将感知到的数据转化为行动指令。

例如，自动驾驶汽车（见图 12-7）通过摄像头发现行人后，决策系统需在 0.1s 内选择"刹车"或"绕行"。

图 12-7　自动驾驶汽车

为实现快速准确的实时决策，具身智能系统通常采用分层的决策架构。从低级的感知信息处理，到高级的任务规划和决策制定，每个层次负责不同的功能，通过协同工作，确保系统能够在复杂的环境中做出正确的决策。

12.2.2　运动控制

运动控制是具身智能系统将决策转化为实际行动的关键环节，它涉及机器人的路径规划和动作执行两个方面。

1．路径规划

路径规划是指为机器人规划从当前位置到目标位置的移动路径，其目标是在复杂环境中找到从起点到终点的最优路线。

在规划路径时，需要考虑很多因素，如机器人自身的形状和大小、周围环境中的障碍物分布、目标位置的位置信息等。简单的路径规划方法可以是基于地图的搜索算法，如 A 算法首先建立一个地图，在地图上标记出障碍物的位置和可通行区域。然后，根据当前位置和目标位置，A 算法通过搜索地图上的节点，找到一条从起点到终点的最优路径。

例如，扫地机器人（见图 12-8）通过摄像头和激光雷达扫描房间，为了避开桌椅腿和宠物，规划出"弓字形"清扫路线。

2．动作执行

动作执行是机器人根据规划好的路径控制自身的运动部件，以完成实际的动作。

这需要精确的运动控制技术。机器人的运动部件（如电机、舵机等）需要根据控制系统发出的指令，准确地控制速度、位置和力量。例如，在机器人手臂抓取物体时，需要精确控制机械臂的关节角度和手部的抓取力度，如果抓取力度过小，物体可能会掉落；如果抓取力度过大，又可能会损坏物体。

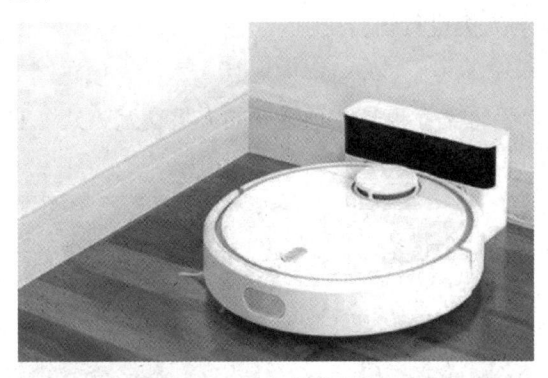

图 12-8　扫地机器人

所以，为了实现精确的动作执行，运动控制系统通常采用反馈控制机制。通过安装在运动部件上的传感器（如编码器、力传感器等），实时监测运动部件的实际运动状态，并将这些信息反馈给控制系统。控制系统会根据反馈信息，调整发出的控制指令，以确保机器人能够按照预期的方式完成动作。

12.2.3　人机交互

人机交互是具身智能系统与人类进行沟通和协作的重要方式，它让人类能够方便地与机器人进行交流和互动。

1. 自然语言交互技术

自然语言交互是一种非常直观和便捷的人机交互方式，它让机器人能够理解人类的自然语言，并做出相应的回应。

自然语言交互技术主要包括以下三个部分。

1）语音识别：语音识别即将人类的语音信号转化为文字信息的过程。例如，通过麦克风采集语音信号，然后经过一系列的信号处理和识别算法，将语音转化为计算机能够理解的文本形式。

2）自然语言理解：自然语言理解则是对识别出的文本进行语义分析，理解人类语言的含义，这需要运用到语言学、语义学和机器学习等多方面的知识。

例如，当你对智能音箱（见图 12-9）说"播放一首周杰伦的歌曲"时，智能音箱的自然语言理解系统会分析这句话的语义，识别出你想要播放周杰伦的歌曲，然后根据这个理解从音乐库中搜索并播放相应的歌曲。

图 12-9　智能音箱

3）语音合成：语音合成是将计算机生成的文本信息转化为语音信号输出的过程，让机器人能够"说话"，从而与人类进行语音交流。

2．手势交互技术

除了自然语言交互，手势交互也是一种重要的人机交互方式，它让人类能够通过手势动作与机器人进行交互，如图 12-10 所示。

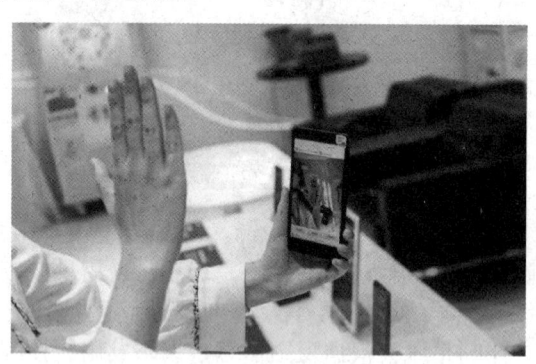

图 12-10　手势交互技术

手势交互技术主要依赖于计算机视觉和传感器技术。通过摄像头捕捉人类的手势动作，然后运用图像处理和模式识别算法，识别出手势的类型与含义。例如，在一些智能机器人展示中，用户可以通过简单的手势（如挥手、点头、握拳等）来控制机器人的行动，让机器人前进、后退、停止等。手势交互不仅可以用于控制机器人的运动，还可以用于与机器人进行更复杂的交互，例如，在虚拟现实环境中，用户可以通过手势与虚拟机器人进行自然的互动，从而完成各种任务。

自然语言交互和手势交互等多种人机交互方式的结合，使具身智能系统与人类之间的交流更加自然、便捷和高效，促进了人机协作的发展。

12.3　具身智能的应用场景

具身智能正在从实验室走向日常生活，其在家庭、工业和特种领域都有广泛的应用。

12.3.1　家庭机器人

在未来的家庭生活中，具身智能的家庭机器人将扮演重要的角色，为人们的生活带来极大的便利和乐趣。

1．家务助手

机器人可以帮助人们扫地、做饭和整理物品等。例如，厨房助手机器人（见图 12-11）可以协助人们准备食材以及烹饪美食。通过摄像头和传感器，它能够识别各种食材，并根据预设的菜谱，自动完成洗菜、切菜、炒菜等一系列烹饪步骤。想象一下，当你忙碌了一天回到家，只需要告诉厨房助手机器人你想吃什么，它就能准备好一顿美味的晚餐。

2．陪伴机器人

陪伴机器人也是家庭机器人的重要类型，如图 12-12 所示。它可以陪伴老人和孩子，为他们提供情感上的支持以及娱乐。对于老人来说，陪伴机器人可以陪他们聊天、下棋、听音乐等，还能提醒老人按时吃药和锻炼身体。陪伴机器人内置丰富的知识库和自然语言交互系统，能够理解老人的话语，并与老人进行有意义的交流。对于孩子来说，陪伴机器人可以成为他们的学习伙伴和游戏玩伴。它可以辅导孩子做作业、解答孩子的各种问题，还能和孩子一起玩游戏、讲故事。一些陪伴机器人还具备教育功能，通过互动式的学习方式，激发孩子的学习兴趣，培养孩子的各种能力。

图 12-11　厨房助手机器人　　　　图 12-12　陪伴机器人

家庭机器人的出现，使家庭生活变得更加轻松、温馨和有趣。随着具身智能技术的不断发展，未来家庭机器人的功能将越来越强大，成为家庭中不可或缺的一员。

12.3.2　工业机器人

在工业领域，具身智能机器人正推动着智能制造和物流搬运等的变革。

1. 智能制造

具身智能机器人能够实现高度自动化和智能化的生产过程。传统的工业机器人通常只能按照预设的程序进行重复的操作，缺乏灵活性和适应性。而具身智能机器人能够通过传感器感知生产线上的各种信息，如零件的位置、形状、质量等，并根据这些信息实时调整自己的动作和操作方式。

例如，在汽车制造工厂中，具身智能机器人可以精确地识别汽车零部件的位置和姿态，自动完成零部件的抓取、装配和焊接等工作，如图 12-13 所示。它能够根据不同车型的生产要求，快速调整生产工艺，从而实现柔性化生产。这不仅提高了生产效率和产品质量，还降低了生产成本与劳动强度。

图 12-13　汽车制造工厂中的"具身智能"

2. 物流搬运

在物流搬运领域，具身智能机器人也发挥着重要作用。物流仓库中的搬运机器人利用具身智能的导航和路径规划技术，能够在复杂的仓库环境中自动行驶，准确地找到货物的存储位置，并将货物搬运到指定地点，如图12-14所示。

图12-14 搬运机器人

此外，一些先进的搬运机器人还具备自主充电和自动避障功能，能够24h不间断地工作。除了搬运货物以外，具身智能机器人还可以用于物流分拣。通过计算机视觉和机器学习技术，机器人能够快速识别包裹上的条形码和标签信息，并根据目的地将包裹分类到不同的传送带上。这种智能化的分拣方式大幅提高了物流分拣的效率和准确性，减少了人工分拣的工作量与错误率。

具身智能机器人在工业领域的广泛应用，正在改变传统的生产和物流模式，推动着工业向智能化、自动化方向发展。

12.3.3 特种机器人

在一些特殊的领域，具身智能的特种机器人发挥着不可替代的作用，救援机器人和太空探索机器人就是其中的典型代表。

1. 救援机器人

在灾难（如地震、火灾、洪水等）救援场景中，救援环境往往非常复杂和危险，救援人员很难深入危险区域进行救援，这时，救援机器人就可以发挥重要作用。救援机器人具备良好的环境适应能力和复杂地形通过能力，它可以利用各种传感器（如摄像头、热成像仪、气体传感器等），在废墟中搜索幸存者的生命迹象、检测有害气体的浓度等。

一些救援机器人还配备了机械臂和救援工具（见图12-15），能够在废墟中开辟通道、搬运重物以及解救被困人员。例如，在地震后的废墟中，救援机器人可以通过狭小的缝隙进入倒塌的建筑物内部，利用摄像头和声音传感器寻找幸存者，然后通过机械臂将救援物资送到幸存者手中，或者将幸存者转移到安全地带。

2. 太空探索机器人

在太空探索领域，具身智能的特种机器人同样扮演着重要角色，如图12-16所示。太空环境极端恶劣，宇航员很难长时间在太空中执行任务，太空探索机器人可以代替宇航员完成各种复杂的太空任务，如太空站的建设和维护、行星表面的探测等。

图12-15 救援机器人

图 12-16 太空探索机器人

太空探索机器人通过安装在身上的各种科学仪器（如光谱分析仪、地质探测器等），能够对太空环境和行星表面进行详细的探测与分析。此外，它们还可以利用机械臂和工具，进行太空站的设备安装和维修工作。例如，在火星探测任务中，火星探测器就是一种具身智能机器人，它在火星表面行驶，对火星的地质、气候、水资源等进行探测和研究，为人类了解火星提供了大量宝贵的数据。

具身智能的特种机器人在救援和太空探索等领域的应用，不仅拓展了人类的能力边界，还为人类的安全和发展做出了重要贡献。

12.4 具身智能的应用案例

本节通过行业标杆案例揭示技术突破方向，了解具身智能从实验室走向规模化应用。

12.4.1 特斯拉 Optimus 对具身智能的探索

在科技飞速发展的当下，人形机器人领域正经历着前所未有的变革，特斯拉的 Optimus（擎天柱）机器人无疑是其中的焦点。从概念诞生到不断迭代升级，Optimus 正以惊人的速度重塑着人们对未来机器人的想象，如图 12-17 所示。

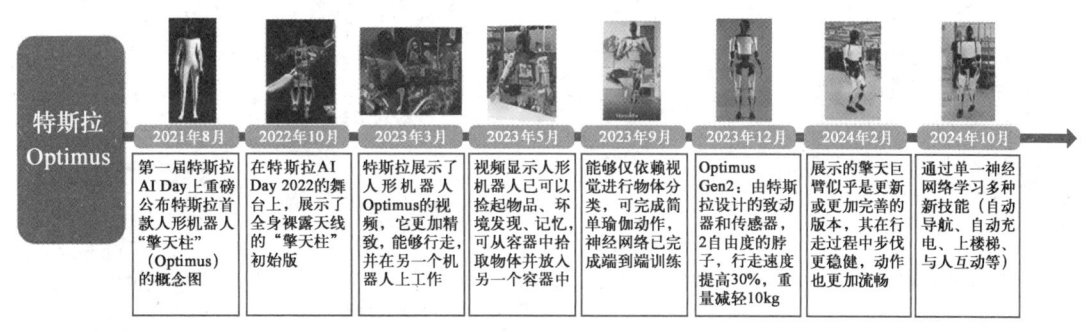

图 12-17 特斯拉的 Optimus 不断迭代升级

2021 年 8 月，在第一届特斯拉 AI Day 上，特斯拉首次重磅公布了其首款人形机器人"擎天柱"（Optimus）的概念图，瞬间吸引了全球目光。这一概念图的发布，标志着特斯拉正式进军人形机器人领域，也让人们对未来机器人在生活和工作中的应用充满了遐想。

经过一年多的研发，2022 年 10 月，在特斯拉 AI Day 2022 的舞台上，全身裸露天线的"擎天柱"初始版亮相。虽然外观略显粗糙，但它的出现意味着 Optimus 从概念走向了实物研发阶段，是特斯拉在机器人技术探索道路上的重要里程碑。

2023年3月，特斯拉展示了Optimus的视频，视频中的机器人能够更加精准地行走，甚至可以在另一个机器人上工作，这一进展展示出其在运动控制和任务执行能力上的显著提升，也表明Optimus开始具备一定的实际操作能力。

2023年5月，Optimus再次带来惊喜。新的视频显示，机器人已可以捡起物品、环境发现以及记忆。这些功能的实现，进一步丰富了Optimus与周围环境的交互能力，使其朝着更加智能化的方向迈进。

2023年9月，Optimus在技术上实现了重大突破。它能够仅依赖视觉进行物体分类，还可完成简单瑜伽动作，同时其神经网络已完成端到端训练。这不仅体现了Optimus在视觉识别和复杂动作执行方面的进步，也标志着人工智能算法的成熟，使其具备了更高的智能水平。

2023年12月，Optimus Gen2正式推出。这一代产品在硬件设计上进行了全面优化，采用特斯拉自主设计的致动器和传感器，拥有2自由度的脖子，行走速度提高30%，并且重量减轻10kg。这些改进提升了Optimus的机动性和灵活性，使其在实际应用中更加高效。

2024年2月，Optimus又进行了更新，它在行走过程中步伐更稳健，动作也更加流畅。这表明特斯拉对其运动控制算法和机械结构持续进行优化，以不断提升用户体验。

2024年10月，特斯拉计划让Optimus通过单一神经网络学习多种新技能，如自动导航、自动充电、上楼梯、与人互动等。最终实现后，Optimus将具备更广泛的应用场景，从工业生产到家庭服务，都有可能看到它的身影。

特斯拉Optimus的持续迭代，不仅展示了特斯拉在机器人技术领域的强大实力，也为整个行业的发展提供了新的方向和动力。随着技术的不断进步，Optimus有望成为改变我们生活和工作方式的重要力量，引领人形机器人进入一个全新的时代。

12.4.2　中国华为对具身智能的探索

华为凭借其深厚的技术底蕴和前瞻性的战略眼光，近年来在具身智能领域持续加码布局，稳步推进技术创新与产业合作，展现出强大的发展潜力，如图12-18所示。

图12-18　华为在具身智能领域的发展

早在2017年，华为Wireless X Labs无线应用场景实验室便与软银签署了联网机器人领域相关合作谅解备忘录（MoU）。双方基于5G无线网络技术，以及软银箱式自主移动机器人Cube和Kibako，在2018年共同实现了基于5G技术的智能服务机器人。这一合作不仅是华为在机器人领域的早期探索，也为 5G 技术在机器人应用场景的落地提供了宝贵经验，彰显了华为在通信技术与机器人融合发展上的敏锐洞察力。

2022 年 4 月，达闼机器人与华为在北京签署合作协议。两大企业携手共同推进人工智能和云端机器人产业的繁荣发展。双方联合打造云端机器人城市运营联合解决方案，并全方位开展多模态大模型开发、机器人创新应用等项目的合作。同时致力于推广机器人运营服务，促进人工智能产业的壮大。这一合作整合了双方在人工智能、云端技术以及机器人研发制造等方面的优势，加速了机器人在智慧城市等领域的应用进程。

2023 年 6 月，华为成立东莞极目机器有限公司，该公司注册资本达 8.7 亿元，由华为全资持股。经营范围涵盖电子元器件制造、工程与技术研究和试验发展等多个领域。极目机器的成立，标志着华为在机器人领域的布局进一步深化，从单纯的技术合作迈向自主研发与产业拓展的新阶段，有望在机器人核心技术和硬件制造等方面取得突破。

同年 9 月，华为联合宇树科技，基于华为 FusionCube A3000 训/推超融合一体机、宇树巡检机器人和智能巡检知识库，打造电力场站智慧巡检员。该智慧巡检员具备智能导航、态势研判、语音识别、资产盘点、智能报表等功能，能够让巡检工作更智能、高效、安全。此次合作将华为的信息技术优势与宇树科技的机器人研发能力相结合，为工业巡检领域提供了创新的解决方案，拓展了人形机器人在垂直行业的应用场景。

进入 2024 年，华为在人形机器人领域的布局持续加速。3 月，华为云计算与乐聚机器人签署战略合作协议，依托"盘古具身智能大模型+夸父人形机器人"，致力于打造系列 pipeline 和可复制推广的人形机器人产品及具身智能综合解决方案。盘古大模型的引入，为机器人赋予了更强的智能学习和决策能力，有望推动人形机器人在智能化水平上实现质的飞跃，使其在更多复杂场景中发挥作用。

2024 年 11 月 15 日，华为（深圳）全球具身智能产业创新中心企业合作备忘录签署仪式举行，乐聚机器人、兆威机电、大族机器人、墨影科技、拓斯达、自变量机器人、中坚科技、埃夫特、禾川人形机器人等众多企业参与签约。这一举措汇聚了产业链上下游的优质企业，构建了一个开放、协同的创新生态系统，将进一步促进具身智能技术的研发与应用，推动人形机器人产业的快速发展。

从早期的技术合作到成立独立公司，再到与众多企业携手构建产业生态，华为在人形机器人领域的布局环环相扣。凭借在通信技术、人工智能、云计算等领域的深厚积累，华为正不断拓展人形机器人的应用边界，为该领域的发展注入新的活力，有望在未来的全球人形机器人市场中占据更重要的地位。

中国对具身智能（Embodied AI）的探索正处于爆发期，其核心在于让 AI 系统通过物理身体（如机器人、智能汽车等）与环境实时交互，突破传统 AI "被动数据处理"的局限。

1. 达闼机器人

搭载多模态大模型的智能柔性关节机器人，在上海汽车工厂实现"自主故障诊断"：当机械臂触觉传感器检测到装配阻力异常时，能自主暂停并调用视觉模块扫描零件位置偏差，通过物理反馈调整抓取力度，故障处理效率提升 40%。这体现了具身智能"感知-行动闭环"的核心特征，如图 12-19 所示。

2. 宇树科技 Unitree H1

全球首款搭载激光雷达+惯性导航的人形机器人，如图 12-20 所示，在深圳科技园测试

"无地图自主巡逻"：其通过腿部关节压力传感器实时感知地形变化，遇到积水路面时主动切换为高抬腿步态，同时通过激光雷达构建动态环境模型。这种"身体驱动认知"的模式，突破了传统机器人依赖预设路径的局限。

图 12-19　达闼机器人　　　　　　　　图 12-20　宇树科技 Unitree H1

本章小结

在科技飞速发展的浪潮中，具身智能作为人工智能与物理世界交互的关键领域，正以惊人的速度改变着我们的生活和工作方式。

从家庭场景来看，家庭机器人已经不再是科幻电影中的想象。扫地机器人能够自动感知家中的环境，规划清洁路径，避开障碍物，高效完成地面清洁等工作，为我们节省了大量的时间和精力。

在工业领域，工业机器人是智能制造的主力军。在汽车制造工厂中，机械臂精准地完成焊接、装配等复杂任务，不仅提高了生产效率和产品质量，还大大降低了工人在危险环境中的劳动强度。

特种机器人更是在极端和危险的环境中发挥着不可替代的作用。在地震、火灾等灾难救援现场，救援机器人可以进入人类难以到达的区域，利用其环境感知能力探测幸存者的位置，为救援工作提供关键信息。

具身智能的发展不仅依赖于感知与决策、运动控制、人机交互等关键技术的突破，还得益于跨学科的融合创新。随着技术的不断进步，具身智能将在更多领域展现其巨大的潜力，为人类社会带来更加深刻的变革。它将进一步提升我们的生活品质，推动产业升级，为解决全球性问题提供新的途径和方法。

【习题】

一、选择题

1. 具身智能的核心要素是（　　）。
   A. 虚拟数据处理与算法优化　　　　B. 物理实体与环境交互
   C. 深度学习与神经网络　　　　　　D. 语音识别与图像处理

2. 以下哪项是具身智能的三大特点之一？（　　）
   A．数据抽象化　　　B．情境性　　　C．离线决策　　　D．固定程序执行
3. 特斯拉 Optimus 机器人的关键技术突破包括（　　）。
   A．仅依赖视觉进行物体分类　　　　B．使用蒸汽动力驱动
   C．完全脱离传感器运行　　　　　　D．仅用于家庭清洁
4. 波士顿动力的 Spot 机器人能够适应复杂地形，主要依赖（　　）。
   A．预设路径规划　　　　　　　　　B．机身传感器实时调整姿态
   C．人工远程操控　　　　　　　　　D．固定机械结构
5. 华为在具身智能领域的合作案例包括（　　）。
   A．与软银合作开发 5G 智能服务机器人
   B．与 NASA 联合研发太空机器人
   C．与特斯拉共同开发 Optimus
   D．与亚马逊合作物流搬运机器人

二、判断题

1. 具身智能的感知与行动是相互独立的，不会互相影响。（　　）
2. 传统机器人因缺乏实时环境感知能力，难以应对突发情况。（　　）
3. 华为成立东莞极目机器有限公司的目标是专注于 AI 伦理研究。（　　）
4. 具身智能的"基于身体经验的认知学习"强调通过虚拟数据训练提升智能。（　　）
5. 达闼机器人通过多模态大模型实现了自主故障诊断。（　　）

三、填空题

1. 具身智能的三大特点是_____、感知与行动的紧密耦合、基于身体经验的认知学习。
2. 本田研发的_____机器人是具身智能发展的重要里程碑之一。
3. 路径规划算法中，扫地机器人常采用_____形清扫路线。
4. 华为与宇树科技合作开发的_____具备智能导航和资产盘点功能。
5. 特斯拉 Optimus Gen2 的行走速度提高了_____%。

四、简答题

1. 简述具身智能与传统机器人技术的区别。
2. 列举具身智能在工业领域的两个应用场景，并说明其优势。
3. 为什么说感知与行动的紧密耦合是具身智能的关键特点？
4. 分析特斯拉 Optimus 机器人的技术演进路径及其意义。
5. 华为在具身智能领域的布局体现了哪些战略方向？

第 13 章
人工智能的未来与挑战

人工智能正以双刃剑的姿态重塑世界：在医疗领域，AI 辅助诊断提升精准度，却因数据偏差可能造成误诊；在农业领域，无人机精准喷洒农药减少浪费，却令传统农户面临转型阵痛；在金融领域，金融业借助 AI 风控优化决策，但算法黑箱暗藏歧视隐患。

新兴职业（如 AI 伦理顾问、语言模型训练师等）悄然崛起，而流水线工人、客服职员却滑向被替代的"深渊"。

当我们追问：当效率革命碾压传统秩序，人类能否在创新与底线间找到平衡？答案或许藏在本章接下来的内容中。

本章目标

- 分析 AI 对就业市场的双重影响及人才需求变化。
- 理解算法偏见、隐私保护、责任归属等伦理问题的根源与应对策略。
- 评估数据安全、算法安全、系统安全等 AI 安全风险及防御措施。
- 展望通用人工智能、脑机接口等未来技术趋势及其社会影响。

13.1 人工智能对就业市场的影响

随着人工智能技术的迅猛发展，全球就业市场的格局正在经历一场深刻的变革。其不断进步不仅带来了新的职业机会，而且在逐步取代一些传统的工作岗位。

13.1.1 人工智能创造的就业机会

随着人工智能技术的广泛普及和快速发展，人们的生活方式经历了翻天覆地的变化，同时，也催生了大量新兴的职业。AI 算法工程师、数据科学家、机器人维护技师等大数据相关岗位的需求量急剧上升，如图 13-1 所示，并且这些职位在当今社会中变得越来越重要。以自动驾驶行业为例，特斯拉和 Waymo 等领先企业正在积极寻求大量工程师来开发先进的感知算法、训练复杂的机器学习模型以及优化自动驾驶系统。这些工作不仅要求工程师具备深厚的技术知识，还需要有创新思维和解决问题的能力。他们常在充满挑战的环境中工作，解决如何让机器更好地理解人类世界、如何让自动驾驶汽车在复杂多变的交通环境中安全行驶等难题。

中国大数据相关人才需求趋势图

图 13-1　大数据相关岗位需求量

此外，随着人工智能技术在社会各个领域的深入应用，一些跨学科的职业，如 AI 伦理顾问和智能系统培训师，也开始崭露头角。这些职位不仅要求求职者具备深厚的技术背景，还需要其对伦理、教育等领域有所涉猎，以确保人工智能技术的健康发展和正确应用。AI 伦理顾问的工作涉及评估与指导人工智能系统的设计和应用，以确保它们符合道德标准及社会价值观，他们常需要在技术与伦理之间找到平衡点，为人工智能的发展提供道德指导。智能系统培训师则负责教育用户如何有效地使用和管理智能系统，他们需要具备良好的沟通能力与教学技巧。

这些新兴职业的出现，不仅为社会带来新的就业机会，也让人们对未来的科技世界充满了期待。在不久的将来，可能会看到更多前所未有的职业，它们将与人工智能紧密相连，共同塑造一个更加智能和高效的未来。人工智能不仅会成为工作和生活中的得力助手，还将成为推动社会进步的重要力量。我们期待着人类与智能机器能够和谐共存，共同创造一个更加美好的世界。

人工智能技术的普及和进步，正在引领一场前所未有的技术革命。它不仅改变了人们的日常生活，还为各行各业带来了深远的影响。在医疗领域，AI 技术帮助医生更准确地诊断疾病，提高治疗效果；在教育领域，AI 辅助教学系统帮助教师个性化地指导学生（见图 13-2），提升学习效率；在金融领域，AI 算法帮助金融机构进行风险评估和投资决策，提高资金运作的效率与安全性。这些变化，都预示着人工智能技术正在成为推动社会发展的新引擎。

与此同时，人工智能技术的广泛应用也带来了新的挑战和问题。例如，如何确保 AI 系统的决策过程透明公正，如何保护个人隐私不被滥用，以及如何防止 AI 技术被用于不正当的目的等。因此，社会对于能够理解和解决这些问题的专业人才的需求也在不断增长，包括 AI 政策制定者、AI 安全专家以及 AI 伦理研究者等角色。这些新兴职业的出现，不仅反映了人工智能技术的复杂性和多面性，也体现出社会对于科技发展的深刻反思及负责任的态度。

例如，亚马逊的物流中心部署了数千台智能搬运机器人，如图 13-3 所示。这些机器人需要一个专业团队来进行日常维护和故障诊断，这个团队由技术专家组成，他们负责确保这些机器人的正常运行。这样的需求创造了大量技术岗位，为技术人才提供了更丰富的就业机

人工智能通识教程

会。与此同时，亚马逊还利用 AI 驱动的客服系统，通过语言模型训练师不断地去优化对话逻辑，使得客服系统能够更加智能地与客户进行互动，从而显著提升用户体验。这些语言模型训练师通过分析大量的对话数据，不断调整与改进 AI 的响应方式，以确保客户能够获得快速、准确和人性化的服务。

图 13-2　AI 辅助教育

图 13-3　亚马逊物流中心的智能搬运机器人

13.1.2　人工智能可能取代的就业岗位

高重复性与明确规则的工作岗位极易被人工智能技术所替代。例如，制造业流水线上的装配工人（见图 13-4）、银行业务处理员以及初级客户服务代表等职业正遭受显著影响。据国际劳工组织预测，2030 年全球约 14%的职位可能因自动化技术的普及而被取代。

（1）人工智能技术的迅猛发展

近年来，人工智能技术经历了飞速的发展。从基础算法到深度学习的广泛应用，AI 技术已在多个领域取得了突破性进展。随着技术的不断演进，AI 的应用范围也在持续扩大，从最初的图像识别、语音识别到当前的自动驾驶、智能客服等，AI 技术正逐步渗透至社会生活的各个层面。

216

图 13-4 制造业流水线上的装配工人

（2）高重复性工作的替代效应

在众多职业中，高重复性与明确规则的工作岗位极易被人工智能技术所替代。这类工作通常不需要高度的创造性和灵活性，而是依据既定的规则与流程进行操作。例如，制造业流水线上的装配工人，其工作内容主要是遵循固定的步骤和流程进行产品装配，这类工作非常适合采用 AI 技术进行自动化处理。类似地，银行业务处理员和初级客户服务代表等职业也面临类似的替代风险。随着 AI 技术的不断进步，这些岗位的工作流程将逐渐被自动化取代，从而显著提升工作效率。

（3）人工智能技术对就业市场的影响

人工智能技术对就业市场的影响是多维度的。一方面，AI 技术的广泛应用提高了生产效率，降低了企业的成本，从而推动经济的发展。另一方面，AI 技术的替代效应也使得许多传统岗位面临失业的风险，特别是对于那些技能水平较低、从事重复性工作的劳动者来说，他们面临着更大的就业压力。

（4）应对人工智能技术的挑战

面对人工智能技术的挑战，需要采取积极的措施来应对。首先，政府和企业应加大对劳动力的培训以及再教育力度，提高劳动者的技能水平与竞争力。通过提供培训课程和再教育机会，帮助劳动者掌握新的技能与知识，以适应 AI 技术带来的变化。其次，政府应制定相关政策来引导和支持 AI 技术的发展，确保其在推动经济发展的同时，也能够保障劳动者的就业权益。此外，劳动者自身也需要积极适应 AI 技术的发展趋势，不断提升自己的技能水平和竞争力，以应对未来的就业挑战。

（5）人工智能技术的未来展望

尽管人工智能技术对就业市场产生了一定的冲击，但其未来的发展潜力仍然巨大。随着技术的不断进步和应用范围的不断扩大，AI 将在更多领域发挥重要作用，如在医疗、教育、交通等领域，显著提高服务质量和效率。同时，AI 技术也将推动产业结构的升级和转型，为经济发展注入新的动力。

综上所述，高重复性与明确规则的工作岗位极易被人工智能技术替代已成为不争的事实。面对这一趋势，需要采取积极的措施来应对人工智能技术带来的挑战。通过加强劳动力培训、制定相关政策以及劳动者自身的努力,我们可以共同应对人工智能技术的挑战,以实现经济的可持续发展与社会的和谐稳定。同时,我们也应该看到人工智能技术的未来发展潜力,充分利用其优势为经济发展和社会进步做出贡献。

例如,富士康公司引入先进的智能机械臂技术(见图 13-5)之后,原先需要大量人力的车间现在只需要少量的工人即可维持运作,单个车间的工人数量减少了 60%。这一变革不仅大幅降低了人力成本,还带来工作效率的飞跃性增长(达到了惊人的 200%)。与此同时,在快餐行业巨头麦当劳,自动点餐系统的引入也产生了类似的效果,这种系统极大地减少了顾客排队等待的时间,同时也降低了对收银员的依赖,导致对收银员的需求量减少。然而,随着自动点餐系统的部署,对系统维护人员的需求却相应增加,因此麦当劳不得不增加招聘系统维护人员,以确保这些科技系统能够稳定运行,满足顾客的需求。

图 13-5　富士康的智能机械臂

13.1.3　人工智能时代的人才需求

未来就业市场更青睐复合型人才,技术能力(如编程、数据分析)与软技能(如创新思维、跨领域协作)的结合将成为核心竞争力。教育体系正加速调整,STEM(科学、技术、工程、数学)教育占比不断提升,同时强调 AI 伦理和培养社会责任。

(1)复合型人才是未来职场的黄金标准

在快速变化的现代社会中,就业市场正经历着前所未有的转型。随着科技的飞速发展和全球化的加速推进,企业对于人才的需求也在不断变化。过去,拥有单一技能的专业人才可能足以在某个领域站稳脚跟,但在今天这个多元化、跨领域的时代,复合型人才正逐渐受到职场的青睐。

(2)技术能力与软技能的完美融合

复合型人才之所以受到青睐,是因为他们不仅具备扎实的技术能力,还拥有出色的软技能。技术能力,如编程、数据分析、人工智能应用等,是现代企业不可或缺的基石。这些技能能够帮助企业解决实际问题、提高生产效率以及推动技术创新。然而,仅有技术能力是不够的,在团队合作、项目管理、客户沟通等方面,软技能同样发挥着至关重要的作用。创新思维能够帮助企业开拓新的市场,跨领域协作则能够打破部门壁垒,促进资源的有效整合。因此,技术能力与软技能的结合,将成为未来职场的核心竞争力。

（3）教育体系的深刻变革

面对就业市场的变化，教育体系也在加速调整。传统的教育模式往往只注重知识的传授和应试能力的培养，而忽视了对学生实践能力和创新精神的培养。然而，在这个知识爆炸的时代，单纯的知识积累已经不足以应对未来的挑战。因此，教育体系正在经历一场深刻的变革，其中，STEM 教育的崛起尤为引人注目，它强调科学、技术、工程和数学这四个领域的交叉融合，旨在培养学生的科学素养、技术能力和创新思维。通过 STEM 教育，学生能够更好地理解科学原理、掌握先进技术和解决复杂问题。这不仅有助于提升学生的综合素质，还能够为未来的职业发展打下坚实的基础。

（4）AI 伦理与社会责任的培养

随着人工智能和自动化技术的广泛应用，教育者也开始意识到 AI 伦理（见图 13-6）和社会责任的重要性。在推动技术进步的同时，也必须意识到其对社会的影响。因此，教育体系在强调 STEM 教育的同时，也开始注重 AI 伦理和社会责任的培养。这包括让学生了解人工智能的基本原理及应用场景，引导他们思考人工智能可能带来的社会变革和伦理问题，以及培养他们具备解决这些问题的能力与责任感。

图 13-6　AI 伦理

总之，未来就业市场更青睐复合型人才。这要求教育体系、企业和个人都要积极适应这一趋势，努力提升综合素质和竞争力。只有这样，才能在未来的职场中立于不败之地，实现个人和社会的共同发展。

例如，谷歌公司与麻省理工学院（MIT）携手合作，共同推出了一个名为"AI+社会学"的双学位项目。该项目旨在培养一批既精通技术领域知识，又深刻理解人工智能对社会影响的专业人才。通过这种跨学科的教育模式，学生们将能够更好地把握人工智能技术的发展趋势，并深入分析其对社会结构、文化以及伦理等方面的潜在影响。与此同时，国际商业机器公司（IBM）也采取了积极措施，推出了内部 AI 技能认证计划。该计划的目的是帮助 IBM 的员工进行职业转型，通过提供专业的 AI 技能培训和认证，使他们能够适应快速变化的技术环境，增强其在人工智能领域的竞争力。这些举措不仅体现了科技巨头对于人才培养的重视，也展示出他们对于未来社会中人工智能角色的深刻洞察。

13.2　人工智能伦理问题：算法偏见、隐私保护、责任归属

人工智能的广泛应用将伦理争议推至风口浪尖。算法偏见、隐私保护、责任归属模糊等

问题，暴露了技术中立表象下的深层矛盾。

13.2.1 算法偏见的成因与危害

算法偏见（见图 13-7）源于训练数据的不均衡或设计者的隐性歧视，这是一个日益受到关注的问题。在现代社会，算法已经渗透到人们生活的方方面面，从社交媒体推荐到招聘流程，从金融风险评估到医疗诊断，算法无处不在。然而，如果这些算法被训练或设计时存在偏见，它们就可能对特定群体产生不公平的影响，进而加剧社会不平等，甚至引发法律纠纷。下面将深入探讨算法偏见的根源、影响以及如何应对这一问题。

图 13-7　算法偏见

算法偏见主要源于两个方面：训练数据的不均衡和设计者的隐性歧视。训练数据的不均衡是指，如果用于训练算法的数据集本身存在偏见，如某个群体的代表性不足，那么算法就可能在无意中学习到这种偏见。例如，如果 AI 招聘系统的历史数据中男性工程师占比远高于女性工程师，那么该系统在评估求职者时可能会倾向于给男性更高的评分，因为它从历史数据中学习到了这种性别比例的不平衡。而设计者的隐性歧视则是指，即使设计者在主观上并没有歧视某个群体的意图，但在设计算法时可能在无意中引入了偏见。这种偏见可能源于设计者的个人经验、文化背景或社会认知，从而在算法的设计和实施过程中产生了影响。

例如，2018 年，亚马逊推出了一款用于招聘流程的 AI 工具，这款工具在处理简历时，被发现对女性候选人的简历进行了不公平的降权处理，导致该工具在社会舆论的巨大压力下被迫停用。此外，如果医疗领域中使用的 AI 系统没有接触到足够多样化的病例数据，那么这些系统在诊断过程中可能会出现偏差，导致误诊情况发生。

那么该如何应对算法偏见的问题呢？首先，需要提高数据质量。为了确保算法的公平性，必须确保用于训练算法的数据集是全面、均衡和具有代表性的。同时，还需要对数据进行严格的预处理及清洗，以消除数据中的偏见和噪声。其次，需要加强算法设计的透明度，设计者应该清楚地了解算法的工作原理和决策过程，以便及时发现并纠正其中的偏见。同时，设计者还应该积极寻求来自不同背景和领域的专家的意见与反馈，以确保算法在设计和实施过程中能够充分考虑到不同群体的需求及利益。最后，需要建立有效的监管机制，政府和企业应该共同制定并执行相关的法律法规与标准，以确保算法的公平性和透明度。同时，还需要建立独立的第三方机构来对算法进行审查与评估，以确保它们符合公平、公正和透明的原则。

除上述措施外，还可以采取一些具体的技术手段来减少算法偏见。例如，可以使用特征工程来消除数据中的偏见。特征工程是指通过选择、构造和转换数据集中的特征来改善算法性能的过程。通过精心设计和选择特征，可以减少数据中的偏见对算法的影响。此外，还可以使用集成学习方法来提高算法的公平性和准确性。集成学习方法是指将多个弱分类器组合成一个强分类器的过程。通过结合多个模型的预测结果,可以获得更加准确和公平的预测结果。同时,还可以使用对抗性训练来提高算法的鲁棒性和公平性。对抗性训练是指在训练过程中引入对抗性样本(即故意设计来欺骗算法的样本)来增强算法的鲁棒性和泛化能力。通过这种方式,可以减少算法对特定群体的偏见和歧视。

总之,算法偏见是一个复杂而重要的问题。为了确保算法的公平性和透明度,需要从多个方面入手,包括提高数据质量、加强算法设计的透明度、建立有效的监管机制以及采取具体的技术手段来减少偏见。只有这样,才能确保算法在服务于社会的过程中发挥积极的作用,而不是加剧社会不平等和引发法律纠纷。在未来,随着人工智能技术的不断发展以及应用领域的不断拓展,我们有理由相信一定能够找到更加有效和可持续的方法来应对算法偏见的问题。

13.2.2　人工智能时代的隐私保护挑战

人工智能依赖海量数据训练,但数据滥用风险陡增。在数字化时代,人工智能技术以其强大的数据处理和分析能力,成为推动社会进步的重要力量。然而,AI 技术的快速发展也伴随着数据滥用风险的显著增加。AI 系统需要大量的数据进行训练和学习,这些数据往往来源于人们的日常生活,包括个人信息、行为习惯甚至隐私数据。一旦这些数据被滥用,就可能对个人隐私和安全造成严重的威胁。

人脸识别技术(见图 13-8)常被用于监控公民行踪。近年来,人脸识别技术因其高效、准确的特性而备受瞩目。在公共安全领域,人脸识别技术广泛应用于监控系统中,帮助警方追踪犯罪嫌疑人、预防犯罪等。然而,这种技术的应用也引发了广泛的争议。一些商家和政府机构滥用这项技术,监控公民的日常行踪,甚至侵犯公民的隐私权。例如,一些商场和超市利用人脸识别技术进行顾客行为分析,收集顾客的购物习惯、喜好等信息,以便进行精准营销。这种行为不仅侵犯了消费者的隐私权,还可能增加个人信息泄露的风险。

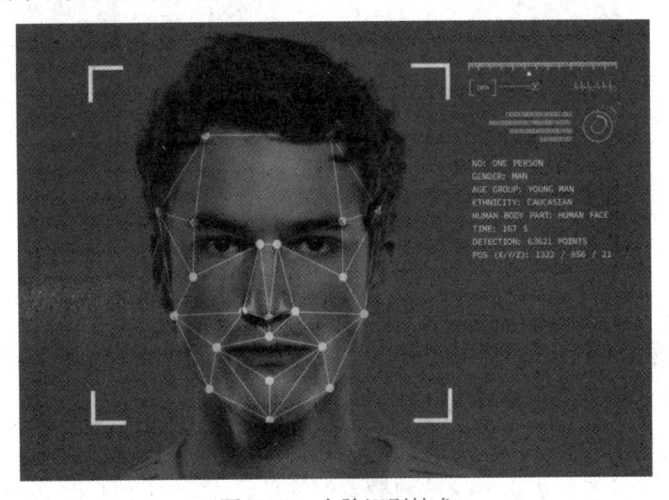

图 13-8　人脸识别技术

语音助手可能泄露家庭对话等信息。随着智能家居的普及,语音助手成为许多家庭的必备设备。这些设备通过语音识别技术,能够听懂用户的指令,并提供相应的服务。然而,一些语音助手在记录用户指令的同时,也可能无意中记录并泄露用户的私人家庭对话。这些对话可能包含用户的个人隐私、家庭关系等敏感信息，一旦被泄露，就可能对用户造成严重的困扰和损失。此外，一些黑客还可能利用语音助手的安全漏洞，进行网络攻击和数据窃取，进一步加剧了隐私泄露的风险。

此外，技术监管仍面临诸多挑战。首先，技术的快速发展使得监管难以跟上步伐。AI技术的更新换代速度极快，新的应用场景和数据处理方式不断涌现，这使得监管部门难以及时了解和掌握新技术的发展趋势和风险点。其次，跨国数据流动也增加了监管的难度。随着全球化的深入发展，数据跨境流动日益频繁，不同国家和地区之间的数据保护法律法规存在差异，这使得跨国数据监管变得复杂且困难。同时，一些企业为了追求利益最大化，可能会采取各种手段规避监管，进一步加剧了对监管的挑战。

在未来，随着 AI 技术的不断发展和应用领域的不断拓展，数据滥用与隐私泄露等风险将会持续存在并可能进一步加剧。因此，需要持续关注这些问题的发展动态和趋势，加强技术研发和创新、法律法规建设和执行力度以及国际合作等方面的努力。只有这样，才能确保 AI 技术的健康发展和个人隐私数据的安全保护，为社会的可持续发展贡献力量。

在当今数字化时代，隐私保护成为公众关注的焦点。例如，一家知名的社交平台因为使用用户的私人聊天记录来训练其广告推荐模型，遭到了用户的隐私诉讼。用户们担忧，他们的对话内容被未经授权地用于商业目的，这不仅侵犯了隐私权，还可能对个人安全构成威胁。此外，随着智能家居设备（见图 13-9）的普及，这些设备如果不幸被黑客攻击，就有可能变成潜在的窃听工具，威胁到用户的家庭安全和个人隐私。这一系列事件凸显了在技术发展的同时，保护用户隐私和数据安全的重要性。

图 13-9　智能家居设备

13.2.3　人工智能系统的责任归属问题

当 AI 决策引发事故时，责任界定模糊的问题已经成为社会关注的焦点。以自动驾驶汽车为例，当一辆自动驾驶汽车不慎撞人，应该如何界定责任？是车主的过失，还是制造商的责任，抑或是算法开发者的失误？这些问题看似简单，实则涉及技术、法律、伦理等多个层面，使得责任归属变得异常复杂。为此，需要深入探讨责任归属问题，以推动 AI 技术的健康发展。

以自动驾驶汽车（见图 13-10）为例。自动驾驶汽车是 AI 技术在交通领域的重要应用，它通过传感器、摄像头等设备收集道路信息，再通过复杂的算法进行决策，实现车辆的自主驾驶。然而，一旦这种技术出现失误，导致交通事故，责任归属就变得异常棘手。车主可能认为，既然车辆是自动驾驶，那么责任就应该由制造商或算法开发者承担。而制造商和算法开发者则可能认为，车主在使用车辆时也有责任，如未能及时接管车辆或未能遵守交通规则等。这种互相推诿的情况，使得受害者往往难以获得应有的赔偿，甚至阻碍 AI 技术的进一步推广和应用。

图 13-10　自动驾驶汽车

　　为了明确责任归属，法律需要发挥重要作用。一方面，法律需要明确算法可解释性的标准。如果算法是不可解释的，那么一旦出现事故，就无法确定责任归属，也无法对算法进行改进和优化。因此，法律需要规定算法可解释性的具体要求，以确保 AI 技术的透明度和可追溯性。另一方面，法律还需要建立多方共担机制。在自动驾驶汽车事故中，责任往往涉及多个方面，包括车主、制造商、算法开发者等。因此，法律需要规定一种合理的责任分配方式，以确保各方都能承担相应的责任。

　　此外，还需要关注 AI 技术在不同领域的应用差异。例如，在医疗领域，AI 技术可以用于辅助诊断和治疗，但一旦出现误诊或治疗不当等情况，责任归属就会变得更加复杂。因为医疗领域涉及人的生命和健康，对准确性与可靠性的要求更高。因此，在医疗领域应用 AI 技术时，需要更加谨慎和严格，建立更加完善的责任归属与赔偿机制。而在其他领域，如智能家居、智能安防等，虽然也涉及用户的安全和隐私等问题，但相对来说责任归属和赔偿机制更加简单与明确。

　　最后，需要强调的是，明确责任归属并不是要推卸责任或逃避责任，而是要确保 AI 技术的健康发展和用户的权益保护。只有明确了责任归属，才能建立更加完善的监管和评估机制，以确保 AI 技术的安全性和可靠性。同时，只有明确了责任归属，才能确保受害者在事故发生时能够获得应有的赔偿和救济。因此，需要从法律、技术、伦理等多个层面入手，共同探讨和解决 AI 技术责任归属的问题。

13.3　人工智能安全问题：数据安全、算法安全、系统安全

　　数据泄露、算法漏洞与系统互联性风险，构成了人工智能安全的"三重威胁"，导致社会对加密技术、对抗训练及政策协同等防御策略的需求增加。

13.3.1 人工智能数据安全风险

数据泄露可能引发连锁反应。例如，医疗 AI 数据库（见图 13-11）若被攻击，患者病史可能遭勒索；金融风控模型数据泄露会导致用户财产损失。在这个数字化时代，数据已成为企业最宝贵的资产之一，但同时也是最容易被攻击的目标。数据泄露事件一旦发生，不仅会对企业造成巨大的经济损失，更可能引发一系列连锁反应，对社会和个人造成深远的影响。

在医疗领域，医疗 AI 数据库存储着大量的患者病史信息，这些信息对于医生诊断疾病和制定治疗方案至关重要。然而，如果这些数据库遭到黑客攻击，那么患者的病史信息就可能被非法获取。黑客可能会利用这些信息进行勒索，要求医疗机构支付高额的赎金以换取数据的恢复。这不仅会给医疗机构带来巨大的经济压力，更可能延误患者的治疗，甚至危及患者的生命安全。此外，一旦患者的病史信息被泄露，还可能引发个人隐私泄露的风险，给患者带来不必要的困扰和损失。

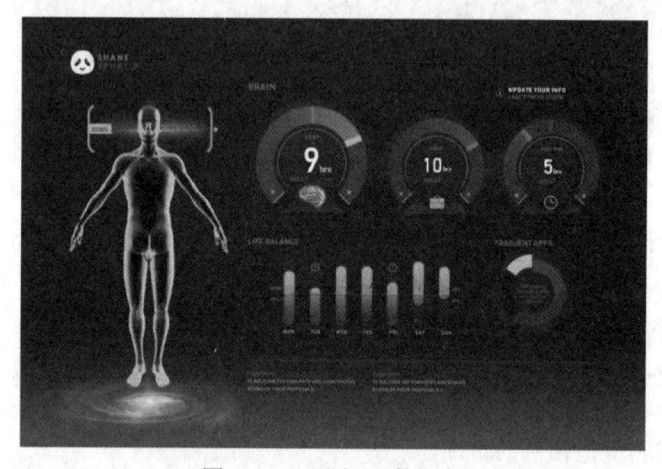

图 13-11　医疗 AI 数据库

在电商领域，用户的购物记录、收货地址等敏感信息一旦泄露，就可能导致用户收到大量的垃圾邮件和推销电话，给用户带来不必要的骚扰。在教育领域，学生的个人信息、成绩记录等敏感数据一旦泄露，就可能引发个人隐私泄露和学术不端行为的风险。因此，保护数据安全已成为各行各业共同面临的重大挑战。

那么，如何有效防止数据泄露呢？首先，企业需要加强数据安全意识，建立完善的数据管理制度和流程。这包括制定严格的数据访问权限控制、数据加密措施以及数据备份和恢复计划等。同时，企业还需要定期对员工进行数据安全培训，提高员工的数据安全意识和操作技能。其次，企业需要采用先进的技术手段来保护数据安全，如使用防火墙、入侵检测系统、数据加密技术等来防止黑客攻击和数据泄露。此外，企业还可以与专业的数据安全服务提供商合作，共同构建更加安全的数据保护环境。

当然，防止数据泄露不仅需要企业的努力，更需要全社会的共同参与。政府应加强对数据安全的监管力度，制定更加严格的法律法规来规范数据的使用和保护。同时，公众也应提高数据安全意识，注意保护自己的个人信息和隐私。例如，在使用互联网服务时，要注意阅读并理解隐私政策，避免泄露过多的个人信息；在收到可疑的邮件或短信时，要保持警惕并及时报警处理。

在未来的发展中，随着技术的不断进步和应用场景的不断拓展，数据安全将面临更加复杂和严峻的挑战。因此，需要持续关注数据安全领域的发展动态和技术趋势，不断更新与完善数据安全保护措施。同时，也需要加强国际合作与交流，共同应对数据安全领域的全球性挑战。只有这样，才能确保数据安全能够成为推动社会发展和保障人民福祉的重要基石。

13.3.2 人工智能算法安全漏洞

对抗攻击可以欺骗 AI 系统，这一事实揭示了人工智能技术在应用层面的一个重大挑战。简单来说，对抗攻击是指通过精心设计的微小干扰，误导 AI 系统做出错误的判断或决策。这种攻击方式看似微不足道，但其潜在的影响却是深远的。例如，有人曾在停车标志上贴上少量的干扰贴纸，结果就让自动驾驶汽车将其误判为"限速标志"。试想一下，如果一辆正在高速行驶的自动驾驶汽车因为这样的干扰而突然减速，后果将不堪设想。

这类对抗攻击的原理并不复杂。AI 系统在处理图像、声音等感官信息时，通常是基于大量的数据进行学习和训练，以识别出特定的模式或特征。然而，这种学习方式也使得 AI 系统对于微小的干扰异常敏感。一旦这些干扰被巧妙地设计，就有可能让 AI 系统产生误判。在自动驾驶领域，这种误判可能引发严重的交通事故，甚至危及人们的生命安全。

除了自动驾驶，对抗攻击在其他领域同样具有潜在的威胁。例如，在人脸识别领域，攻击者可能通过佩戴特殊的眼镜或面具来欺骗人脸识别系统，从而绕过身份验证；在智能家居领域，攻击者可能通过发送特定的无线电信号来干扰智能门锁或摄像头，使其失去作用或产生误报。这些攻击方式不仅破坏了 AI 系统的正常功能，而且给人们的生活带来了极大的安全隐患。

那么，为什么 AI 系统会如此容易受到对抗攻击的影响呢？这主要源于 AI 系统的"黑箱"特性。尽管 AI 系统在处理数据时表现出色，但人们往往无法了解其内部的决策过程。这种不透明性使得攻击者能够利用 AI 系统的弱点进行有针对性的攻击。

面对这一挑战，需要采取积极的措施来加强 AI 系统的安全性。首先，需要加强对 AI 系统的测试和验证，以确保其在面对各种对抗攻击时都能保持稳定的性能。这包括使用不同的数据集和测试场景来模拟各种可能的攻击方式，并评估 AI 系统的表现。通过这种方法，可以发现 AI 系统的潜在弱点，并采取相应的措施进行修复。

其次，需要加强对 AI 系统的监管和立法。尽管 AI 技术在推动社会进步方面发挥了重要作用，但其潜在的安全风险也不容忽视。政府和相关机构应制定严格的法规和标准，规范 AI 技术的开发及应用。这包括要求 AI 系统在设计阶段就考虑安全性问题，以及在部署后进行定期的安全评估和更新。通过这些措施，可以确保 AI 系统在保障人们利益的同时，不会对社会造成潜在的危害。

此外，还需要加强对 AI 技术的教育和培训。随着 AI 技术的普及和应用，越来越多的人将接触到 AI 系统。因此，提高公众对 AI 技术的认识和了解至关重要。通过教育和培训，人们可以了解 AI 系统的基本原理与工作方式，以及如何在使用中避免潜在的安全风险。这有助于增强公众对 AI 技术的信任感，并促进 AI 技术的健康发展。

13.3.3 人工智能系统安全威胁

智能系统互联性高，单一节点被攻破就可能瘫痪全网。这是一个不容忽视的现实问题，尤其在当今数字化、信息化高速发展的时代。智能系统已经渗透到人们生活的方方面面，从家庭智能设备到城市交通管理，从工业生产流程到国家安全防御，智能系统无处不在。然而，这种高度互联性也带来了一定的风险。一旦某个节点被攻破，整个网络都有可能受到波及，甚至导致全网瘫痪。

以电网 AI 调度系统（见图 13-12）为例，这是电力行业中至关重要的一环。AI 调度系统通过收集和分析大量数据，能够实时调整电网运行状态，确保电力供应的稳定性与可靠性。然而，如果黑客成功入侵这一系统，后果将不堪设想，他们可能会篡改数据、破坏系统正常运行，甚至通过操纵电网引发大规模停电。这不仅会给人们的日常生活带来极大不便，还可能对工业生产、医疗救援等重要领域造成严重影响。

图 13-12　电网 AI 调度系统

智能系统的高互联性意味着其安全风险也在不断增加。黑客可以利用各种手段入侵系统，如利用系统漏洞破解密码、植入恶意软件等。一旦他们成功入侵，就可以获取系统控制权，进而对整个网络进行操纵和破坏。此外，智能系统之间的数据交换和共享也增加了风险。如果某个系统的数据被篡改或泄露，与之相连的其他系统也可能受到波及。

智能系统的发展带来了前所未有的便利和效率提升，但同时也伴随着一定的安全风险。因此，需要正视这些风险并采取相应的措施来加强安全防护，确保智能系统的稳定运行和人们的正常生活不受影响。在未来，随着技术的不断进步和应用场景的不断拓展，智能系统的安全防护将成为一个更加重要和紧迫的议题。

13.4　人工智能的未来发展趋势与展望

从通用人工智能（AGI）到脑机接口，AI 技术正突破专用领域的边界，向更高阶形态演进。AI 为农业、教育、环保等领域赋能潜力的同时，仍存在技术失控的风险。

13.4.1　人工智能技术发展趋势

（1）通用人工智能（AGI）

通用人工智能（AGI），即具有全面智能的人工智能系统，一直是人工智能领域的终极目标。长久以来，人工智能的发展主要集中在专用 AI 上，即针对特定任务或领域进行优化的 AI 系统。这些系统在某些方面表现出色，但在面对跨领域或复杂问题时往往力不从心。然而，随着技术的不断进步，人们开始探索从专用 AI 向通用 AI 的转变。

OpenAI 的 GPT5 模型（见图 13-13），正是这一转变的代表性尝试。GPT5 不仅在自然语言处理方面取得了显著进步，更重要的是，它开始尝试跨领域推理，展现出处理多样化问题的潜力。这意味着，GPT5 不再局限于某一特定领域，而是能够理解和处理来自不同领域的信息，从而进行更为复杂的思考与决策。这一突破性的进展，让我们看到了通用人工智能的曙光。

图 13-13 OpenAI 的 GPT5 模型

通用人工智能的发展将带来深远的影响。它不仅能够提高生产效率和推动科技进步，更有可能在医疗、教育、交通等领域发挥重要作用，解决人类面临的各种挑战。当然，通用人工智能的发展也伴随着一系列的风险和挑战，如数据安全、隐私保护、伦理道德等。因此，在推动通用人工智能发展的同时，也需要关注并解决这些问题。

（2）脑机接口

脑机接口（BCI），即将人脑与计算机或其他外部设备直接连接的技术，近年来备受关注。Neuralink 作为这一领域的领军企业，正在致力于开发先进的脑机接口技术，以实现人脑与 AI 设备的直接交互，如图 13-14 所示。这一技术的出现，不仅为残障人士提供了新的生活方式，也为人类与机器的交互方式带来了革命性的变化。

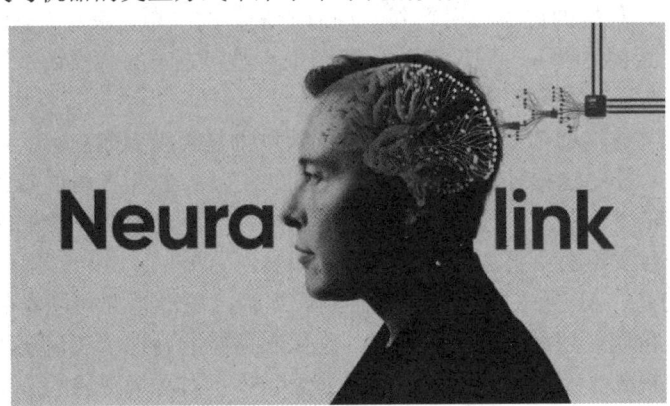

图 13-14 脑机接口：Neuralink 技术

通过 Neuralink 技术，残障人士可以直接用大脑控制 AI 设备，如轮椅、假肢等，实现更为自然和便捷的操作。这不仅提高了他们的生活质量，也为他们提供了更多的自主权和独立性。同时，Neuralink 技术还可以用于医疗监测、康复训练等领域，为残障人士提供更为全面的支持和服务。

除了助力残障人士生活外，Neuralink 技术还具有广泛的应用前景。它可以用于游戏娱乐、教育学习、虚拟现实等领域，为用户提供更为丰富和沉浸式的体验。同时，Neuralink 技术还可以用于人机交互、情感识别等方面，推动人工智能技术的进一步发展。

然而，脑机接口技术的发展也面临着一些挑战和风险，如数据安全、隐私保护、伦理道德等问题，以及技术成熟度、稳定性和可靠性等方面的挑战。因此，在推动脑机接口技术发展的同时，也需要关注并解决这些问题，确保技术的合法、合规和安全使用。

通用人工智能、量子 AI 融合和脑机接口技术的发展，将带来前所未有的机遇和挑战。我们需要保持开放的心态和创新的思维，积极探索和推动这些技术的发展，为人类社会的进步和发展做出更大的贡献。同时，也需要关注并解决这些技术发展过程中的问题和风险，确保技术的合法、合规和安全使用。

13.4.2 人工智能应用领域拓展

（1）农业领域

AI 无人机监测作物病虫害，可以精准喷洒农药，减少资源浪费，如图 13-15 所示。

图 13-15 AI 无人机精准喷洒农药

在现代农业中，科技的进步正引领着一场前所未有的变革。其中，AI 无人机的应用尤为引人注目。这些高科技设备，通过搭载高精度传感器和先进的图像识别算法，能够实时监测作物的生长状况，及时发现病虫害问题。

以往，农民们往往需要依靠经验和直觉来判断作物是否受到病虫害的侵袭，但这种方法往往不够准确，且容易错过最佳防治时机。而现在，有了 AI 无人机的帮助，农民们可以更加精准地掌握作物的健康状况。无人机在飞行过程中，会不断收集作物的图像数据，并通过算法进行分析，一旦发现病虫害的迹象，就会立即发出警报。

更令人惊叹的是，AI 无人机不仅能够监测病虫害，还能精准喷洒农药。它们会根据病虫害的分布情况，自动规划喷洒路径和剂量，确保农药能准确地落在需要治疗的地方。这样一来，不仅极大地提高了农药的使用效率，还显著减少了对环境资源的浪费，农民们再也不用担心农药过量使用导致的环境污染和作物残留问题了。

此外，AI 无人机的应用还带来了其他诸多好处。例如，它们可以大幅降低人工成本，提高农业生产效率；同时，由于无人机可以在低空飞行，因此还能够避免地面交通对农业生产的影响。可以说，AI 无人机的出现，为现代农业的发展注入了新的活力。

（2）教育领域

随着科技的飞速发展，教育领域也迎来了前所未有的变革。其中，个性化学习系统的出现，更是为教育事业注入了新的活力。这种系统能够根据每个学生的学习能力和进度，动态调整教学内容和难度，从而提供更加适合个体差异的教学方案。

例如，一个学生在数学方面表现出色，但在语文方面相对薄弱，那么个性化学习系统就会自动提高语文课程的难度和比重，同时适当降低数学课程的难度。这样一来，学生就能够更加全面地发展自己的各项能力，而不会因为某一科的优秀而忽略其他科的学习。

此外，个性化学习系统还能够根据学生的学习兴趣和偏好，为他们推荐更加符合自己喜好的学习资源和活动。例如，对于喜欢阅读的学生，系统会推荐更多优秀的文学作品；对于喜欢动手实践的学生，则会提供更多实验和探究的机会。这样一来，学生们就能够在学习中找到更多的乐趣和动力，从而更加积极地投入到学习中去。

（3）环保领域

在当今社会，环保已经成为一个备受关注的话题。随着全球气候变化形势的日益严峻，如何有效地减少碳排放和保护生态环境已经成为一个亟待解决的问题。而 AI 技术的应用，为环保事业带来了新的希望。

AI 系统能够通过收集和分析大量的气候数据，预测未来气候变化的趋势。这些预测结果对于制定科学的环保政策和规划具有重要的参考价值。例如，政府可以根据 AI 的预测结果，提前调整能源结构、优化能源布局，从而减少化石能源的使用和碳排放量。

13.4.3 人工智能对社会发展的深远影响

人工智能将重构社会运行规则。这一观点并非空穴来风，而是随着人工智能技术的飞速发展所能预见到的必然结果。AI，这个曾经只存在于科幻小说中的概念，如今已经深入到人们生活的方方面面，从家庭助手到自动驾驶汽车，从医疗诊断到金融分析，AI 无所不在。而这种广泛的应用，也预示着它将对社会的运行规则产生深远的影响。下面从经济、文化和治理三个方面，来探讨 AI 将如何重构社会。

（1）经济方面

AI 的普及和应用将带来前所未有的变革。随着自动化和智能化的推进，许多传统的工作岗位都将被机器取代，从而导致大规模的失业。然而，这并不意味着我们将面临一场灾难。相反，AI 也可能提供一种全新的解决方案——全民基本收入（UBI）。UBI 是一种社会保障机制，旨在为每个人提供基本的生活保障，而无论他们是否工作。这种机制有助于缓解因技术进步导致的失业问题，同时也能够激发人们的创新精神和创业热情，推动社会经济的持续发展。

UBI 的实施，将使得人们不再为了生计而被迫从事自己不喜欢或不适合的工作，而是有更多的时间与精力去追求自己的梦想和兴趣。这将促进社会的多元化和包容性，同时也为创新和创业提供了更加宽松的环境。当然，UBI 的实施也需要考虑到许多因素，如资金来源、分配方式以及监管机制等。但无论如何，AI 带来的失业问题，为我们提供了一个重新审视社会保障制度的契机。

（2）文化方面

AI 的创造力已经开始挑战人类的边界。随着机器学习算法的不断优化和升级，AI 已经能够生成出各种形式的艺术作品，如图画、音乐、文学等。这些作品不仅在技术上令人惊叹，而且在艺术表现力上也展现出独特魅力，如 AI 绘画作品就以其独特的风格和表现力引起了广泛的关注与讨论。这些作品的出现，让我们重新思考艺术创作的本质以及人类与机器在艺术创作中的角色。

AI 生成的艺术作品（见图 13-16），虽然是由机器创作出来的，但它们同样能够激发人们的情感共鸣和思考。这证明了艺术并非只是人类的专属领域，机器同样也能够创造出具有艺术价值的作品。当然，这并不意味着 AI 将取代人类在艺术创作中的地位。相反，AI 的创造力将为我们提供更多的灵感和可能性，从而推动艺术的创新和发展。

图 13-16　AI 生成的艺术作品

（3）治理方面

AI 的应用将提升政府的应急响应效率和治理能力。通过大数据分析和机器学习算法，AI 可以帮助政府更准确地预测社会动态和公共事件的发展趋势。这将使得政府能够提前采取相应的措施来应对可能出现的危机和挑战。例如，在自然灾害预警（见图 13-17）、疫情防控以及社会安全等方面，AI 都能够发挥重要的作用。

图 13-17　AI 帮助自然灾害预警

综上所述，AI 将重构社会的运行规则是一个不可逆转的趋势。虽然在这个过程中会面临许多挑战和问题，但只要能够充分利用 AI 的优势并妥善应对其带来的挑战，就一定能够创造出一个更加美好、智能和可持续的社会。

本章小结

人工智能技术的发展，如同一场席卷全球的革新风暴，既带来了前所未有的机遇，也提出了深刻而复杂的挑战。从医疗诊断的精准化到农业生产的智能化，从金融风控的高效化到教育资源的个性化，AI 正以惊人的速度重塑人类社会的运行逻辑。然而，这场技术革命的双刃剑效应同样不容忽视：就业市场的结构性变革、算法偏见的伦理困境、隐私泄露的安全威胁、责任归属的模糊争议，以及技术失控的潜在风险，无一不在拷问人类社会的智慧与底线。

展望未来，人工智能或许会模糊人与机器的边界，但它永远无法替代人类独有的创造力、同理心与道德判断。

这场变革既是预言，亦是破局的钥匙。未来的道路或许荆棘密布，但这将激发人类的智慧与勇气，去创造一个更加包容、可持续且充满希望的智能时代。

【习题】

一、选择题

1. 以下哪项是 AI 对就业市场的积极影响（　　）。
   A．完全取代传统岗位　　B．催生 AI 伦理顾问等新兴职业
   C．导致大规模失业　　　D．减少技术人才需求
2. 算法偏见的主要根源是（　　）。
   A．硬件性能不足
   B．训练数据不均衡或设计者隐性歧视
   C．用户操作失误
   D．网络延迟问题
3. 应对 AI 数据安全风险的措施不包括（　　）。
   A．加强数据加密技术
   B．完全禁止数据跨境流动
   C．制定严格的数据保护法规
   D．定期进行员工安全培训
4. 通用人工智能（AGI）的核心目标是（　　）。
   A．优化单一任务性能　　B．具备跨领域推理与全面智能
   C．仅用于医疗诊断　　　D．替代人类创造力
5. AI 在环保领域的应用案例是（　　）。
   A．自动驾驶汽车　　　　B．AI 无人机精准喷洒农药
   C．智能客服系统　　　　D．语音助手

二、判断题

1. 全民基本收入（UBI）旨在完全替代传统社会保障制度。（　　）
2. AI 生成的艺术作品无法引发人类情感共鸣。（　　）
3. 对抗攻击通过微小干扰即可误导 AI 系统做出错误判断。（　　）
4. 智能家居设备不存在隐私泄露风险。（　　）
5. 脑机接口技术仅用于医疗领域。（　　）

三、填空题

1. 国际劳工组织预测，至 2030 年全球约_____%的职位可能因自动化被取代。
2. 亚马逊曾因招聘 AI 工具对_____候选人简历降权而引发争议。

3．华为与麻省理工学院合作推出的双学位项目是"_____"。

4．OpenAI 的_____模型尝试跨领域推理，接近通用人工智能。

5．AI 在农业中通过_____监测作物病虫害并精准喷洒农药。

四、简答题

1．简述算法偏见的成因及其社会危害。

2．自动驾驶汽车事故的责任归属问题涉及哪些主体？如何解决？

3．列举三种 AI 数据安全风险，并说明其潜在影响。

4．通用人工智能（AGI）与专用 AI 的主要区别是什么？

5．分析 AI 对教育领域的双重影响（积极与消极）。

参 考 文 献

[1] 吴倩，王东强. 人工智能基础及应用[M]. 北京：机械工业出版社，2022.
[2] 陈云志，胡韬，叶鲁彬. 人工智能通识教程[M]. 杭州：浙江大学出版社，2023.
[3] 周苏，杨武剑. 人工智能通识教程：微课版[M]. 2版. 北京：清华大学出版社，2024.
[4] 王东，马少平. 人工智能通识[M]. 北京：清华大学出版社，2025.
[5] 张艺博，刘彧. 人工智能通识[M]. 北京：高等教育出版社，2025.
[6] 林子雨. 数字素养通识教程[M]. 北京：人民邮电出版社，2025.